普通高等教育"十二五"规划教材

通信基本电路

主 编 徐晓雨 张昕明 张 旭

副主编 苏 奎 崔华贞

U0342237

北 京

冶金工业出版社

2015

内 容 简 介

为了适应电子科技飞速发展的需要,本书结合新器件、新技术的发展与变化等对专业内容进行了阐述。

全书共 11 章,主要内容包括信息传输和处理的基本电路、基本原理和基本分析方法;重点阐述了高频发射机、接收机的组成,工作原理和电路设计;介绍和分析了振荡回路、高频小信号放大器、高频功率放大器、正弦波振荡器以及调制、解调、干扰和噪声等。

本书的特点是通俗易懂,并强化对重要概念的介绍与理解。

本书可作为高等院校电子信息、通信工程、电气工程及自动化等专业的"高频电子线路"、"通信基本电路"、"非线性电路"等基础课程的教材,也可供通信行业相关技术人员阅读参考。

图书在版编目(CIP)数据

通信基本电路/徐晓雨等主编 . —北京:冶金工业
出版社,2015.1
普通高等教育"十二五"规划教材
ISBN 978-7-5024-6837-8

Ⅰ.①通… Ⅱ.①徐… Ⅲ.①通信—电子电路—高等学校—教材 Ⅳ.①TN710

中国版本图书馆 CIP 数据核字(2015)第 010639 号

出 版 人 谭学余
地　　址 北京市东城区嵩祝院北巷 39 号　邮编　100009　电话　(010)64027926
网　　址 www.cnmip.com.cn 电子信箱 yjcbs@cnmip.com.cn
责任编辑 张　卫　美术编辑 吕欣童　版式设计 孙跃红
责任校对 李　娜　责任印制 牛晓波
ISBN 978-7-5024-6837-8
冶金工业出版社出版发行;各地新华书店经销;北京百善印刷厂印刷
2015 年 1 月第 1 版,2015 年 1 月第 1 次印刷
787mm×1092mm 1/16;13.5 印张;324 千字;203 页
38.00 元
冶金工业出版社　投稿电话　(010)64027932　投稿信箱　tougao@cnmip.com.cn
冶金工业出版社营销中心　电话　(010)64044283　传真　(010)64027893
冶金书店　地址　北京市东四西大街 46 号(100010)　电话　(010)65289081(兼传真)
冶金工业出版社天猫旗舰店　yjgy.tmall.com
(本书如有印装质量问题,本社营销中心负责退换)

前　言

本书是针对高等学院电子信息工程与通信工程专业编写的专业基础课教材。鉴于电子科技的飞速发展，本书主要内容结合新器件、新技术的发展进行了相应阐述。在编写过程中注重对重要概念的理解，并做到通俗易懂。

本书共由 11 章组成，包括绪论、选频网络、高频小信号放大器、高频功率放大器、正弦波振荡器、振幅调制电路、调幅信号的解调电路、角度调制电路、调角信号的解调电路、反馈控制电路、非线性电路分析的基础理论。

本书编写分工如下：第 3 章、第 5 章、第 6 章、第 9 章由牡丹江师范学院工学院徐晓雨编写；第 4 章、第 7 章、第 11 章由黑龙江大学电子工程学院张昕明编写；第 10 章由黑龙江大学电子工程学院张旭编写；第 2 章由牡丹江医学院医学影像系苏奎编写；第 1 章由牡丹江医学院崔华贞编写；第 8 章由牡丹江医学院医学影像系杨艳芳编写。

作为一部专业教材，面对信息时代的来临以及电子信息学科的迅猛发展，将会出现体系、内容上的不足和滞后。要成为一部好的教材，还要经过艰苦的努力以求更臻完善。

本教材为黑龙江省高校科技成果产业化前期研发培育项目：《基于移动互联设备的交通违章行为协管系统产业化》，项目编号为：1254CGZH02。

本书在编写过程中，参阅了大量国内外有关通信和电子电路相关的著作和作品，未及一一注明，谨向有关作者致谢并请见谅。

由于作者水平所限，书中如有疏漏之处，我们衷心地欢迎与期待使用本教材的老师、同学以及读者提出批评与建议。

编　者
2015 年 1 月

目　录

1　绪论　……………………………………………………………………………… 1

　1.1　通信基本电路概述　…………………………………………………………… 1

　　1.1.1　无线电通信发展历史　…………………………………………………… 1

　　1.1.2　电子技术发展的三个里程碑　…………………………………………… 3

　1.2　无线电信号的传输原理　……………………………………………………… 3

　　1.2.1　传输信号的基本方法　…………………………………………………… 3

　　1.2.2　通信系统简介　…………………………………………………………… 4

　　1.2.3　无线信号的产生与发射　………………………………………………… 4

　　1.2.4　无线电信号的接收　……………………………………………………… 5

　　1.2.5　传输信道　………………………………………………………………… 7

　1.3　数字通信系统　………………………………………………………………… 9

　1.4　现代通信系统和软件无线电　………………………………………………… 10

　　1.4.1　模拟与数字的混合系统　………………………………………………… 10

　　1.4.2　软件无线电　……………………………………………………………… 10

　本章小结　…………………………………………………………………………… 12

2　选频网络　……………………………………………………………………………… 13

　2.1　串联谐振回路　………………………………………………………………… 13

　　2.1.1　概述　……………………………………………………………………… 13

　　2.1.2　谐振特性　………………………………………………………………… 14

　　2.1.3　谐振频率　………………………………………………………………… 15

　　2.1.4　品质因数　………………………………………………………………… 15

　　2.1.5　广义失谐　………………………………………………………………… 15

　　2.1.6　能量关系　………………………………………………………………… 16

　　2.1.7　谐振曲线和通频带　……………………………………………………… 17

　　2.1.8　信号源内阻及负载对串联谐振回路的影响　…………………………… 18

　2.2　并联谐振回路　………………………………………………………………… 18

　　2.2.1　原理概述　………………………………………………………………… 18

　　2.2.2　谐振条件　………………………………………………………………… 18

　　2.2.3　品质因数　………………………………………………………………… 19

　　2.2.4　广义失谐系数　…………………………………………………………… 19

　　2.2.5　谐振曲线、相频特性曲线和通频带　…………………………………… 20

2.2.6　信号源内阻和负载电阻对并联谐振回路的影响 ……………………… 21

2.3　串、并联阻抗等效互换与抽头变换 …………………………………………… 21

2.3.1　串、并联阻抗等效互换 ……………………………………………… 21

2.3.2　回路抽头时阻抗的变化（折合）关系 ………………………………… 22

2.3.3　电流源的折合 ………………………………………………………… 22

2.3.4　负载电容的折合 ……………………………………………………… 23

2.4　滤波器的其他形式 ……………………………………………………………… 23

2.4.1　LC 集中选择性滤波器 ……………………………………………… 24

2.4.2　石英晶体滤波器 ……………………………………………………… 24

2.4.3　陶瓷滤波器 …………………………………………………………… 26

2.4.4　声表面波滤波器 ……………………………………………………… 26

本章小结 ………………………………………………………………………………… 28

3　高频小信号放大器 ……………………………………………………………………… 30

3.1　概述 ……………………………………………………………………………… 30

3.1.1　高频小信号放大器的功能 …………………………………………… 30

3.1.2　高频小信号放大器的技术指标 ……………………………………… 31

3.2　晶体管高频小信号谐振放大器 ………………………………………………… 33

3.2.1　形式等效电路 ………………………………………………………… 33

3.2.2　混合 π 等效电路 ……………………………………………………… 35

3.3　单调谐回路谐振放大器 ………………………………………………………… 36

3.3.1　电压增益 ……………………………………………………………… 37

3.3.2　谐振时的功率增益 …………………………………………………… 38

3.3.3　放大器的通频带 ……………………………………………………… 38

3.3.4　放大器的选择性 ……………………………………………………… 39

3.4　多级单调谐回路谐振放大器 …………………………………………………… 39

3.4.1　增益 …………………………………………………………………… 39

3.4.2　通频带 ………………………………………………………………… 39

3.4.3　选择性 ………………………………………………………………… 40

3.5　放大器的稳定性 ………………………………………………………………… 40

3.5.1　自激产生的原因 ……………………………………………………… 40

3.5.2　自激产生的条件 ……………………………………………………… 41

3.5.3　单向化 ………………………………………………………………… 41

3.6　常用调谐放大器的电路 ………………………………………………………… 43

3.6.1　二级共发 – 共基级联中频放大器电路 ……………………………… 43

3.6.2　MC1590 构成的选频放大器 ………………………………………… 44

3.6.3　MC1110 制成的 100MHz 调谐放大电路 …………………………… 44

本章小结 ………………………………………………………………………………… 45

4　高频功率放大器 ·· 47

4.1　概述 ·· 47

4.1.1　高频功率放大器的特点 ·· 47

4.1.2　高频功率放大器的任务和技术指标 ·· 48

4.1.3　高频功率放大器和高频小信号放大器的对比 ···························· 48

4.1.4　高频功率放大器和低频功率放大器的对比 ······························ 49

4.1.5　高频功率放大器的工作状态 ·· 49

4.2　高频功率放大器的工作原理 ·· 49

4.2.1　原理电路图及其特点 ·· 49

4.2.2　电流与电压的波形 ·· 50

4.2.3　LC 回路的能量转换过程 ·· 51

4.2.4　谐振功率放大器的功率关系和效率 ·· 52

4.3　高频功率放大器的折线分析法 ·· 53

4.3.1　概述 ·· 53

4.3.2　晶体管静态特性曲线及其理想化 ·· 53

4.3.3　集电极余弦电流脉冲的分解 ·· 54

4.3.4　谐振功率放大器的动态特性与负载特性 ···································· 56

4.3.5　放大器工作状态及导通角的调整 ·· 59

4.3.6　各极电压对工作状态的影响 ·· 60

4.4　高频功率放大器的计算 ·· 61

4.5　晶体管高频功率放大器的高频效应 ·· 63

4.5.1　概述 ·· 63

4.5.2　基区渡越时间的影响 ·· 63

4.5.3　晶体管基极体电阻 $r_{bb'}$ 的影响 ·· 64

4.5.4　饱和压降 V_{ces} ·· 64

4.5.5　引线电感的影响 ·· 64

4.6　高频功率放大器的电路组成 ·· 64

4.6.1　直流馈电电路 ·· 64

4.6.2　输出回路和级间耦合回路 ·· 66

4.7　谐振功率放大器的应用举例 ·· 69

4.7.1　160MHz、13W 谐振功率放大电路 ·· 69

4.7.2　50MHz、25W 调谐功率放大电路 ·· 69

4.8　晶体管倍频器 ·· 70

4.8.1　丙类倍频器原理 ·· 70

4.8.2　丙类倍频器负载回路的滤波作用 ·· 71

本章小结 ·· 72

5　正弦波振荡器 ··· 73

　5.1　概述 ·· 73

　5.2　反馈型振荡器的工作原理 ··· 74

　　5.2.1　振荡器的起振条件 ··· 74

　　5.2.2　振荡器的平衡条件 ··· 75

　　5.2.3　振荡器平衡状态的稳定条件 ·· 75

　5.3　反馈型 *LC* 振荡器 ··· 78

　　5.3.1　互感耦合振荡电路 ··· 78

　　5.3.2　电容反馈振荡电路（考毕兹电路 Colpitts） ·· 79

　　5.3.3　电感三点式振荡电路（哈特莱电路 Hartley） ··· 80

　　5.3.4　LC 三点式振荡器相位平衡条件的判断准则 ··· 81

　5.4　振荡器的频率稳定原理 ··· 83

　　5.4.1　频率稳定度的定义 ··· 83

　　5.4.2　影响稳定度的因素 ··· 84

　　5.4.3　振荡器的稳频措施 ··· 85

　5.5　石英晶体振荡器 ··· 85

　　5.5.1　石英晶体及其特性 ··· 86

　　5.5.2　石英晶体的阻抗频率特性 ··· 86

　　5.5.3　石英晶体振荡电路举例 ··· 87

　5.6　其他形式的振荡器 ··· 90

　　5.6.1　压控振荡器 ··· 90

　　5.6.2　集成电路振荡器 ··· 92

　本章小结 ·· 93

6　振幅调制电路 ··· 94

　6.1　概述 ·· 94

　6.2　频谱搬移电路的特性 ··· 94

　6.3　振幅调制原理 ··· 95

　　6.3.1　普通调幅波的数学表达式及其频谱 ··· 95

　　6.3.2　普通调幅波的功率关系 ··· 98

　　6.3.3　抑制载波的双边带调幅信号和单边带调幅信号 ··· 99

　6.4　低电平调幅电路 ··· 100

　　6.4.1　单二极管开关状态调幅电路 ·· 101

　　6.4.2　模拟相乘器调幅电路 ··· 103

　　6.4.3　产生单边带信号的方法 ··· 105

　6.5　高电平调幅电路 ··· 106

　　6.5.1　集电极调幅电路 ··· 106

　　6.5.2　基极调幅电路 ··· 109

本章小结 ·· 109

7　调幅信号的解调电路 ································ 111

7.1　概述 ·· 111
7.1.1　检波电路的功能 ································· 111
7.1.2　检波电路的分类 ································· 112
7.1.3　检波电路的组成 ································· 112
7.1.4　检波电路的主要技术指标 ····················· 112

7.2　二极管大信号包络检波器 ······················· 113
7.2.1　大信号检波的工作原理 ······················· 113
7.2.2　大信号检波器的性能分析 ····················· 114
7.2.3　大信号检波器的技术指标 ····················· 115

7.3　二极管小信号检波器 ··························· 117
7.3.1　小信号检波的工作原理 ······················· 117
7.3.2　小信号检波器的分析 ························· 118
7.3.3　小信号检波器的主要技术指标 ················· 119

7.4　同步检波器 ··· 119
7.4.1　同步检波器的工作原理 ······················· 119
7.4.2　包络检波器构成的同步检波器 ················· 120

7.5　混频器原理与电路 ······························· 121
7.5.1　概述 ··· 121
7.5.2　晶体管混频器的分析 ························· 121
7.5.3　二极管平衡混频器和环形混频器 ··············· 128
7.5.4　模拟相乘器混频电路 ························· 131
7.5.5　混频器的干扰 ································· 131

本章小结 ·· 135

8　角度调制电路 ·· 136

8.1　概述 ·· 136

8.2　调角波的性质 ······································· 136
8.2.1　调频波和调相波的波形和数学表达式 ··········· 136
8.2.2　调角信号的频谱与有效频带宽度 ··············· 139
8.2.3　调频波与调相波的联系与区别 ················· 141

8.3　调频方法及电路 ··································· 142
8.3.1　实现调频的方法和基本原理 ··················· 142
8.3.2　变容二极管直接调频电路 ····················· 143
8.3.3　晶体振荡器直接调频 ························· 146
8.3.4　间接调频方法 ································· 147

本章小结 ·· 150

9　调角信号的解调电路 ·· 152

9.1　鉴频方法概述和鉴频器的主要技术指标 ·· 152

9.1.1　实现鉴频的方法 ·· 152

9.1.2　鉴频器的主要技术指标 ·· 154

9.2　相位鉴频器 ··· 154

9.2.1　电路说明 ··· 154

9.2.2　工作原理 ··· 155

9.3　比例鉴频器 ··· 157

9.4　调制的抗干扰（噪声）性能 ·· 158

9.4.1　预加重网络 ·· 160

9.4.2　去加重网络 ·· 160

本章小结 ·· 161

10　反馈控制电路 ··· 162

10.1　反馈控制系统的概念 ·· 162

10.1.1　反馈控制系统的组成、工作过程和特点 ································ 162

10.1.2　反馈控制系统的工作过程 ·· 163

10.1.3　反馈控制系统的特点 ··· 163

10.2　反馈控制系统的基本分析 ··· 163

10.2.1　反馈控制系统的传递函数及数学模型分析 ···························· 163

10.2.2　反馈控制系统的基本特性的分析 ·· 165

10.3　自动增益控制（AGC）电路 ·· 167

10.3.1　AGC 电路的组成、工作原理及性能分析 ······························ 168

10.3.2　放大器的增益控制——可控增益电路 ·································· 169

10.4　自动频率控制（AFC）电路 ·· 173

10.4.1　概述 ··· 173

10.4.2　AFC 电路基本特性的分析 ·· 174

10.4.3　AFC 电路的应用举例 ··· 176

10.5　自动相位控制（APC）电路（锁相环路 PLL） ··························· 178

10.5.1　锁相环电路的基本工作原理 ··· 178

10.5.2　锁相环路的跟踪性能——锁相环路的线性分析 ······················ 184

本章小结 ·· 185

11　非线性电路分析的基础理论 ··· 186

11.1　非线性电路的基本概念与非线性元件 ·· 186

11.1.1　非线性电路的基本概念 ··· 186

11.1.2　非线性元器件的特性 ··· 187

11.2　非线性电路的分析方法 ··· 189

11.2.1　幂级数分析法 ··· 189

11.2.2　折线分析法 ··· 191

11.2.3　线性时变参量电路分析法 ··· 192

11.3　非线性电路的应用 ··· 193

11.3.1　实现信号频谱的线性变换（频谱搬移） ································ 193

11.3.2　实现信号频谱的非线性变换 ·· 194

11.4　模拟相乘器及其频率变换作用 ·· 194

11.4.1　相乘器的基本特性及实现方法 ··· 194

11.4.2　四象限双差分对模拟相乘器原理 ·· 196

11.5　二极管平衡相乘器 ··· 200

本章小结 ··· 201

参考文献 ··· 203

1 绪 论

+-+

本章重点内容

- 无线通信的产生与发展
- 无线通信系统的基本组成
- 发送设备和接收设备的工作原理及其功能
- 数字通信系统的特点
- 现代通信系统的发展趋势

+-+

1.1 通信基本电路概述

1.1.1 无线电通信发展历史

随着生产力的提高，物质资源不断丰富，人与人之间交流变得愈加频繁，信息的传递更显得至关重要。信息的力量改变着人们的生活，我们已经进入了信息时代。然而对信息的迫切需求从古至今都未曾间断。中国古代用于战争的烽火和旗语，还有可以用来远距离传输的信鸽，这些原始手段可以说是通信的最初模式。显然烽火、旗语、信鸽虽然传递信息简单，但其安全性较差，更不适合远距离传输。于是科学家们通过不断地探索和努力，把原始通信手段发展为有线通信。

有线通信时代的来临，归功于美国画家萨缪尔·莫尔斯。1791 年 4 月 27 日，萨缪尔·莫尔斯诞生于美国马萨诸塞州查理镇，父亲是知名的地理学家。他毕业于耶鲁大学美术系时，只有 19 岁。1832 年秋天，已任美国国立图画院院长的莫尔斯从欧洲考察和旅游回国时，在一艘从法国勒阿弗尔港驶往美国纽约的"萨利"号邮轮上，认识了一位美国医师、化学家、电学博士查理·托马斯·杰克逊。当时杰克逊参加了在巴黎召开的电学讨论会后回国，谈到了新发现的电磁感应，引起了莫尔斯的极大兴趣。杰克逊把绕在蹄形铁芯上的铜线圈通上电，只见桌上的铁片、铁钉都被那铁芯吸上了。不一会儿，断了电，那些铁片、铁钉很快就掉了下来。我们知道，导体在磁场中做相对运动会产生电流，同样通电的线圈会产生磁力，这种现象就称为电磁感应。莫尔斯回到自己的房间，久久不能平静，感到电磁感应把他引向一个广阔的天地。他利用在船上休闲的时间，兴致勃勃地阅读了杰克逊借给他的有关论文和电学书本，画家的丰富想象力使他萌发了一个遐想：铜线通电后产生磁力；断电后，失去磁力。要是利用电流的断续，做出不同的动作，录成不同的符号，通过电流传到远方，不就可以创造出一种天方夜谭式的通信工具了吗？他越想越入迷，觉得这个极妙的理想正是人类梦寐以求的愿望，一定要实现它。他毅然下决心去完成

"用电通信"的发明。他苦干了 4 个春秋，制造出了首台电报样机。1837 年 9 月 4 日，莫尔斯发明的电报机信号只能传送 500m。但他毫不气馁，继续研究。他从他的老师发明中得到灵感，终于创造出了一种起接力作用的继电器，解决了远距离信号减弱的问题。莫尔斯请来朋友维耳当助手，费尽心血，创作出用点（·）和划（-）符号的不同排列来表示英文字母、数字和标点，成为电信史上最早的编码，后被称为"莫尔斯符号"。他与维耳还研制出电报音响器，可以在收电报的同时，通过电码声音直接译出电文，大大缩短了收报译文的时间。1872 年 4 月 2 日莫尔斯逝世后，纽约市人民特地在中央公园为他建造了一座雕像，永远纪念他为人类作出的巨大贡献。

然而，莫尔斯电报开辟了通信的新纪元，但不能传输模拟及数字信号，传输速度较慢，传输信息量较小。针对大量信息传输的迫切需求，英国科学家贝尔发明了电话。他 1847 年生于英国，年轻时跟父亲从事聋哑人的教学工作，曾想制造一种让聋哑人用眼睛看到声音的机器。1873 年，成为美国波士顿大学教授的贝尔，开始研究在同一线路上传送许多电报的装置——多工电报机，并萌发了利用电流把人的说话声传向远方的念头，使远隔千山万水的人能如同面对面交谈。于是，贝尔开始了电话的研究。1875 年，贝尔和他的助手华生分别在两个房间里试验多工电报机，一个偶然发生的事故启发了贝尔。华生房间里的电报机上有一个弹簧粘到磁铁上了，华生拉开弹簧时，弹簧发生了振动。与此同时，贝尔惊奇地发现自己房间里电报机上的弹簧颤动起来，还发出了声音，是电流把振动从一个房间传到另一个房间。贝尔的思路顿时大开，他由此想到：如果人对着一块铁片说话，声音将引起铁片振动；若在铁片后面放上一块电磁铁的话，铁片的振动势必在电磁铁线圈中产生时大时小的电流。这个波动电流沿电线传向远处，远处的类似装置上不就会发生同样的振动，发出同样的声音吗，这样声音就沿电线传到远方去了。这就是梦寐以求的电话。贝尔和华生按新的设想研制出了电话机。在一次实验中，一滴硫酸溅到贝尔的腿上，疼得他直叫喊："华生先生，我需要你，请到我这里来！"这句话由电话机经电线传到华生的耳朵里，电话成功了！1876 年 3 月 7 日，贝尔成为电话发明的专利人。

电话虽然能传递语音信号，但是传输媒介是导线，受到导线的限制不能做到随时随地通信。能不能不用导线，在空间中传递信号呢？科学家们前赴后继，给了了肯定的回答。1864 年英国物理学家麦克斯韦发表了"电磁场的动力理论"这一著名论文，在理论上证明了电磁波的存在，为后来的无线电发明和发展奠定了坚实的理论基础。1887 年德国物理学家赫兹以卓越的实验技巧证实了电磁波是客观存在的。依照麦克斯韦理论，电扰动能辐射电磁波。赫兹根据电容器经由电火花隙会产生振荡的原理，设计了一套电磁波发生器，赫兹将一感应线圈的两端接于产生器两铜棒上。当感应线圈的电流突然中断时，其感应高电压使电火花隙之间产生火花。瞬间后，电荷便经由电火花隙在锌板间振荡，频率高达数百万兆。由麦克斯韦理论，此火花应产生电磁波，于是赫兹设计了一个简单的检波器来探测此电磁波。他将一小段导线弯成圆形，线的两端点间留有小电火花隙。因电磁波应在此小线圈上产生感应电压，而使电火花隙产生火花。所以他坐在一暗室内，检波器距振荡器 10m 远，结果他发现检波器的电火花隙间确有小火花产生。赫兹在暗室远端的墙壁上覆有可反射电波的锌板，入射波与反射波重叠应产生驻波，他也以检波器在距振荡器不同距离处侦测加以证实。赫兹先求出振荡器的频率，又以检波器量得驻波的波长，二者乘积即电磁波的传播速度。这同麦克斯韦预测的一样。电磁波传播的速度等于光速。赫兹的实验成功了，而麦克斯韦理论也因此获得了无上的光彩。赫兹在实验时曾指出，电磁波可以被反射、折射和如同可见光、热波一样的被偏振。由他的振荡器所发出的电磁波是平面偏振波，其电场平行于振荡器的导线，而磁场垂直于电场，且两者均垂直传播方向。1889年在一次著名的演说中，赫兹明确地指出，光是一种电磁现象。第一次以电磁波传递讯息是从1896年意大利的马可尼开始的。1901年，马可尼又成功地将讯号送到大西洋彼岸的美国。从此无线通信进入了实用阶段。

1.1.2 电子技术发展的三个里程碑

此时无线通信设备是：发送设备是用火花发射机、电弧发生器等；接收设备是用粉末（金属屑）检波器。直到1904年弗莱明发明电子二极管之后，开始进入了无线电子学时代。1909年弗雷斯特发明了电子三极管是电子技术发展史上的第一个重要里程碑；1949年肖克莱发明了晶体三极管成为电子技术发展史上的第二个里程碑；20世纪60年代开始出现将"管"、"路"结合起来的集成电路，中、大规模乃至超大规模集成电路的出现，对人类进入信息社会起了不可估量的作用。这就是电子技术发展史上的第三个重要里程碑。

不管是原始通信手段还是有线通信以及无线通信，传递信息才是首要的任务。通信基本电路所要研究的就是信息的传输和处理的基本电路、基本原理和基本分析方法。

1.2 无线电信号的传输原理

1.2.1 传输信号的基本方法

信息传输对人类生活的重要性是不言而喻的。最基本的信息传输手段当然是语言与文字。语言与文字的产生和发展，对人类社会的发展起了很大的作用。没有语言，人类就无法进行思维。文字不但能够传输信息，而且能够储存信息。随着人类社会生产力的发展，迫切地要求在远距离迅速而准确地传送信息。我国古代利用烽火传送边疆警报，这可以说是最古老的光通信。以后又出现了"旗语"，就是用编码的方法来传输信息。此外，诸如信鸽、驿站快马接力等，也都是人们曾采用过的传输信息的方法。

进入19世纪以后，人们发现电能够以光速沿导线传播。这为远距离快速通信提供了物质条件。前面提到，莫尔斯发明电报时，创造了莫尔斯电码。在这种代码系统中，用点、划、空的适当组合来代表字母和数字。这可以说是"数字通信"的雏形。有线电报是人类利用电能传送信号的最初形式，曾经是极重要的通信手段。当然，原理与构造方面已大为改进了，但近年由于其他通信手段的飞速进步，电报的作用已日趋式微，面临被淘汰的命运。出现了有线电报之后，人们自然会想到，能否利用电能来传送声音信号呢？要做到这一点，首先就要使声能转变为电能的形式，然后才便于传送出去。将声能转变为电能的换能器称为"传声器"或"话筒"，通常也称"麦克风"。有线电报与有线电话发明之后不久，又发明了无线电。以前，人们认为电能只能沿导线传输。麦克斯韦的理论推导和赫兹的实验证明，电能也可以在空间以电磁波的形式传输。

于是人们自然想到如何实现不用导线来传输信号的问题，从而导致无线电的发明。一个导体如果载有高频电流，就有电磁能向空间辐射。电磁能是以波的形式向外传播的，称为电磁波。高频率的电流称为载波电流，简称载波。这种频率称为载波频率或射频。载有载波电流，使电磁能以电磁波形式向空间发射的导体，称为发射天线。如果我们设法用电报或电话信号控制载波电流，则电磁能中就含有所要发送的电报或电话信息，这就是无线电信号的发送过程。在接收端，首先由接收天线将收到的电磁波还原为与发送端相似的高频电流。然后经过检波，取出原来的电报或电话信号。这就完成了无线电通信。

1.2.2 通信系统简介

信息的获取、传输、变换、存储、识别、处理、显示，都要依赖于电子学与信息系统来实现。传输信息的系统，统称为通信系统。一个完整的通信系统应由输入变换器、发送设备、传输信道、接收设备和输出变换器五个基本部分组成。

图1-1为通信系统的组成方框图。其中，输入变换器的功能是将输入信息变换为电信号。当输入信息为非电量（例如，声音、文字、图像等）时，输入变换器是必要的。当输入信息本身就是电信号（例如，计算机输出的二进制信号、传感器输出的电流或电压信号等）时，在能满足发送设备要求的条件下，可不用输入变换器，而直接将电信号送入发送设备。输入变换器输出的电信号应反映原输入的全部信息，此信号通常称为基带信号。传输信道是信号传输的通道，它可以是平行线、同轴电缆或光缆，也可以是传输无线电波的自由空间或传送声波的水等。输出变换器的功能是将接收设备输出的电信号变换成原来的信息，如声音、文字、图像等。

图1-1 通信系统组成方框图

输入变换器又称信号源，信息源是指需要传送的原始信息，如语言、音乐、图像、文字等，一般是非电物理量。原始信息经输入变换器转换成电信号后，送入发送设备。在实际的通信电子线路中传输的是各种电信号，为此，就需要将各种形式的信息转变成电信号。常见的信号源有话筒、摄像机、各种传感器件。发送设备的作用是将基带信号变换成适合信道传输特性的信号。对基带信号进行变换的原因是由于要传输的信息种类多样，其对应的基带信号特性各异，这些基带信号往往并不适合信道的直接传输。而接收设备的作用是接收传送过来的信号，并进行处理，以恢复发送端的基带信号。接收设备的要求是由于信号在传输和恢复的过程中存在着干扰和失真，接收设备要尽量减少这种失真。输出变换器收信装置是指把接收设备输出的电信号变换成原来形式的信号的装置。例如还原声音的喇叭、恢复图像的显像管。

1.2.3 无线信号的产生与发射

无线电发送是以自由空间为传输信道，把需要传送的信息（声音、文字或图像）变换成无线电波传送到远方的接收点。为什么要用无线电波发送方式把信息（例如声音）传送出去呢？信息传输通常应满足两个基本要求，一是希望传送距离远，二是要能实现多路传输，且各路信号传输时，应互不干扰。依靠声音在空气中直接进行远距离传送，显然是不行的。其原因是声波在空气中传播的速度很慢（约340m/s），而且衰减很快，不能实现远距离传送。况且，人耳能听到的声音的频率为20Hz~20kHz，若将声音直接传送，多路声音就会混在一起，接收时就难以分辨，不能实现选择功能。为了把声音传送到远方，常用的方法是将声音变成电信号，再通过发送设备送出去。电信号是与声音同频率的交变电磁振荡信号，可以利用天线向空中辐射出去。电磁波在空气中的传播速度很快（$3 \times 10^9 \mathrm{m/s}$）。在天线高度足够的条件下是能够实现远距离传送的。但是，无线电波通过天线辐射，天线的长度只有与电磁振荡的波长相近，才能有效地把电磁振荡波辐射出去。对于频率为20Hz~20kHz的声频来说，其波长是 15×10^6 ~ $15 \times 10^3 \mathrm{m}$。那么，这样大尺寸的天线，制造是很困难的，即便可以做出来，由于各个电台所发出的信号频率范围相同，接收者也无法选择所需的接收信号。解决的办法是将发射的电磁波的频率提高，使传送的音频信号"加载"到高频振荡中。这样，天线的尺寸可以减小。不同的电台可以采用不同的高频振荡频率，接收时很容易分辨。通常，只需传送的信息"加载"到高频振荡中的过程称为调制。能实现这样功能变换的电路称为调制器。调制可以分为三类，即调幅、调频和调相。图1-2为调幅广播发射机的方框图。

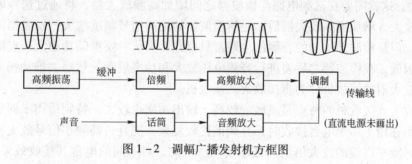

图1-2　调幅广播发射机方框图

它由以下三部分组成：

（1）低频部分。由声电变换器（话筒）和低频放大器组成，实现声电变换，并对音频电信号进行放大，使其满足调制器的要求。

（2）高频部分。由主振器、缓冲器、高频电压放大、振幅调制器和高频功率放大器组成，实现载波的产生、放大和振幅调制。

（3）传输线和天线部分。它完成将已调波通过天线以电磁波形式辐射出去。

将音频信号"加载"到高频振荡中的方法有调频、调幅、调相三种。电视中图像是调幅，伴音是调频；广播电台常用的方法是调频。

1.2.4　无线电信号的接收

无线电接收过程正好与发送过程相反，它的基本任务是将通过天空传来的电磁波接收下来，并从中取出需要接收的信息信号。图1-3为最简单的接收机的方框图。它由接收天线、选频电路、检波器和输出变换器（耳机）四部分组成。接收天线接收从空中来的电磁波。在同一时间，接收天线不仅接收到所需接收的无线电信号，而且也接收到若干个不同载频的无线电信号与一些干扰信号。为了选择出所需的无线电信号，在接收机的接收天线之后要有一个选频电路，其作用是将所要接收的无线电信号取出来，并把不需要的信号滤掉，以免产生干扰。

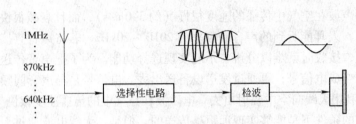

图 1-3   最简单的接收机方框图

利用一个并联 LC 回路的谐振特性就能够实现选频。通过选频电路选频,将选出所需要的高频调幅波,例如 $U(t) = U_{cm}(1 + m_a \cos\Omega t)\cos\omega t$,送给检波器。检波器的任务是从已调波信号中取出原调制信号,即音频 Ω 成分。音频信号送给耳机将电信号转换成声音。这样就完成了全部接收过程。这种最简单的接收机称为直接检波式接收机。其特点是线路简单。因为从天线得到的高频无线电信号非常微弱,一般只有几十微伏至几毫伏,直接送给检波器检波,检波器的电压传输系数很小,检波后输出的音频信号更弱,只能采用耳机完成电声变换。为了提高检波器的电压传输系数,通常希望送给检波器的高频信号电压达到 1V 左右。这就需要在选频电路与检波器之间增加高频放大器,将通过选频电路的高频信号进行放大。增加高频放大器后,送给检波器的高频信号幅度增大,检波器的电压传输系数增大。但是检波器输出的音频信号通常只有几百毫伏,要推动功率大一点的扬声器是不行的。因而,在检波器之后要进行音频电压放大和功率放大,然后去推动扬声器。这种带有高频放大器的接收机称为直接放大式接收机。

直接放大式接收机的特点是灵敏度较高,输出功率也较大,特别适用于固定频率的接收。但是,在用于多个电台接收时,其调谐比较复杂。况且,高频小信号放大器的整个接收频带内,频率高端的放大倍数比低端要低。因此,对不同的电台其接收效果也就不同。为了克服这一缺点,现在的接收机几乎都采用超外差式线路。图 1-4 为超外差式接收机的方框图。

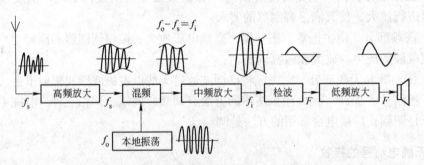

图 1-4   超外差式接收机系统方框图

超外差接收机的主要特点是把被接收的已调波信号的载波角频率先变为频率较低的(或较高的),且是固定不变的中间频率(称为中频),而其振幅的变化规律保持不变,即仍由基带频率来决定。然后利用中频放大器加以放大送至检波器进行检波,解调出与调制信号线性关系的输出电压。随后通过低频电压放大、功率放大,由扬声器还原为原来的声音。因为中频放大器的中心频率是固定不变的,而且接收机的主要放大倍数由中频放大器承担。所以,整机增益在接收频率范围内,高端和低端的差别就会很小。对于调谐来说,仅对混频器的选频输入回路和本机振荡器进行同步调谐，这是容易实现的。将高频信号的载波频率降低为中频的任务是由变频器来实现的。超外差接收机由于有固定频率的中频放大器，它不仅可以实现较高的放大倍数，而且选择性也很容易得到满足。可以同时兼顾高灵敏度与高选择性，这是非常重要的。上面介绍了无线电广播发送与接收的基本原理与工作过程。虽然介绍的是传送语言的特殊例子，但对传输其他形式的信号来说，其基本工作原理是相同的。发送设备和接收设备中的高频小信号放大器、高频功率放大器、正弦波振荡器、振幅调制电路、检波器、角度调制电路、调角信号的解调电路和变频电路等是高频电子线路课程所要讲授的内容，而这些内容又是组成发送设备和接收设备不可缺少的重要组成部分。

1.2.5　传输信道

信号从发送到接收中间要经过传输媒质。根据传输媒质的不同，可以分为无线通信与有线通信两大类。无线通信的传输媒质是自由空间。有线通信所用的传输媒质有双线对电缆、同轴电缆、光纤（光缆）等，其中：双线对电缆由若干对双线组成电缆，每对线是一个传输路径。为了减少串话，每对线应扭绞起来。这种传输媒质主要用于频率较低时的载波电话和低速数据通信。而同轴电缆当频率较高时，由于趋肤效应，导线电阻增大，而且辐射损失上升，因而不宜采用双线对。采用同轴电缆可以解决上述两个问题。而且若干小电缆组成一个大电缆时，各小电缆之间不会产生串话，因为电缆外面的金属外套有屏蔽作用。因此信号沿电缆传输的衰减大为减小。目前，同轴电缆已被光缆所代替。光纤维是非常细的玻璃丝（例如直径为 $100\mu m$ 或更细），其衰耗已降低到 1dB/km，因而已进入实用阶段。若干光纤组成一个光缆。这种通信方式的主要优点是工作频率极高，信息容量极大。例如，若使用波长为 $0.3\mu m$ 的光波时，其频率为 10^{15} Hz，如果只用这个频率的百分之一作为工作频率，则带宽可达 10000GHz。

无线通信的传输媒质是自由空间，上节举的例子都是无线通信。电磁波从发射天线辐射出去后，经过自由空间到达接收天线的传播途径可分为地波与天波两大类。地波又可分两种：一种是地面波，电磁波沿地面传输；另一种是空间波，这时要求发射天线与接收天线离地面较高，接收点的电磁波由直射波与地面反射波合成。天波是经过离地面 100～500km 的电离层反射后，传送到接收点的电磁波。沿地面传播的无线电波称地面波。由于地球表面是有电阻的导体，当电磁波在它上面行进时，有一部分电磁能量被消耗；而且频率越高，地面波损耗也越大。因此，地面波传播适于采用长波和超长波。由于地面的导电性能在短时间内没什么变化，故地面波的传播特性稳定可靠。在无线电技术的发展初期，选用工作波长越来越长的主要原因即在于此。即使到了今天，长波和超长波的稳定传播特性仍然受到应有的重视。随着工作频率的逐渐升高，地面波的损耗逐渐增大，同时，电离层对电波反射的影响开始出现。那么，什么是电离层呢？我们知道，包围地球的大气层的空气密度是随离地面高度的增加而减小的。一般在离地面大约 20km 以下，空气密度比较大，所有的大气现象——风、雨、雪等都是在这一区域内产生的。大气层的这一部分称为对流层。在离地面 50km 以上，空气已经很稀薄，同时太阳辐射与宇宙射线辐射等作用已很强烈，因而空气产生电离。这些被电离了的空气，它们的电离密度是成层分布的，所以称为电离层。这些电离层由距地面高度从低到高，分别称为 D 层、E 层、F 层等。电磁波到达电离层后，一部分能量被电离层吸收，一部分能量被反射和折射返回地面，形成天波。由于惯性关系，频率越高，电子和离子的振荡幅度就越小，因而它们吸收的能量也就越小。从这一点看，利用电离层通信，宜采用较高的频率。此外，随着频率的增高，电波穿入电离层也越深。在频率超过一定值（临界值）后，电磁波会穿透电离层，不再返回地面。因此，利用电离层通信，可供采用的频率也不能过高，一般只限于短波波段。频率继续升高，进入超短波段后，地面波衰减极大，天波又会穿透电离层，不能返回地面。这时只能采用空间波方式进行通信。显然，这种通信方式只能限于视线距离范围内，例如电视广播即属此类。近年来，人们发现超短波（以至微波）也能传送到很远的距离。这是利用对流层（或电离层）对电波的散射作用，使这些电波能够传播到大大超过视线距离的地区。这就是对流层（或电离层）散射通信。散射通信已成为在超短波以至微波波段远距离通信的有力手段。此外，利用人造卫星传送信号已成为极其重要的通信方式。20 世纪 60年代以来，模拟通信已大量使用 2~10GHz 频段。因此，数字微波系统的发展集中到更高的频率，11GHz 与 19GHz 频段已在启用。但在这样高的频率时，大气层中的氧气与水蒸气对信号的吸收成为严重问题，必须考虑。电磁波的传播情况很复杂，它不属于本课程的范围，以上只对它做了极为简略的介绍，以便能对它建立一个初步概念，作为学习通信基本电路的预备知识。

　　无线电波的波段划分如表 1-1 所示。

表 1-1　无线电波的波段划分

带　号	频带名称	频率范围	波段名称	波长范围
-1	至低频（TLF）	0.03~0.3Hz	至长波或千兆米波	10000~1000Mm
0	至低频（TLF）	0.3~3Hz	至长波或百兆米波	1000~100Mm
1	极低频（ELF）	3~30Hz	极长波	100~10Mm
2	超低频（SLF）	30~300Hz	超长波	10~1Mm
3	特低频（ULF）	300~3000Hz	特长波	1000~100km
4	甚低频（VLF）	3~30kHz	甚长波	100~10km
5	低频（LF）	30~300kHz	长波	10~1km
6	中频（MF）	300~3000kHz	中波	1000~100m
7	高频（HF）	3~30MHz	短波	100~10m
8	甚高频（VHF）	30~300MHz	米波	10~1m
9	特高频（UHF）	300~3000MHz	分米波	10~1dm
10	超高频（SHF）	3~30GHz	厘米波	10~1cm
11	极高频（EHF）	30~300GHz	毫米波	10~1mm
12	至高频（THF）	300~3000GHz	丝米波或亚毫米波	10~1dmm

　　本课程讲授的各功能电路，大多属于非线性电子线路。非线性电子线路的分析方法与线性电子线路的分析方法是不同的。因而，在学习本课程的各功能电路时，要根据不同电路的功能和特点，掌握各个功能电路的实现方法和基本原理。要根据输入信号的大小和器件的工作状态的不同选用不同的近似分析法，系统地了解非线性电子线路的分析方法。高

频电子线路的理论必须与实践紧密联系，学会用理论去指导实验和分析实验现象，从而得到合理的结论。

1.3　数字通信系统

传输数字信号的通信系统称为数字通信系统，图 1－5 为系统框图。

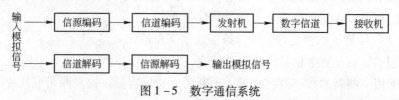

图 1－5　数字通信系统

模拟信号经信源编码和信道编码变成数字基带信号，发射机将基带信号调制到高频载波上经信道传输到接收端，接收机还原出数字基带信号，经信道解码和信源解码还原出模拟基带信号。用数字基带信号对高频正弦载波进行的调制称为数字调制。根据基带信号控制载波的参数不同，数字调制通常分为振幅键控、频率键控和相位键控三种基本方式（图 1－6）。

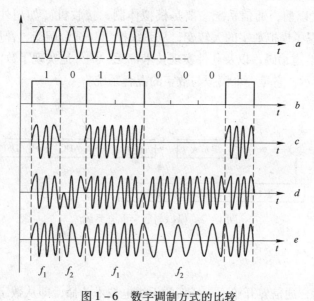

图 1－6　数字调制方式的比较
a—载波；b—基带；c—ASK；d—PSK；e—FSK

振幅键控（amplitude – shift keying，ASK），载波振幅受基带控制；相位键控（phase – shift keying，PSK），载波相位受基带信号控制，当基带信号 $p(t) = 1$ 时，载波起始相位为 0，当 $p(t) = 0$ 时，载波起始相位为 π；频率键控（frequency – shift keying，FSK），载波频率受基带信号控制，当 $p(t) = 1$ 时，载波频率为 f_1；当 $p(t) = 0$ 时，载波频率为 f_2。

数字通信具有以下主要优点：

（1）抗干扰能力强，尤其是数字信号通过中继再生后可消除噪声积累。

（2）数字信号通过差错控制编码，可提高通信的可靠性。

（3）由于数字通信传输一般采用二进制码，所以可使用计算机对数字信号进行处理，实现复杂的远距离大规模自动控制系统和自动数据处理系统，实现以计算机为中心的通信网。

（4）在数字通信中，各种消息（模拟的和离散的）都可变成统一的数字信号进行传输。在系统中对数字信号传输情况的监视信号、控制信号及业务信号都可采用数字信号。数字传输和数字交换技术结合起来组成的 ISDN 对于来自不同信源的信号自动地进行变换、综合、传输、处理、存储和分离，实现各种综合业务。

（5）数字信号易于加密处理，所以数字通信保密性强。

数字通信的缺点是数字信号占据频带较宽，频带利用率低。

目前已采用一些新的数字调制技术，不断增大通信容量，提高频带利用率，所以数字通信的发展前景广阔。

1.4 现代通信系统和软件无线电

1.4.1 模拟与数字的混合系统

20 世纪 90 年代以前，通信系统主要是模拟体制，接收机（如超外差接收机）在 90 年代无线电通信实现了模拟数字的大转变，从系统控制（选台调谐、音量控制、均衡控制等）到信源编码、信道编码，以及硬件实现技术都无一例外地实现了数字化。现代超外差接收机如图 1 - 7 所示，它是一个模拟与数字的混合系统。

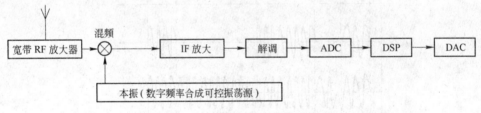

图 1 - 7 模拟与数字混合系统

1.4.2 软件无线电

进入 90 年代后，通信界开始了一场新的无线电技术革命，即从数字化走向了软件化，软件无线电技术（software radio）应运而生。支持这场技术革命的是多种技术的综合，包括多频段天线和 RF 变换宽带 A/D/A 转换，完成 IF、基带、比特流处理功能的通用可编程处理器等。软件无线电最初目的是满足军用通信中不同频段、不同信道调制方式和数据方式的各类电台之间的联网需要，因为它可以很容易地解决各种接口标准之间的兼容问题，使得它的优越性很快得到商用通信的青睐，并且在个人移动通信领域发展迅速。软件无线电是特指具有用软件实现各种功能特点的无线电台（如移动通信中的移动电话机、基站电台、军用电台等），它主要由低成本、高性能的 DSP 芯片组成。规范的软件无线电典型结构如图 1 - 8 所示。

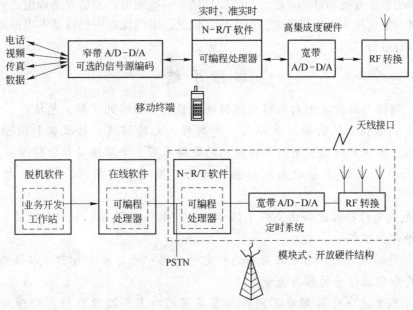

图 1 - 8　软件无线电典型结构

从图中可以看出软件无线电的标志：

（1）无线通信功能是由软件定义并完成的，这种完全的可编程能力包括可编程的射频波段、信道接入方式、信道调制方式与纠错算法等，软件无线电区别于软件控制的数字无线电。

（2）在尽可能靠近天线的地方使用 A/D/A 转换器，因为信号的数字化是实现软件无线电的首要条件。理想软件无线电系统中的 A/D/A 转换器已相当靠近天线，从而可对高频信号进行数字化处理，这也是它与常用的数字通信系统的根本区别所在。

软件无线电的特点：

（1）具有完全的可编程性，即通过安装不同的软件来实现不同的电路功能，包括工作模式、系统功能、扩展业务等。

（2）软件无线电基于 DSP 技术，即系统所需要的信号处理工作有变频、滤波、调制解调，信道编译码，接口协议与信令处理，加解密、抗干扰处理，以及网络监控管理。

（3）具有很强的灵活性及可扩充性，即可以任意转换信道接入方式，改变调制方式或接收不同系统的信号。

（4）具有集中性，即由于软件无线电结构具有相对集中和统一的硬件平台，所以多个信道可以享有共同的射频前端与宽带 A/D/A 转换器，从而可以获取每一信道的相对廉价的信号处理性能。

由于大规模集成电路的数字无线电和软件无线电收发信机内部的基本功能、基本原理、工作流程和电路结构与传统的超外式无线电收发信机并无太大差异，经典高频电子线路的分析方法与设计思想仍可作为现代无线电新技术的理论基础。而且，由于目前受器件水平的限制，软件无线电技术还基本只能在通信系统的基带处理部分得到较好发挥，还必须采用与传统电路结合的方式进行系统研制。要超越器件水平的限制，进行深入的理论研究，提出新的解决方案和好的算法，也需要借助于一些经典的通信电路理论。数字通信中的很多电路功能也基本上用模拟电路来实现。因此，本门课程中仍以基本模拟通信电子电路为主要内容进行分析。

本 章 小 结

本章介绍的内容使我们对无线电通信的过程有了粗略的了解，包括：

（1）无线通信系统由输入变换器、发射机、无线信道、接收机和输出变换器组成，本课程主要研究组成发射机和接收机的电路原理、电路组成和分析方法。

（2）无线电发射设备由高频振荡、倍频、高功放、调制、天线、电源等部分组成。

（3）无线电的接收设备由高频小信号放大、本振、混频、中放、检波、低放、天线、电源等部分组成。

（4）信号的频谱表示方法在分析通信电子线路中十分重要，它可以清楚地表达各功能模块处理前后信号的频率分量。

（5）无线电波由于其频率不同而具有不同的特点，因此可将其划分为不同的波段，不同波段的无线电波传播的方式可分为直射、绕射、电离层的反射等。

（6）数字通信、软件无线电技术是现代通信技术的发展方向。

本章重要概念

无线通信　电磁波　高频信号　发送设备　接收设备　载波

2 选频网络

本章重点内容

- 选频网络的功能
- 串联谐振回路和并联谐振回路的电路组成和选频原理
- 谐振回路谐振时电路中的各个性能指标
- 谐振回路的能量关系
- 串并联谐振回路的阻抗互换和抽头变换的计算
- 其他形式滤波器的特点和选用准则

选频是指选出需要的频率分量并且滤除不需要的频率分量。

在通信基本电路中，调谐放大器是一种最基本、最常见的选频电路形式。它由调谐回路与晶体管相结合而成，其突出的优点是增益高，有明显的选频性能，广泛地应用于各类接收设备中。它的增益、通频带和选择性，决定了接收机的主要质量指标。

各种形式的选频网络在高频电子线路中得到了广泛的应用，它能选出我们需要的频率分量和滤除不需要的频率分量，因此掌握各种选频网络的特性及分析方法是很重要的。通常，在通信基本电路中应用的选频网络分为两大类：一是由电感和电容元件组成的振荡回路（也称谐振回路），它又可分为单振荡回路及耦合振荡回路；二是各种滤波器，如 LC 集中滤波器、石英晶体滤波器、陶瓷滤波器和声表面波滤波器等。本章重点讨论振荡回路，由于滤波器的应用日益广泛，也给予一定的重视。

调谐放大器是高频放大器的一种。它是指负载采用谐振回路的放大电路。接收天线所感应的信号，除了要收听的电台信号以外，还有许多不需要的无线电信号（我们把不需要的信号都称为干扰）。显然如果采用没有选择性的放大器进行放大，势必使所要收听的电台声音被淹没在其他电台的干扰声中。为了解决这个问题。通常在晶体管的集电极接上 LC 谐振回路作为选频之用。这样构成的调谐放大器不仅有放大作用，而且具有选频能力。

2.1 串联谐振回路

2.1.1 概述

由电感线圈和电容器组成的单个振荡电路，称为单振荡回路。信号源与电容和电感串接，就构成串联振荡回路（图 2-1）。串联振荡回路的阻抗在某一特定频率上具有最小值（图 2-2），而偏离这个特定频率的时候阻抗将迅速增大。单振荡回路的这种特性称为谐振特性，这个特定频率称为谐振频率。谐振回路具有选频和滤波作用。

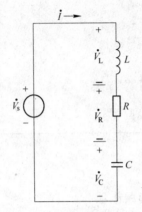

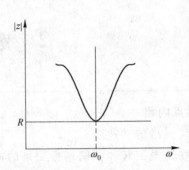

图 2-1　串联谐振回路电路图　　　　图 2-2　串联振荡回路电抗与频率的关系图

回路两端的阻抗为

$$z = R + j\omega L + \frac{1}{j\omega C} = R + j\left(\omega L - \frac{1}{\omega C}\right)$$

$$|z| = \sqrt{R^2 + X^2} = \sqrt{R^2 + \left(\omega L - \frac{1}{\omega C}\right)^2}$$

当 $\omega = \omega_0$ 时，电路中总阻抗最小（$z = R$），此时的 ω_0 称为谐振频率。

当 $\omega \neq \omega_0$ 时，$|z| > R$。

$\omega > \omega_0$，$X > 0$，呈感性（图 2-3），电流滞后电压；$\omega < \omega_0$，$X < 0$，呈容性，电流超前电压，$\varphi_i > 0$，$\omega = \omega_0$，$|z| = R$，$X = 0$，达到串联谐振。

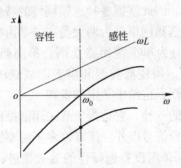

图 2-3　串联振荡回路电路性质与频率的关系图

回路谐振时的感抗或容抗，称为特性阻抗，用 ρ 表示：

$$X_{L0} = X_{C0} = \omega_0 L = \frac{1}{\omega_0 C} = \sqrt{\frac{L}{C}} = \rho$$

2.1.2　谐振特性

（1）当 $\omega = \omega_0$ 时，$X = 0$，$z = R$ 为最小值，且为纯电阻；当 $\omega > \omega_0$ 时，$X_L > X_C$，电路呈感性，当 $\omega < \omega_0$ 时，$X_L < X_C$，电路呈容性。

（2）谐振时电流最大且与电压源同相。

（3）电感和电容两端的电压分别为：

$$\dot{V}_{L0} = \dot{I}_0 j\omega_0 L = \frac{\dot{V}_s}{R} j\omega_0 L = j\frac{\omega_0 L}{R}\dot{V}_s$$

$$\dot{V}_{C0} = \dot{I}_0 \frac{1}{\omega_0 C} = \frac{\dot{V}_s}{R}\frac{1}{j\omega_0 C} = -j\frac{1}{\omega_0 CR}\dot{V}_s$$

$$\dot{V}_{L0} = jQ\dot{V}_s \qquad \dot{V}_{C0} = -jQ\dot{V}_s$$

2.1.3 谐振频率

若 $v_s = V_s \sin\omega t$ ，则 $\dot{I} = \frac{\dot{v}_s}{z} = \frac{\dot{v}_s}{R + j\left(\omega L - \dfrac{1}{\omega C}\right)}$ 。

当 $\omega L - \dfrac{1}{\omega C} = 0$ 时，$\dot{I}$ 为最大值，$\dot{I} = \dfrac{\dot{v}_s}{R}$ 。

此时回路发生串联谐振，使 $\omega L - \dfrac{1}{\omega C} = 0$ 的信号频率称为谐振频率，以 ω_0 表示，即 $\omega_0 L = \dfrac{1}{\omega_0 C}$ ，则：

$$\omega_0 = \frac{1}{\sqrt{LC}} \qquad f_0 = \frac{1}{2\pi\sqrt{LC}}$$

因此 $X = \omega_0 L - \dfrac{1}{\omega_0 C} = 0$ 也称为串联谐振回路的谐振条件。

2.1.4 品质因数

谐振时回路感抗值（或容抗值）与回路电阻 R 的比值称为回路的品质因数，以 Q 表示，它表示回路损耗的大小。

$$Q = \frac{\omega_0 L}{R} = \frac{1}{\omega_0 CR} = \frac{\rho}{R}$$

$$\omega_0 L = \frac{1}{\omega_0 C} = \rho$$

$$|\dot{V}_{L0}| = |\dot{V}_{C0}| = I_0\rho = \frac{V_s}{R}\cdot\rho = V_s\cdot\frac{\rho}{R} = V_s\cdot Q$$

串联谐振时，电感 L 和电容 C 上的电压达到最大值且为输入信号电压的 Q 倍，故串联谐振也称为电压谐振。因此，必须预先注意回路元件的耐压问题。

综上所述可以得出以下几个结论：电感线圈与电容器两端的电压模值相等，且等于外加电压的 Q 倍。Q 值一般可以达到几十或者几百，故电容或者电感两端的电压可以是信号电压的几十或者几百倍，称为电压谐振。在实际应用时要加以注意。串联谐振时电路中的电流或者电压可以绘成向量图。

2.1.5 广义失谐

广义失谐系数 ξ 是表示回路失谐大小的量，其定义为：

$$\xi = \frac{(失谐时的电抗)X}{R} = \frac{\omega L - \dfrac{1}{\omega C}}{R} = \frac{\omega_0 L}{R}\left(\frac{\omega}{\omega_0} - \frac{\omega_0}{\omega}\right)$$

$$= Q_0\left(\frac{\omega}{\omega_0} - \frac{\omega_0}{\omega}\right) = Q_0\left(\frac{\omega^2 - \omega_0^2}{\omega_0 \omega}\right) = Q_0\left[\frac{(\omega - \omega_0)(\omega + \omega_0)}{\omega_0 \omega}\right]$$

当 $\omega \approx \omega_0$，即失谐不大时，

$$\xi \approx Q_0 \cdot \frac{2\Delta\omega}{\omega_0} = Q_0 \cdot \frac{2\Delta f}{f_0}$$

当谐振时，$\xi = 0$。

2.1.6　能量关系

谐振时，电路中的电流 $i = I_{0m}\sin\omega t$

$$v_c = \frac{1}{C}\int i\,\mathrm{d}t = \frac{1}{C}\int I_{0m}\sin\omega t \cdot \mathrm{d}t = \frac{1}{\omega C}I_{0m}\int \sin\omega t \cdot \mathrm{d}(\omega t)$$

$$= -\frac{1}{\omega C}I_{0m}\cos\omega t = -V_{cm}\cos\omega t$$

$$W_c = \frac{1}{2}CV_c^2 = \frac{1}{2}CV_{cm}^2\cos^2\omega t$$

$$W_{cm} = \frac{1}{2}CV_{cm}^2 = \frac{1}{2}c \cdot Q^2 V_{sm}^2$$

$$\because Q = \frac{1}{R}\sqrt{\frac{L}{C}}$$

$$\frac{1}{2}CV_{cm}^2 = \frac{1}{2}CQ^2 V_{sm}^2 = \frac{1}{2}C\frac{1}{R^2}\frac{L}{C}V_{sm}^2 = \frac{1}{2}LI_{0m}^2$$

$$W_c = \frac{1}{2}I_{0m}^2 L \cdot \cos^2\omega t$$

$$\therefore W_{cm} = \frac{1}{2}I_{0m}^2 \cdot L$$

$$W_L = \frac{1}{2}LI^2 = \frac{1}{2}LI_{0m}^2\sin^2\omega t \quad W_{Lm} = \frac{1}{2}I_{0m}^2 L$$

$$W = W_L + W_C = \frac{1}{2}LI_{0m}^2\sin^2\omega t + \frac{1}{2}LI_{0m}^2\cos^2\omega t = \frac{1}{2}LI_{0m}^2$$

由此可见，W 是一个不随时间变化的常数。这说明回路中储存的能量是不变的，只是在线圈与电容器之间相互转换。且电抗元件不消耗外加电动势的能量，外加电动势只提供回路电阻所消耗的能量，以维持回路的高幅振荡。所以谐振回路中电流最大。

还可以得出以下结论：电感上储存的瞬时能量的最大值与电容上储存的瞬时能量的最大值相等，能量 W 是一个不随着时间变化的常数，这说明整个回路中储存的能量保持不变，只是在线圈和电容器之间相互转换，电抗元件不消耗外加电源的能量。外加电源只是提供回路电阻所消耗的能量，以维持回路的等幅振荡，谐振时振荡器回路中的电流最大。

电路 R 上消耗的平均功率为：$P = \frac{1}{2}RI_{0m}^2$。

每一周期时间内消耗在电阻上的能量为：

$$W_R = P \cdot T = \frac{1}{2}I_{0m}^2 R \cdot T = \frac{1}{2}I_{0m}^2 R \cdot \frac{1}{f_0}$$

储能耗能比为：

$$\frac{W_C + W_L}{W_R} = \frac{\frac{1}{2}LI_{0m}^2}{\frac{1}{2}RI_{0m}^2 \cdot \frac{1}{f_0}} = \frac{f_0 \cdot L}{R} = \frac{1}{2\pi} \cdot \frac{\omega_0 L}{R} = \frac{1}{2\pi} \cdot Q$$

所以

$$Q = 2\pi \frac{\text{回路储能}}{\text{每周耗能}}$$

2.1.7 谐振曲线和通频带

2.1.7.1 特性曲线

串联谐振回路中电流幅值与外加电动势频率之间的关系曲线称为谐振曲线（图2-4）。可用 $N(f)$ 表示谐振曲线的函数。

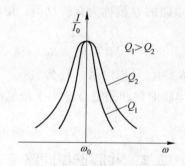

图 2-4 串联谐振回路的特性曲线

$$N(f) = \frac{\text{失谐处电流}\dot{I}}{\text{谐振点}\dot{I}_0} = \frac{\dfrac{\dot{V}_s}{R + j\left(\omega L - \dfrac{1}{\omega C}\right)}}{\dfrac{\dot{V}_s}{R}} = \frac{R}{R + j\left(\omega L - \dfrac{1}{\omega C}\right)}$$

$$= \frac{1}{1 + j\dfrac{\omega L - \dfrac{1}{\omega C}}{R}} = \frac{1}{1 + j\xi}$$

Q 值不同，即损耗 R 不同时，对曲线有很大影响，Q 值大，曲线尖锐，选择性好；Q 值小，曲线钝，通带宽。

2.1.7.2 通频带

回路外加电压的幅值不变时，改变频率，回路电流 I 下降到 I_0 的 $\dfrac{1}{\sqrt{2}}$ 时所对应的频率范围称为谐振回路的通频带，用 B 表示。

$$B = 2\Delta\omega_{0.7} = \omega_2 - \omega_1 \quad 或 \quad B = 2\Delta f_{0.7} = f_2 - f_1$$

当 $\left|\dfrac{\dot{I}}{\dot{I}_0}\right| = \dfrac{1}{\sqrt{1+\xi^2}} = \dfrac{1}{\sqrt{2}}$ 时，$\xi = \pm 1$，而 $\xi = Q \cdot \dfrac{2\Delta\omega}{\omega_0}$。

$$2\Delta\omega_{0.7} = \frac{\omega_0}{Q}$$

也可用线频率 f_0 表示，即

$$B = 2\Delta f_{0.7} = \frac{f_0}{Q}$$

2.1.8 信号源内阻及负载对串联谐振回路的影响

通常，把没有接入信号源内阻和负载电阻时回路本身的 Q 值称为无载 Q（空载 Q 值）。

$$Q = \frac{\omega_0 L}{R} = Q_0$$

把接入信号源内阻和负载电阻的 Q 值称为有载 Q 值，用 Q_L 表示：

$$Q_L = \frac{\omega_0 L}{R + R_s + R_L}$$

式中，R 为回路本身的损耗；R_s 为信号源内阻；R_L 为负载。

可见，$Q_L < Q$，结论是：串联谐振回路通常适用于信号源内阻 R_s 很小（恒压源）和负载电阻 R_L 也不大的情况。

2.2 并联谐振回路

2.2.1 原理概述

上节指出，串联谐振回路适用于低内阻电源（理想电压源）。如果电源内阻大，则宜采用并联谐振回路（图 2-5）。

并联谐振回路是指电感线圈 L、电容器 C 与外加信号源相互并联的振荡电路，如图 2-5 所示。由于电容器的损耗很小，可以认为损耗电阻 R 集中在电感支路中。在研究并联振荡回路时，采用理想电流源（外加信号源内阻很大）分析较方便。在分析时也暂时先不考虑信号源内阻的影响。

它的结构为电感线圈、电容、外加信号源相互并联的振荡回路。其中由于外加信号源内阻很大，为了分析方便，采用恒流源。

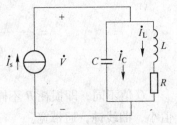

图 2-5 并联谐振回路

2.2.2 谐振条件

电路中总的阻抗为：

$$z = \frac{(R + j\omega L) \dfrac{1}{j\omega C}}{R + j\omega L + \dfrac{1}{j\omega C}} = \frac{(R + j\omega L) \dfrac{1}{j\omega C}}{R + j\left(\omega L - \dfrac{1}{\omega C}\right)}$$

通常，$\omega L \gg R$。代入上式：

$$z = \frac{\dfrac{L}{C}}{R + j\left(\omega L - \dfrac{1}{\omega C}\right)} = \frac{1}{\dfrac{RC}{L} + j\left(\omega C - \dfrac{1}{\omega L}\right)}$$

变换成导纳形式：

$$Y = \frac{CR}{L} + j\left(\omega C - \frac{1}{\omega L}\right) = G + jB$$

式中，$G = \dfrac{CR}{L}$ 为电导；$B = \omega C - \dfrac{1}{\omega L}$ 为电纳。

可见，当回路电纳 $=0$ 时，$\dot{V}_0 = \dot{I}_s / G_p$。此时回路电压与电流同相，且 V_0 达到最大值，这称为并联回路对外加信号频率发生并联谐振，根据并联谐振条件，可以求出并联谐振角频率谐振线频率。

因为 $B = 0$，所以 $\omega C = \dfrac{1}{\omega L}$，$\omega_p = \dfrac{1}{\sqrt{LC}}$，$f_p = \dfrac{1}{2\pi \sqrt{LC}}$。

2.2.3 品质因数

定义 $\dfrac{\omega_p L}{R} = \dfrac{\dfrac{1}{\omega_p C}}{R} = Q_p$ 为并联谐振回路的品质因数，并有

$$Q_p = \frac{\omega_p L}{R} = \frac{1}{\sqrt{LC}} \frac{L}{R} = \frac{1}{R}\sqrt{\frac{L}{C}} = \frac{\rho}{R} \qquad \rho = \sqrt{\frac{L}{C}}$$

$$Q_p = \frac{\omega_p L}{R} = \frac{R_p}{\omega_p L} = \frac{R_p}{\rho} = R_p \cdot \sqrt{\frac{C}{L}}$$

$$\dot{I}_{Cp} = \frac{\dot{V}_0}{\dfrac{1}{j\omega_p C}} = j\omega_p C \dot{V}_0 = j\omega_p C \dot{I}_s Q_p \frac{1}{\omega_p C} = jQ_p \dot{I}_s$$

$$\dot{I}_{Lp} = \frac{\dot{V}_0}{R + j\omega_p L} = \frac{\dot{V}_0}{j\omega_p L} = \frac{\dot{I}_s Q_p \omega_p L}{j\omega_p L} = -jQ_p \dot{I}_s$$

通常，Q 值为几十到几百，因此信号源的电流不是很大，而支路内的电流却是很大。谐振时电感支路或者电容支路的电流幅值为外加电流源 I_s 的 Q_p 倍。因此，并联谐振又称为电流谐振。

2.2.4 广义失谐系数

它是表示并联谐振回路失谐大小的量：

$$\xi = \frac{B}{G} = \frac{失谐时的电纳}{谐振时的电导} = \frac{\omega C - \dfrac{1}{\omega L}}{G} = \frac{\omega_0 C}{G}\left(\frac{\omega}{\omega_0} - \frac{\omega_0}{\omega}\right)$$

$$\approx Q \cdot \frac{2\Delta\omega}{\omega_0}$$

2.2.5 谐振曲线、相频特性曲线和通频带

2.2.5.1 谐振曲线

串联回路用电流比来表示，并联回路用电压比来表示。回路端电压

$$\dot{v} = \dot{I_s}Z = \frac{\dot{I_s}}{Y} = \frac{\dot{I_s}}{G_p + j\left(\omega C - \dfrac{1}{\omega L}\right)}$$

回路谐振时，电压 $\dot{v_0} = \dot{I_s} \cdot R_p = \dot{I_s}/G_p$

由此可作出谐振曲线（图2-6）。

所以 $\dfrac{\dot{v}}{\dot{v_0}} = N(f) = \dfrac{\dot{I_s}/Y}{\dot{I_s}/G_p} = \dfrac{G_p}{Y} = \dfrac{G_p}{G_p + j\left(\omega C - \dfrac{1}{\omega L}\right)} = \dfrac{1}{1 + jQ_p\left(\dfrac{\omega}{\omega_p} - \dfrac{\omega_p}{\omega}\right)} \approx \dfrac{1}{1 + j\xi}$

2.2.5.2 相频特性

因为 $\dfrac{\dot{v}}{\dot{v_0}} = \dfrac{1}{1 + jQ_p\left(\dfrac{\omega}{\omega_p} - \dfrac{\omega_p}{\omega}\right)} \approx \dfrac{1}{1 + jQ_p\dfrac{2\Delta\omega}{\omega_0}}$

所以 $\psi \approx -\arctan Q_p \cdot \dfrac{2\Delta\omega}{\omega_p} = -\arctan\xi = -\arctan Q_p\left(\dfrac{\omega}{\omega_p} - \dfrac{\omega_p}{\omega}\right)$

串联电路中 ψ 是指回路电流与信号源电压的相角差。而并联电路中 ψ 是指回路端电压对信号源电流 I_s 的相角差。

$\omega = \omega_p$ 时，$\psi = 0$；$\omega > \omega_p$ 时，$\psi < 0$，电路呈容性；$\omega < \omega_p$ 时，$\psi > 0$，电路呈感性。

相频特性曲线如图2-7所示。

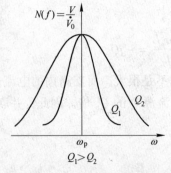

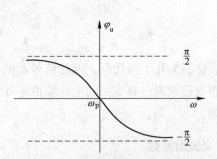

图2-6 并联谐振回路谐振曲线   图2-7 并联谐振回路相频特性曲线

2.2.5.3 通频带

当回路端电压下降到最大值的 $\dfrac{1}{\sqrt{2}}$ 时，所对应的频率范围，

$$B = \omega_2 - \omega_1 = 2\Delta\omega_{0.7} \quad \Delta\omega_{0.7} = \omega_2 - \omega_0 = \omega_0 - \omega_1$$

因为

$$\frac{\dot{v}}{\dot{v}_0} = \frac{1}{1 + j\xi} \quad \frac{|\dot{v}|}{|\dot{v}_0|} = \frac{1}{\sqrt{1 + \xi^2}} = \frac{1}{\sqrt{2}}$$

所以

$$\xi = Q_p \cdot \frac{2\Delta f_{0.7}}{f_0} = 1 \quad 2\Delta f_{0.7} = \frac{f_0}{Q_p} = B \quad B = \frac{f_0}{Q_p}$$

2.2.6 信号源内阻和负载电阻对并联谐振回路的影响

如果信号源为理想的电压源，它的内阻为零，那么不管并联振荡回路的阻抗等于多少，回路两端的电位差永远等于信号源电压。因此就电压来说，回路对频率毫无选择性。如果电源内阻可以和并联回路阻抗相比较，则在回路两端的电压降大小，由回路阻抗与信号源内阻的比例来决定。在谐振点，回路阻抗最大，它两端的电压降也达最大值。失谐时，回路阻抗下降，总电流加大，因而信号源内阻消耗的电压降增大，回路的电压降减低。信号源内阻越大，并联回路的电压降随频率而变化的速率越快，电压降谐振曲线越尖锐。理想电流源所得的谐振曲线最尖锐，理想电压源所得谐振曲线为水平直线，毫无选择性。由此可得出一个重要结论：为获得优良的选择性，信号源内阻低时，应采用串联振荡回路，而信号源内阻高时，应采用并联振荡回路。由以下关系式可以证明：

$$Q_L = \frac{\dfrac{1}{\dfrac{1}{R_s} + \dfrac{1}{R_p} + \dfrac{1}{R_L}}}{\omega_p L} = \frac{1}{\omega_p L\left(\dfrac{1}{R_s} + \dfrac{1}{R_p} + \dfrac{1}{R_L}\right)} = \frac{1}{\dfrac{\omega_p L}{R_p}\left(1 + \dfrac{R_p}{R_s} + \dfrac{R_p}{R_L}\right)} = \frac{Q_p}{1 + \dfrac{R_p}{R_s} + \dfrac{R_p}{R_L}}$$

其中

$$Q_p = \frac{\omega_p L}{R} = \frac{R_p}{\omega_p L}$$

所以

$$Q_L < Q_p$$

2.3 串、并联阻抗等效互换与抽头变换

2.3.1 串、并联阻抗等效互换

等效是指电路工作在某一频率时，不管其内部的电路形式如何，从端口看过去其阻抗或者导纳都是相等的（图 2 - 8）。根据此等效原则，有：

$$(R_1 + R_X) + jX_1 = \frac{R_2(jX_2)}{R_2 + jX_2} = \frac{R_2 X_2^2}{R_2^2 + X_2^2} + j\frac{R_2^2 X_2}{R_2^2 + X_2^2}$$

$$R_1 + R_X = \frac{R_2 X_2^2}{R_2^2 + X_2^2} \quad X_1 = \frac{R_2^2 X_2}{R_2^2 + X_2^2}$$

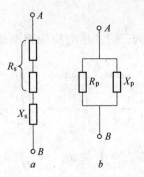

图 2 – 8　串、并联阻抗等效互换

a—串联形式电路；b—并联形式电路

由于串联电路的有载品质因数与并联电路的有载品质因数相等：

$$Q_{L_1} = \frac{X_1}{R_1 + R_X} = \frac{R_2}{X_2}$$

所以等效的互换关系是：

$$R_2 = (1 + Q_{L_1}^2)(R_1 + R_X) \quad X_2 = X_1\left(1 + \frac{1}{Q_{L_1}^2}\right)$$

当品质因数很高（大于 10 或者更大）时，则有：

$$R_2 = (R_1 + R_X)Q_{L_1}^2 \quad X_2 \approx X_1$$

2.3.2　回路抽头时阻抗的变化（折合）关系

阻抗的变化关系如图 2 – 9 所示。

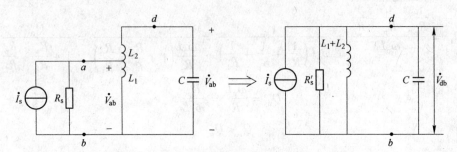

图 2 – 9　回路抽头时的阻抗变化

接入系数 P 即为抽头点电压与端电压的比 $P = \dfrac{V_{ab}}{V_{db}}$ ，根据能量等效原则：$V_{ab}^2 \cdot G_s = V_{db}^2 \cdot$

G_s' ，因此，$G_s' = \left(\dfrac{V_{ab}}{V_{db}}\right)^2 \cdot G_s = P^2 G_s$ ，$R_s' = \dfrac{1}{P^2}R_s$

由于 $V_{ab} < V_{bd}$ ，P 为小于 1 的正数，即由低抽头向高抽头转换时，等效阻抗提高 $\dfrac{1}{P^2}$ 倍。

2.3.3　电流源的折合

电流源的折合关系如图 2 – 10 所示 。

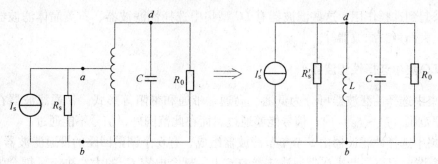

图 2-10 电流源的折合关系

因为是等效变换，变换前后其功率不变。

$$\because I_s \cdot V_{ab} = I'_s \cdot V_{bd}$$

$$\therefore I'_s = \frac{V_{ab}}{V_{bd}} \cdot I_s = P \cdot I_s$$

从 ab 端到 bd 端电压变换比为 $1/P$，在保持功率相同的条件下，电流变换比就是 P 倍。即由低抽头向高抽头变化时，电流源减小为原来的 $1/P$。

2.3.4 负载电容的折合

负载电容的折合关系如图 2-11 所示。

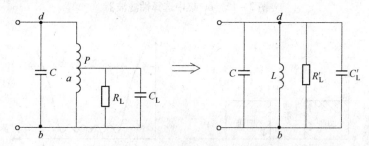

图 2-11 负载电容的折合关系

$$R'_L = \frac{1}{P^2} R_L \quad \frac{1}{\omega C'_L} = \frac{1}{P^2} \frac{1}{\omega C_L}$$

因此
$$C'_L = P^2 C_L$$

抽头改变时，$\dfrac{V_{ab}}{V_{bd}}$ 或 $\dfrac{C_2}{C_1 + C_2}$、$\dfrac{L_1}{L_1 + L_2}$ 的比值改变，即 P 改变抽头由低到高，等效导纳变成 P^2 倍，Q 值提高许多，即等效电阻提高了 $\dfrac{1}{P^2}$ 倍，并联电阻加大，Q 值提高。因此，抽头的目的是减小信号源内阻和负载对回路的影响。负载电阻和信号源内阻小时应采用串联方式；负载电阻和信号源内阻大时应采用并联方式，负载电阻和信号源内阻不大不小时应采用部分接入方式。

2.4 滤波器的其他形式

通信基本电路除了使用谐振回路与耦合回路作为选频网络外，还经常采用其他形式的滤波器来起到选频作用。这些滤波器有 LC 型集中选择性滤波器、石英晶体滤波器、陶瓷滤波器、表面声波滤波器等。

2.4.1 LC 集中选择性滤波器

LC 集中选择性滤波器可分为低通、高通、带通和带阻等形式。带通滤波器在某一指定的频率范围（$f_{p1} \sim f_{p2}$）内，信号能够通过，而在此范围外，信号不能通过。

LC 集中选择性滤波器由 5 节单节滤波器组成，有 6 个调谐回路的带通滤波器，图 2 - 12 中每个谐振回路都谐振在带通滤波器的 f_i 上，耦合电容 C_0 的大小决定了耦合强弱，因而又决定了滤波器的传输特性，始端和末端的电容 C_0'、C_0'' 分别连接信源和负载，调节它们的大小，可以改变信源内阻 R_s、负载 R_L 与滤波器的匹配，匹配好了，可以减少滤波器的通带衰减。节数多，则带通曲线陡（图 2 - 13）。

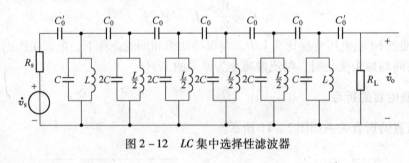

图 2 - 12　LC 集中选择性滤波器

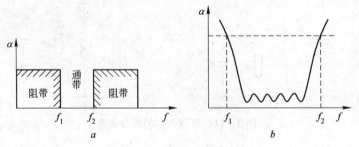

图 2 - 13　带通滤波器特性

a—理想带通滤波器特性；b—实际带通滤波器特性

2.4.2 石英晶体滤波器

2.4.2.1 滤波原理和压电效应

石英是矿物质硅石的一种（也可人工制造），化学成分是 SiO_2，其形状为结晶的六角锥体。图 2 - 14a 所示为自然结晶体，图 2 - 14b 所示为晶体的横截面。为了便于研究，人们根据石英晶体的物理特性，在石英晶体内画出三种几何对称轴：连接两个角锥顶点的一根轴 ZZ，称为光轴；在图 2 - 14b 中沿对角线的三条 XX 轴，称为电轴；与电轴相垂直的三条 YY 轴，称为机械轴。

沿着不同的轴切下，有不同的切型，如 X、Y、AT、BT、CT 切型等。石英晶体具有正、反两种压电效应。当石英晶体沿某一电轴受到交变电场作用时，就能沿机械轴产生机械振动，反过来，当机械轴受力时，就能在电轴方向产生电场。且换能性能具有谐振特

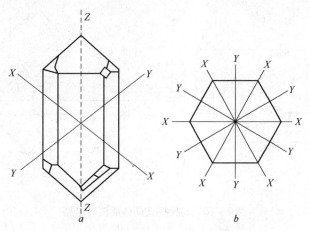

图 2 – 14　石英晶体的结构及其横截面

性，在谐振频率，换能效率最高。石英晶体和其他弹性体一样，具有惯性和弹性，因而存在着固有振动频率，当晶体片的固有频率与外加电源频率相等时，晶体片就产生谐振。

2.4.2.2　石英晶体振谐器的等效电路和符号

石英谐振器的基频等效电路和符号如图 2 – 15 所示。

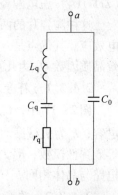

石英片相当于一个串联谐振电路，可用集中参数 L_q、C_q、r_q 来模拟，L_q 为晶体的质量（惯性），C_q 为等效弹性模数，r_q 为机械振动中的摩擦损耗，电容 C_0 称为石英谐振器的静电容。其容量主要取决于石英片尺寸和电极面积。

$$C_0 = \frac{\varepsilon s}{d}$$

式中，C_0 一般为几 pF ~ 几十 pF；ε 为石英介电常数；s 为极板面积；d 为石英片厚度。

图 2 – 15　等效电路和符号

石英晶体的特点是：等效电感 L_q 特别大，等效电容 C_q 特别小。因此，石英晶体的 Q 值为：

$$Q_q = \frac{1}{r_q} \sqrt{\frac{L_q}{C_q}}$$

由于 Q 值很大，一般为几万 ~ 几百万。这是普通 LC 电路所无法比拟的。由于 $C_0 \gg C_q$，这意味着等效电路中的接入系数很小，因此外电路影响很小。

2.4.2.3　石英晶体滤波器实际电路举例

图 2 – 16 所示为差接桥式晶体滤波器电路。它的滤波原理可通过电抗曲线定性说明。晶体 J_{T1} 的电抗曲线如图中实线所示，电容 C_N 的电抗曲线如图中虚线所示。根据前述滤波器的传通条件，在 ω_p 与 ω_q 之间，晶体与 C_N 的电抗性质相反，故为通带，在 ω_1 与 ω_2 频率点，两个电感相等，故滤波器衰减最大。

由图 2 – 16a 可见，J_T、C_N、z_3、z_4 组成图 2 – 16b 所示的电桥。当电桥平衡时，其输出为零。改变 C_N 即可改变电桥平衡点位置，从而改变通带，z_3、z_4 为调谐回路对称线圈，z_5 和 C 组成第二调谐回路。

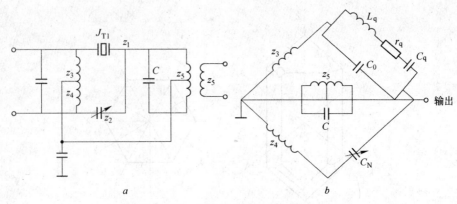

图 2-16　差接桥式晶体滤波器电路

2.4.3　陶瓷滤波器

利用某些陶瓷材料的压电效应制成的滤波器，称为陶瓷滤波器。它常用锆钛酸铅 [Pb (ZrTi)O₃] 压电陶瓷材料（简称 PZT）制成。

这种陶瓷片的两面用银作为电极，经过直流高压极化之后具有和石英晶体相类似的压电效应。其优点是：容易焙烧，可制成各种形状；适于小型化；且耐热耐湿性好。它的等效品质因数 Q_L 为几百，比石英晶体低，但比 LC 滤波高。

2.4.3.1　符号及等效电路

图 2-17 中，C_0 等效为压电陶瓷谐振子的固定电容；L_q' 为机械振动的等效质量；C_q' 为机械振动的等效弹性模数；R_q' 为机械振动的等效阻尼；其等效电路与晶体相同。

2.4.3.2　陶瓷滤波器实际电路举例

将陶瓷滤波器连接成如图 2-18 所示的形式，即为四端陶瓷滤波器。图 2-18a 为由两个谐振子组成的滤波器，图 2-18b 为由 5 个谐振子组成的四端滤波器。谐振子数目越多，滤波器的性能越好。

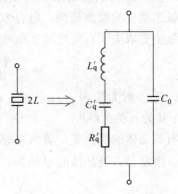

图 2-17　陶瓷滤波器电路符号及等效电路

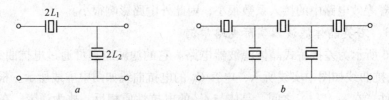

图 2-18　陶瓷滤波器的连接形式

2.4.4　声表面波滤波器

声表面波滤波器（surface acoustic wave filter，SAWF）是以铌酸锂、石英或锆钛酸铅等压电材料为衬底（基体）的一种电声换能元件。

2.4.4.1　结构与原理

声表面波滤波器是在经过研磨抛光的极薄的压电材料基片上，用蒸发、光刻、腐蚀等工艺制成两组叉指状电极，其中与信号源连接的一组称为发送叉指换能器，与负载连接的一组称为接收叉指换能器。当把输入电信号加到发送换能器上时，叉指间便会产生交变电场。

声表面波滤波器的滤波特性，如中心频率、频带宽度、频响特性等一般取决于叉指换能器的几何形状和尺寸。这些几何尺寸包括叉指对数、指条宽度 a、指条间隔 b、指条有效长度 B 和周期长度 M 等。图 2-19 所示为声表面波滤波器的基本结构图。严格地说，传输的声波有表面波和体波，但主要是表面波。在压电衬底的另一端可用第二个叉指形换能器将声波转换成电信号。

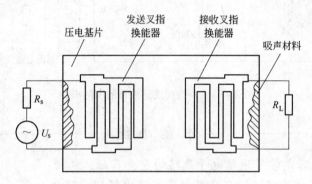

图 2-19　声表面波滤波器的结构

2.4.4.2　符号及等效电路

声表面波滤波器的电路符号如图 2-20a 所示，图 2-20b 为它的等效电路。

图 2-20b 左边为发送换能器，$\dot{I}_s$ 和 G_s 表示信号源。G 中消耗的功率相当于转换为声能的功率。图 2-20b 右边为接收换能器，G_L 为负载电导，G_L 中消耗的功率相当于再转换为电能的功率。

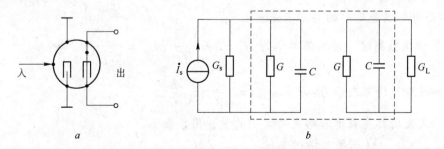

图 2-20　声表面波滤波器的电路符号及等效电路

表面声波滤波器具有体积小、质量轻、中心频率可做得很高、相对频带较宽、矩形系数接近于 1 等特点。并且它可以采用与集成电路工艺相同的平面加工工艺，制造简单，成本低，重复性和设计灵活性高，可大量生产，所以是一种很有发展前途的滤波器。

2.4.4.3 实际应用电路举例

图 2 - 21 中，L 的作用是提高晶体管的输入电阻（在中心频率附近与晶体管输入电容组成并联谐振电路）以提高前级（对接收机来说是变频级）负载回路的有载 Q_L 值，这有利于提高整机的选择性和抗干扰能力。为了保证良好的匹配，其输出端一般经过一匹配电路后再接到有宽带放大特性的主中频放大器。

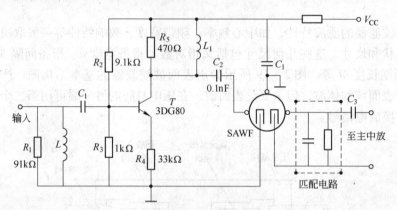

图 2 - 21   声表面波滤波器的实际电路

本 章 小 结

本章讨论的内容是学习通信电子线路的重要基础，包括：

（1）各种形式的选频网络在通信电子线路中得到广泛的应用。它能选出所需要的频率分量和滤除不需要的频率分量，因此掌握各种选频网络的特性及分析方法是很重要的。

（2）选频网络可分为两大类：一是由电感和电容元件组成的谐振回路，它又分为单振荡回路和耦合振荡回路；二是各种滤波器，主要有 LC 集中滤波器、石英晶体滤波器、陶瓷滤波器和声表面波滤波器等。

（3）串联谐振回路是指电感、电容、信号源三者串联；并联谐振回路是指电感、电容、信号源三者并联。

1）串并联谐振回路的共同点是：

①当 Q 值很高时，谐振频率均为：$f_0 = \dfrac{1}{2\pi\sqrt{LC}}$，$\omega_0 = \dfrac{1}{\sqrt{LC}}$。

②特性阻抗均可表示为：$P = \omega_0 L = \dfrac{1}{\omega_0 C} = \sqrt{\dfrac{L}{C}}$。

③广义失谐都是表示回路失谐大小的量，用 ξ 表示。

串联时：$\xi = \dfrac{X(\text{回路失谐时电抗})}{R} = Q_0 \dfrac{2\Delta f}{f_0}$；

并联时：$\xi = \dfrac{B(\text{回路失谐时的电纳})}{G} = Q_0 \dfrac{2\Delta f}{f_0}$。

④通频带均可表示为：$B = \dfrac{f_0}{Q}$。

2）串并联谐振回路的不同点是：

①品质因数的表示形式不同，即

串联谐振回路：$Q_0 = \dfrac{\omega_0 L}{R} = \dfrac{1}{\omega_0 RC} = \dfrac{\rho}{R}$，$Q_L = \dfrac{\omega_0 L}{R + R_s + R_L}$；

并联谐振回路：$Q_0 = \dfrac{R_P}{\omega_P L}$，$Q_L = \dfrac{Q_0}{1 + \dfrac{R_P}{R_s} + \dfrac{R_P}{R_L}}$。

②串联谐振回路谐振时，其电感和电容上的电压为信号源电压的 Q 倍，称为电压谐振；并联谐振回路谐振时其电感和电容支路的电流为信号源电流的 Q 倍，称为电流谐振。

③当串联谐振回路失谐时，$f > f_0$，回路呈感性，$f < f_0$，回路呈容性；当并联谐振回路失谐时，$f > f_0$，回路呈容性，$f < f_0$，回路呈感性。

④频率特性：

串联谐振回路表示为：$N(f) = \dfrac{I}{I_0} = \dfrac{1}{1 + j\xi}$；

并联谐振回路表示为：$N(f) = \dfrac{V}{V_0} = \dfrac{1}{1 + j\xi}$。

（4）串并联阻抗等效互换时：$X_{串} = X_{并}$，$R_{并} = Q^2 R_{串}$（Q 较大时）。

（5）回路采用抽头接入的目的是为了减少负载和信号源内阻对回路的影响，由低抽头折合到回路的高端时，等效电阻提高了 $\dfrac{1}{P^2}$ 倍，等效导纳减小了 P^2 倍，即采用抽头接入时，回路 Q 值提高了。

（6）选择性滤波器主要有 LC 集中选择性滤波器、石英晶体滤波器、陶瓷滤波器和声表面波滤波器。根据其各自特点应用到不同场合。其中石英晶体滤波器的 Q 值最高，选择性最好；声表面波滤波器的工作频率高，抗辐射能力强，广泛应用于通信设备中。

本章重要概念

选频网络　调谐放大器　串联谐振回路　并联谐振回路　谐振频率　品质因数
广义失谐　谐振曲线　通频带　阻抗等效互换　LC 集中选择性滤波器　石英晶体滤波器　陶瓷滤波器　声表面波滤波器

3 高频小信号放大器

本章重点内容
- 高频小信号放大器在无线通信系统中的作用
- 高频小信号放大器的工作特点和性能指标
- 晶体管谐振功率放大器的分析方法
- 单调回路谐振放大器的电路组成和工作原理
- 晶体管谐振放大器自激现象产生的原因及稳定方法

3.1 概　　述

3.1.1 高频小信号放大器的功能

　　高频小信号放大器是通信设备中常用的功能电路。所谓高频，是指被放大信号的频率为数百千赫至数百兆赫。小信号是指放大器输入信号小，可以认为放大器的晶体管（或场效应管）是在线性范围内工作。这样就可以将晶体管（或场效应管）看成线性元件，分析电路时可将其等效为二端口网络。高频小信号放大器的功能是实现对微弱的高频信号进行不失真的放大。从信号所含频谱来看，输入信号的频谱与放大后输出信号的频谱是完全相同的。高频放大器与低频（音频）放大器的主要区别是二者的工作频率范围和所需通过的频带宽度都有所不同，所以采用的负载也不同。低频放大器的工作频率低，但整个工作频带宽度很宽，例如 20 ~ 20000Hz，高低频率的极限相差达 1000 倍，所以它们都是采用无调谐负载，例如电阻、有铁心的变压器等。高频放大器的中心频率一般为几百千赫至几百兆赫，但所需通过的频率范围（频带）和中心频率相比往往是很小的，或者只工作于某一频率，因此一般都是采用选频网络组成谐振放大器或非谐振放大器。

　　谐振放大器，是指采用谐振回路（串、并联及耦合回路）作为负载的放大器。根据谐振回路的特性，谐振放大器对于靠近谐振频率的信号，有较大的增益；对于远离谐振频率的信号，增益迅速下降。所以，谐振放大器不仅有放大作用，而且也起着滤波或选频的作用。谐振放大器又可分为调谐放大器（通称高频放大器）和频带放大器（通称中频放大器）。前者的调谐回路需对外来不同的信号频率进行调谐；后者的调谐回路的谐振频率固定不变。由各种滤波器（如 *LC* 集中选择性滤波器、石英晶体滤波器、表面声波滤波器、陶瓷滤波器等）和阻容放大器组成非调谐的各种窄带和宽带放大器，因其结构简单，性能良好，又能集成化，所以目前被广泛应用。对高频小信号放大器来说，由于信号小，可以认为它工作在晶体管（或场效应管）的线性范围内。这就允许把晶体管看成线性元件，因此可作为有源线性四端网络（即前述的等效电路）来分析。

3.1.2　高频小信号放大器的技术指标

3.1.2.1　增益

放大器输出电压（或功率）与输入电压（或功率）之比，称为放大器的增益或放大倍数，用 A_v（或 A_p）表示（有时以分贝数计算）。一般希望每级放大器的增益尽量大，使满足总增益时级数尽量少。放大器增益的大小，取决于所用的晶体管、要求的通频带宽度、是否具有良好的匹配和稳定的工作。

$$A_\text{v} = 20\log\frac{V_\text{o}}{V_\text{i}} \quad A_\text{p} = 10\log\frac{P_\text{o}}{P_\text{i}}$$

3.1.2.2　通频带

由于放大器所放大的信号一般都是已调制的信号，如后面将要讨论的，已调制的信号都包含一定的频谱宽度，所以放大器必须有一定的通频带，以便让必要的信号中的频谱分量通过放大器。例如普通调幅无线电广播所占带宽应为 9kHz，电视信号的带宽为 6.5MHz 等。当这些有一定带宽的高频信号通过高频放大器时，如果放大器的通频带不足，那么，在频带边缘的频率分量就不能得到应有的放大，从而引起输出信号的频率失真。

放大器通频带定义见图 3 - 1，它表示放大器的电压增益 A 下降到最大值 A 的 0.7 倍（即 $1/\sqrt{2}$ 倍）时所对应的频率范围，仍用 $2\Delta f_{0.7}$ 表示。有时也称 $2\Delta f_{0.7}$ 为 3dB 带宽，因为电压增益下降 3dB，即等于绝对值下降至 $1/\sqrt{2}$。为了测量方便，还可将通频带定义为放大器的电压增益下降到最大值的 1/2 时所对应的频率范围，用 $2\Delta f_{0.5}$ 表示。也可称为 6dB 带宽。放大器的通频带取决于负载回路的形式和回路的等效品质因数 Q_L。此外，放大器的总通频带随着放大级数的增加而变窄。并且，通频带越宽，放大器的增益就越小，两者是互相矛盾的。在通频带较窄的放大器（例如调幅接收机所用的高频放大器）中，这两者之间的矛盾还不突出，而在频带较宽的放大器（例如电视和雷达接收机等）中，频带和增益的矛盾变得突出。这时必须在牺牲单级增益的情况下，来保证所需的频带宽度。至于总增益，则可用加多级数的办法来满足。根据用途不同，放大器的通频带差异较大。例如，收音机的中频放大器通频带为 6 ~ 9kHz；而电视接收机的中频放大器通频带约为 6MHz。

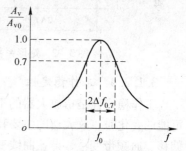

图 3 - 1　放大器的通频带

3.1.2.3　选择性

放大器从含有各种不同频率的信号总和（有用的和有害的）中选出有用信号，排除有害（干扰）信号的能力，称为放大器的选择性。选择性指标是针对抑制干扰而言的。目前，由于无线电台日益增多，因此无线电台的干扰日益严重。干扰的情况也很复杂：有位于信号频率附近的邻近电台的干扰（邻台干扰）；有特定频率的组合干扰；有由于电子器件的非线性产生的交调、互调等。对不同的干扰，有不同的指标要求。下面介绍两个衡量选择性的基本指标——矩形系数和抑制比。

A 矩形系数

通常它表明邻近波道选择性的优劣，在理想情况下，放大器应对通频带内的各信号频谱分量予以同样的放大，而对通频带以外的邻近波道的干扰频率分量则应完全抑制，不予放大。因此理想的放大器频率响应曲线应为矩形，但实际曲线的形状则与矩形有较大的差异，如图 3 - 2 所示。为了评定实际曲线与理想矩形的接近程度，通常用矩形系数 K_r 来表示，其定义为

$$K_{r0.1} = \frac{2\Delta f_{0.1}}{2\Delta f_{0.7}} \quad \text{或} \quad K_{r0.01} = \frac{2\Delta f_{0.01}}{2\Delta f_{0.7}}$$

式中，$2\Delta f_{0.1}$、$2\Delta f_{0.01}$ 分别为放大倍数下降至 0.1 和 0.01 处的带宽；K_r 越接近于 1 越好。

B 抑制比

它表示对某个干扰信号 f_n 的抑制能力（图 3 - 3），用 d_n 表示。

$$d_n = \frac{A_{v0}}{A_n}$$

式中，A_n 为干扰信号的放大倍数；A_{v0} 为谐振点 f_0 的放大倍数。

例如 $A_{v0} = 100$，$A_n = 1$，用分贝表示 d_n（dB） $= 20\lg d_n$。

$$d_n = \frac{100}{1} = 100 \quad d_n(\text{dB}) = 40\text{dB}$$

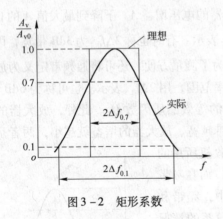 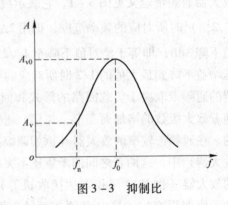

图 3 - 2 矩形系数　　　　　　　图 3 - 3 抑制比

3.1.2.4 工作稳定性

工作稳定性是指放大器的工作状态（直流偏置）、晶体管参数、电路元件参数等发生可能的变化时，放大器的主要特性的稳定程度。一般的不稳定现象是增益变化、中心频率偏移、通频带变窄、谐振曲线变形等。极端的不稳定状态是放大器自激，致使放大器完全不能正常工作。特别是在多级放大器中，如果级数多，增益高，则自激的可能性最大。为了使放大器稳定工作，需要采取相应的措施，如限制每级的增益、选择内部反馈小的晶体管、加中和电路或稳定电阻、使级间失匹配等。此外，在工艺结构方面，如元件排列、屏蔽、接地等方面均应良好，以使放大器不自激或远离自激。

3.1.2.5 噪声系数

在放大器中，噪声总是有害无益的，因而应力求使它的内部噪声愈小愈好，即要求噪声系数接近1。在多级放大器中，最前面的一、二级对整个放大器的噪声系数起决定性作用，因此要求它们的噪声系数尽量接近1。为了使放大器的内部噪声小，可采用低噪声管，

正确选择工作点电流，选用合适的线路等。以上这些质量指标相互之间既有联系，又有矛盾，应根据要求，决定主次。例如接收机的整机灵敏度、选择性、通频带等主要取决于中放级，而噪声则主要取决于高放或混频级（无高放级时）。因此在考虑中放级时，应在满足频带要求与保证工作稳定的前提下，尽量提高增益；而在考虑高放级时，则增益成为次要矛盾，主要应尽量减小本级的内部噪声。前已述及，高频小信号放大器可以作为线性有源网络来分析。因此，应先求出有源部分（晶体管或场效应管）的等效电路，再与第 2 章所讨论的选频网络组合，即可对各种不同形式的高频小信号放大器用线性网络的理论来进行分析。

3.2 晶体管高频小信号谐振放大器

晶体管在高频小信号运用时，它的等效电路主要有两种形式：形式等效电路和物理模拟等效电路（混合 π 等效电路）。

3.2.1 形式等效电路

形式等效电路（网络参数等效电路）是将晶体管等效为有源线性四端网络。它的优点在于通用，导出的表达式具有普遍意义，分析电路比较方便；其缺点是网络参数与频率有关。

例如图 3 - 4 所示的晶体管共发射极电路。在工作时，输入端有输入电压 $\dot{V}_1$ 和输入电流 $\dot{I}_1$；输出端有输出电压 $\dot{V}_2$ 和输出电流 $\dot{I}_2$。根据四端网络的理论，需要四个数来表示方框内的晶体管的功能。这种表征晶体管功能的数称为晶体管的参数（或参量）。最常用的有 h、y、z 三种参数系。如选输出电压 $\dot{V}_2$ 和输入电流 $\dot{I}_1$ 为自变量，输入电压 $\dot{V}_1$ 和输出电流 $\dot{I}_2$ 为参变量，则得到 h 参数系。如选输入电流 $\dot{I}_1$ 和输出电流 $\dot{I}_2$ 为自变量，输入电压 $\dot{V}_1$ 和输出电压 $\dot{V}_2$ 为参变量，则得到 z 参数（阻抗参数）系。

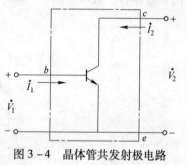

图 3 - 4 晶体管共发射极电路

如选输入电压 $\dot{V}_1$ 和输出电压 $\dot{V}_2$ 为自变量，输入电流 $\dot{I}_1$ 和输出电流 $\dot{I}_2$ 为参变量，则得到 y 参数系。本章采用了 y 参数（导纳参数）系分析电路。因晶体管是电流控制器件，输入、输出端都有电流，采用 y 参数较为方便，很多导纳并联可直接相加，运算简单。因此，对 y 参数将进行较详细的研究。假如电压 $\dot{V}_1$ 与 $\dot{V}_2$ 为自变量，电流 $\dot{I}_1$ 与 $\dot{I}_2$ 为参变量，由图 3 - 4 则有：

$$\dot{I}_1 = y_i \dot{V}_1 + y_r \dot{V}_2$$

$$\dot{I}_2 = y_f \dot{V}_1 + y_o \dot{V}_2$$

$$\begin{bmatrix} \dot{I}_1 \\ \dot{I}_2 \end{bmatrix} = \begin{bmatrix} y_i & y_r \\ y_f & y_o \end{bmatrix} \begin{bmatrix} \dot{V}_1 \\ \dot{V}_2 \end{bmatrix}$$

式中，$y_i = \dfrac{\dot{I}_1}{\dot{V}_1}\Big|_{\dot{V}_2 = 0}$，称为输出短路时的输入导纳；$y_r = \dfrac{\dot{I}_1}{\dot{V}_2}\Big|_{\dot{V}_1 = 0}$，称为输入短路时的反向

传输导纳；$y_f = \dfrac{\dot{I}_2}{\dot{V}_1}\Big|_{\dot{V}_2 = 0}$，称为输出短路时的正向传输导纳；$y_o = \dfrac{\dot{I}_2}{\dot{V}_2}\Big|_{\dot{V}_1 = 0}$，称为输入短路

时的输出导纳。

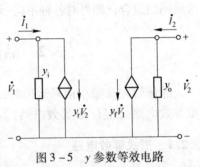

图 3－5　y 参数等效电路

　　由此可以作晶体管的 y 参数等效电路图（如图 3－5
所示）。应说明的是，短路导纳参数是晶体管本身的参
数，只与晶体管的特性有关，而与外电路无关，所以又称
为内参数。根据不同的晶体管型号、不同的工作电压和不
同的信号频率，导纳参数可能是实数，也可能是复数。

　　晶体管接入外电路，构成放大器后，由于输入端和
输出端都接有外电路，于是得出相应的放大器 y 参数，
它们不仅与晶体管有关，而且与外电路有关，故又称为
外参数。参见图 3－6a。为简明起见，图中略去了直流

电源，并以 Y_L 表示负载导纳，$\dot{I}_s$ 与 Y_s 分别表示信号源的电流与导纳。用参数等效电路来
代表晶体管，则可得图 3－6b。由图可得：

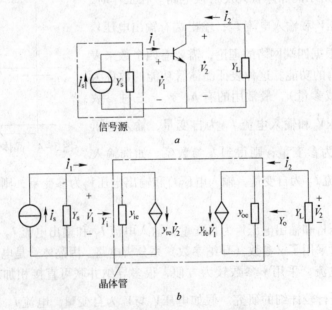

图 3－6　晶体管放大器及其 y 参数等效电路
a—信号源等效电路；b—晶体管等效电路

$$
\begin{cases}
\dot{I}_1 = y_{ie}\,\dot{V}_1 + y_{re}\,\dot{V}_2 \\
\dot{I}_2 = y_{fe}\,\dot{V}_1 + y_{oe}\,\dot{V}_2 \\
\dot{I}_2 = -\,\dot{V}_2\,Y'_L
\end{cases}
$$

消去 $\dot{I}_2$ 和 $\dot{V}_2$，可得：

$$\dot{I}_1 = \left(y_{ie} - \frac{y_{re}y_{fe}}{y_{oe} + Y_L'} \right) \dot{V}_1$$

因此输入导纳为：

$$Y_i = \frac{\dot{I}_b}{\dot{V}_i} = y_{ie} - \frac{y_{re}y_{fe}}{y_{oe} + Y_L'}$$

3.2.2 混合 π 等效电路

上面分析的形式等效电路的优点是没有涉及晶体管内部的物理过程，因而不仅适用于晶体管，也适用于任何四端（或三端）器件。这种等效电路的主要缺点是没有考虑晶体管内部的物理过程。若把晶体管内部的复杂关系用集中元件 *RLC* 表示，则每一元件与晶体管内发生的某种物理过程具有明显的关系。用这种物理模拟的方法所得到的物理等效电路就是混合 π 等效电路（图 3-7）。

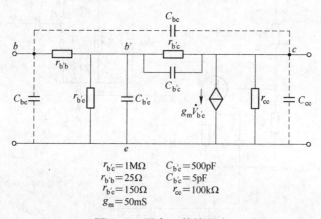

$$r_{b'c} = 1M\Omega \qquad C_{b'e} = 500pF$$
$$r_{b'b} = 25\Omega \qquad C_{b'c} = 5pF$$
$$r_{b'e} = 150\Omega \qquad r_{ce} = 100k\Omega$$
$$g_m = 50mS$$

图 3-7 混合 π 等效电路

混合 π 等效电路的优点是各个元件在很宽的频率范围内都保持常数。其缺点是分析电路不够方便。混合 π 等效电路已在低频电子线路中详细讨论过，这里仅给出某典型晶体管的混合 π 等效电路和元件数值。

图 3-7 中，$r_{b'e}$ 为基射极间电阻，可表示为：

$$r_{b'e} = 26\beta_0 / I_E$$

式中，β_0 为共发射极组态晶体管的低频电流放大系数；I_E 为发射极电流（单位为 mA）。

图 3-7 中，$C_{b'e}$ 为发射结电容；$r_{b'c}$ 为集电结电阻；$C_{b'c}$ 为集电结电容；$r_{b'b}$ 为基极电阻。应该指出，$C_{b'c}$ 和 $r_{b'b}$ 的存在对晶体管的高频运用是很不利的。$C_{b'c}$ 将输出的交流电压反馈一部分到输入端（基极），可能引起放大器自激。$r_{b'b}$ 在共基电路中引起高频负反馈，降低晶体管的电流放大系数。所以希望 $C_{b'c}$ 和 $r_{b'b}$ 尽量小。$g_m \dot{V}_{b'e}$ 表示晶体管放大作用的等效电流发生器。这意味着在有效基区 b' 到发射极 e 之间，加上交流电压 $\dot{V}_{b'e}$ 时，它对集电极电路的作用就相当于有一电流源 $g_m \dot{V}_{b'e}$ 存在。g_m 称为晶体管的跨导，可表示为：

$$g_m = \frac{\beta_0}{r_{b'e}} = \frac{I_c(mA)}{26(mV)}$$

3.3　单调谐回路谐振放大器

单调谐回路共发放大器是指晶体管共发电路和并联回路的组合。所以前面分析的晶体管等效电路和并联回路的结论均可应用。图 3-8 所示为单调谐回路谐振放大器原理性电路，为了突出所要讨论的中心问题，图中略去了在实际电路中所必加的附属电路（如偏置电路）等。由图 3-8 可知，由 LC 单回路构成集电极的负载，它调谐于放大器的中心频率。LC 回路与本级集电极电路的连接采用自耦变压器形式（抽头电路），与下级负载 Y_L 的连接采用变压器耦合。采用这种自耦变压器——变压器耦合形式，可以减弱本级输出导纳与下级晶体管输入导纳 Y_L 对 LC 回路的影响，同时，适当选择初级线圈抽头位置与初次级线圈的匝数比，可以使负载导纳与晶体管的输出导纳相匹配，以获得最大的功率增益。

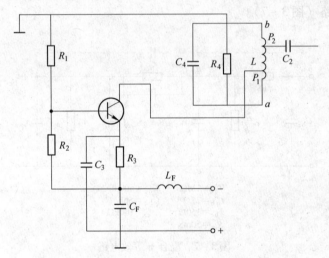

图 3-8　单调谐回路谐振放大器

R_1、R_2、R_3 为偏置电阻，决定工作点，L_F、C_F 为滤波电路，负压供电；C_4、L 组成 L、C 谐振回路，R_4 为加宽回路通频带用 R_p 时并联回路本身的损耗。因为讨论的是小信号，略去直流参数元件即可用 y 参数等效电路模拟（图 3-9）。

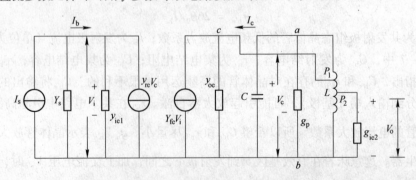

图 3-9　单调谐回路谐振放大器的 y 参数等效电路

3.3.1 电压增益

由图 3 - 9 做数学分析可得：

$$\begin{cases} \dot{I}_b = y_{ie}\dot{V}_i + y_{re}\dot{V}_c & (1) \\[2mm] \dot{I}_c = y_{fe}\dot{V}_i + y_{oe}\dot{V}_c & (2) \\[2mm] \dot{I}_c = -\dot{V}_c Y'_L & (3) \end{cases}$$

$$\because (2) = (3) \quad \therefore \dot{V}_c = -\frac{y_{fe}}{y_{oe} + Y'_L}\dot{V}_i$$

再求电压增益 $\dot{A}_V = \dfrac{\dot{V}_o}{\dot{V}_i}$

根据电压变比关系：$\dot{V}_o = p_2\dot{V}_{ab}$，$\dot{V}_{ab} = \dfrac{\dot{V}_c}{p_1}$，$\dot{V}_o = \dfrac{p_2}{p_1}\dot{V}_c$

因为

$$\dot{A}_V = \frac{\dot{V}_o}{\dot{V}_i} = \frac{p_2}{p_1}\frac{\dot{V}_c}{\dot{V}_i} = -\frac{p_2 y_{fe}}{p_1(y_{oe} + Y'_L)}$$

$$Y_L = G_p + j\omega C + \frac{1}{j\omega L} + p_2^2 y_{ie2}$$

则

$$Y'_L = \frac{Y_L}{p_1^2} = \frac{1}{p_1^2}\left(G_p + j\omega C + \frac{1}{j\omega L} + p_2^2 y_{ie2}\right)$$

所以

$$\dot{A}_V = -\frac{p_2 y_{fe}}{p_1(y_{oe} + Y'_L)} = -\frac{p_2 y_{fe}}{p_1\left(y_{oe} + \dfrac{Y_L}{p_1^2}\right)} = -\frac{p_1 p_2 y_{fe}}{p_1^2 y_{oe} + Y_L}$$

令

$$y_{oe} = g_{oe} + j\omega C_{oe} \quad y_{ie2} = g_{ie2} + j\omega C_{ie2}$$

则

$$\dot{A}_V = \frac{-p_1 p_2 y_{fe}}{(p_1^2 g_{oe} + p_2^2 g_{ie2} + G_p) + j\omega(C + p_1^2 C_{oe} + p_2^2 C_{ie}) + \dfrac{1}{j\omega L}}$$

$$g_\Sigma = p_1^2 g_{oe} + p_2^2 g_{ie2} + G_p$$

令

$$C_\Sigma = C + p_1^2 C_{oe} + p_2^2 C_{ie2}$$

所以

$$\dot{A}_V = \frac{-p_1 p_2 y_{fe}}{g_\Sigma + j\omega C_\Sigma + \dfrac{1}{j\omega L}}$$

综上所述，可以得出电压增益的结论：

(1) 电压增益 $\dot{A}_V$ 是工作频率的函数；

(2) 当回路谐振时，$\dot{A}_V = \dfrac{-p_1 p_2 y_{fe}}{g_\Sigma}$，负号表示输入输出有 180° 的相位差；

(3) 电压增益 $\dot{A}_V$ 与 y_{fe} 成正比，与 g_Σ 成反比。

3.3.2 谐振时的功率增益

谐振时的简化等效电路如图 3-10 所示。

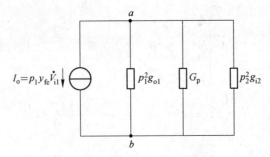

图 3-10 谐振时的简化等效电路

由电压增益的定义式：
$$G_{Po} = \frac{P_o}{P_i}$$

式中，$P_i = V_i^2 g_{ie1}$；$P_o = V_{ab}^2 p_2^2 g_{ie2} = \left(\frac{p_1 |y_{fe}| V_i}{g_\Sigma} \right)^2 p_2^2 g_{ie2}$。

所以，$G_{Po} = \frac{p_1^2 p_2^2 |y_{fe}|^2}{g_\Sigma^2} \frac{g_{ie2}}{g_{ie1}} = (A_{Vo})^2 \frac{g_{ie2}}{g_{ie1}}$。

若忽略回路本身的损耗，匹配条件为：$p_1^2 g_{oe} = p_2^2 g_{ie2}$。

故最大功率增益为：
$$(G_{Po})_{max} = \frac{P_{o(max)}}{p_i} = \frac{p_1^2 p_2^2 g_{ie2} |y_{fe}|^2}{4 g_{ie1} p_2^2 g_{ie2} p_1^2 g_{oe}} = \frac{|y_{fe}|^2}{4 g_{ie1} g_{oe}}$$

3.3.3 放大器的通频带

$\frac{A_V}{A_{Vo}}$ 随着频率变化的曲线称为放大器的特性曲线。

$$\frac{A_V}{A_{Vo}} = \frac{1}{\sqrt{1 + \left(\frac{2Q_L \Delta f}{f_0} \right)^2}}$$

如果 $\frac{A_V}{A_{Vo}} = \frac{1}{\sqrt{2}}$，则有：$\frac{2Q_L \Delta f_{0.7}}{f_0} = 1$，所以 $2\Delta f_{0.7} = \frac{f_0}{Q_L}$。

由此可见，品质因数越高，通频带越窄，反之，通频带越宽。

再考虑电压增益与通频带的关系：

$$Q_L = \frac{1}{\omega_0 L g_\Sigma} = \frac{\omega_0 C_\Sigma}{g_\Sigma}，\quad g_\Sigma = \frac{\omega_0 C_\Sigma}{Q_L} = \frac{2\pi f_0 C_\Sigma}{\frac{f_0}{2\Delta f_{0.7}}} = 4\pi \Delta f_{0.7} C_\Sigma$$

所以，$\dot{A}_{Vo} = \frac{-p_1 p_2 y_{fe}}{g_\Sigma} = -\frac{p_1 p_2 y_{fe}}{4\pi \Delta f_{0.7} C_\Sigma}$，设 p_1、$p_2 = 1$，则有：

$$|A_{Vo} \cdot 2\Delta f_{0.7}| = \frac{|y_{fe}|}{2\pi C_\Sigma}$$

因此，带宽增益乘积为一常数。

当 y_{fe} 和 C_Σ 为定值时（电路定了，其值也定了，带宽增益乘积为常数）取决于 C_Σ 与 $2\Delta f_0$，因为选择管子时应选取 y_{fe} 大的，应减小 C_Σ，但 C_Σ 也不能太小，因为不稳定的电容的影响大。

3.3.4　放大器的选择性

以矩形系数来分析：

$k_{r0.1} = \dfrac{2\Delta f_{0.1}}{2\Delta f_{0.7}}$ ，如果 $\dfrac{A_V}{A_{Vo}} = 0.1$ ，则有： $\dfrac{1}{\sqrt{1 + \dfrac{2Q_L\Delta f_{0.1}}{f_0}}} = 0.1$ ，则：

$$2f_{0.1} = \sqrt{10^2 - 1} \cdot \frac{f_0}{Q_L}$$

所以，矩形系数 $k_{r0.1} = \dfrac{2\Delta f_{0.1}}{2\Delta f_{0.7}} = \sqrt{10^2 - 1} \gg 1$ 。

3.4　多级单调谐回路谐振放大器

若单级放大器的增益不能满足要求，就可以采用多级级联放大器。级联后的放大器的增益、通频带和选择性都将发生变化。

3.4.1　增益

若单级放大器的增益不能满足要求，就要采用多级放大器。假如放大器有 m 级，各级的电压增益分别为 A_{V1}，A_{V2}，$\cdots$，A_{Vm}，显然，总增益 A 是各级增益的乘积，即 $A_m = A_1 A_2 \cdots A_m$，如果多级放大器是由完全相同的单级放大器组成的，则 $A_m = A_V^m$。

3.4.2　通频带

$$\frac{A_m}{A_{m0}} = \frac{1}{\left[1 + \left(\dfrac{2Q_L\Delta f}{f_0}\right)^2\right]^{\frac{m}{2}}}$$

根据通频带的定义，可以求 m 级放大器的通频带 $(2\Delta f_{0.7})_m$，

$$\frac{A_m}{A_{m0}} = \frac{1}{\left[1 + \left(\dfrac{2Q_L\Delta f}{f_0}\right)^2\right]^{\frac{m}{2}}} = \frac{1}{\sqrt{2}}$$

$$(2\Delta f_{0.7})_m = \sqrt{2^{\frac{1}{m}} - 1} \cdot 2\Delta f_{0.7} = \sqrt{2^{\frac{1}{m}} - 1} \frac{f_0}{Q_L}$$

由此可见，通频带带宽变窄，$X = \sqrt{2^{\frac{1}{m}} - 1}$ 称为带宽的衰减因子。

上面的分析表明：为了使总的通频带不变，每级的带宽都要增加为原来的 X 倍；当每级通频带加宽 X 倍时，每级的增益都会降低为原来的 $1/X$。

3.4.3　选择性

根据定义，当 $\dfrac{A_V}{A_{Vo}} = 0.1$ 时，$(2\Delta f_{0.1})_m = \sqrt{100^{\frac{1}{m}} - 1} \cdot \dfrac{f_0}{Q_L}$，

所以　　　　　　　$k_{r0.1} = \dfrac{(2\Delta f_{0.1})_m}{(2\Delta f_{0.7})_m} = \dfrac{\sqrt{100^{\frac{1}{m}} - 1}}{\sqrt{2^{\frac{1}{m}} - 1}}$

当级数 m 增加时，放大器的矩形系数有所改善。但是，这种改善是有限度的。级数愈多，$k_{r0.1}$ 的变化愈缓慢；即使级数无限加大，$k_{r0.1}$ 也只有 2.56，与理想的矩形 $k_{r0.1} = 1$ 还有很大的距离。由以上分析可见，单调谐回路放大器的选择性较差，增益和通频带的矛盾较突出。为了改善选择性和解决这个矛盾，可采用双调谐回路放大器和参差调谐放大器。

3.5　放大器的稳定性

3.5.1　自激产生的原因

小信号放大器的工作稳定性是重要的质量指标之一。这里将进一步讨论和分析谐振放大器工作不稳定的原因，并提出一些提高放大器稳定性的措施。上面所讨论的放大器，都是假定工作处于稳定状态，即输出电路对输入端没有影响（$y_{re} = 0$）。或者说，晶体管是单向工作的，输入可以控制输出，而输出则不影响输入。但实际上，由于晶体管存在着反向传输导纳 y_{re}，输出电压 V_o 可以反作用到输入端，引起输入电流 I_i 的变化。这就是反馈作用。

y_{re} 的反馈作用可以从表示放大器输入导纳 Y_i 的式中看出，即：

$$Y_i = y_{ie} - \frac{y_{fe} y_{re}}{y_{oe} + Y_L'} = y_{ie} + Y_F$$

式中，y_{ie} 为输出端短路时晶体管（共射连接时）本身的输入导纳；Y_F 为通过 y_{re} 的反馈引起的输入导纳，它反映了负载导纳 Y_L' 的影响。如果放大器输入端也接有谐振回路（或前级放大器的输出谐振回路），那么输入导纳 Y_i 并联在放大器输入端回路后如图 3-11 所示。

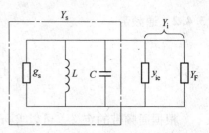

图 3-11　放大器等效输入端回路

当没有反馈导纳 Y_F 时，输入端回路是调谐的。y_{ie} 中电纳部分 b_{ie} 的作用，已包括在 L 或 C 中；而 y_{ie} 中电导部分 g_{ie} 以及信号源内电导 g_s 的作用，则是使回路有一定的等效品质因数 Q_L 值。然而由于反馈导纳 Y_F 的存在，就改变了输入端回路的正常情况。Y_F 可写成：

$$Y_F = g_F + j b_F$$

式中，g_F 和 b_F 分别为电导部分和电纳部分。它们除与 y_{fe}、y_{re}、y_{oe} 和 Y_L' 有关外，还是频率的函数；由于频率的不同，其值也不同，且可能为正值或负值。图 3-12 所示为反馈电导 g_F 随频率变化的关系曲线。由于反馈导纳的存在，使放大器输入端的电导发生变化（考虑 g_F 作用），也使得放大器输入端回路的电纳发生变化（考虑 b_F 作用）。前者改变了回路

的等效品质因数 Q_L 值，后者引起回路的失谐。这些都会影响放大器的增益、通频带和选择性，并使谐振曲线产生畸变，如图 3 – 13 所示。特别值得注意的是 g_F 在某些频率上可能为负值，即呈负电导性，使回路的总电导减小，Q_L 增加，通频带减小，增益也因损耗的减小而增加。这也可理解为负电导 g_F 供给回路能量，出现正反馈。g_F 的负值愈大，这种影响愈严重。如果反馈到输入端回路的电导 g_F 的负值恰好抵消了回路原有电导 $g_s + g_{ie}$ 的正值，则输入端回路总电导为零，反馈能量抵消了回路的损耗能量，放大器处于自激振荡工作状态，这是绝对不允许的。即使 g_F 的负值还没有完全抵消 $g_s + g_{ie}$ 的正值，放大器不能自激，但已倾向于自激。这时放大器的工作也是不稳定的，称为潜在不稳定。这种情况同样是不允许的。因此必须设法克服或降低晶体管内部反馈的影响，使放大器远离自激，能稳定地工作。上面说明了放大器工作不稳定甚至可能产生自激的原因，下面分析放大器不产生自激和远离自激的条件。

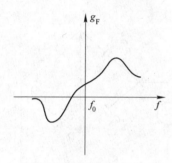

图 3 – 12　反馈电导随频率的变化曲线

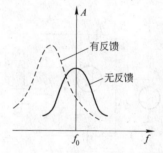

图 3 – 13　反馈导纳对放大器谐振曲线的影响

3.5.2　自激产生的条件

当 $Y_s + Y_i = 0$ 时，回路总电导 $g = 0$，放大器产生自激。

此时放大器的反馈能量抵消了回路损耗能量，且电纳部分也恰好抵消。表明放大器反馈的能量抵消回路损耗的能量，且电纳部分也恰好得到抵消。

$$Y_s + y_{ie} - \frac{y_{fe}y_{re}}{y_{oe} + Y'_L} = 0 , \quad \frac{(Y_s + Y_{ie})(y_{oe} + Y'_L)}{y_{fe}y_{re}} = 1$$

晶体管反向传输导纳 y_{re} 愈大，则反馈愈强，上式左边数值就愈小。它愈接近 1，放大器愈不稳定。反之，上式左边数值愈大，则放大器愈稳定。因此，上式左边数值的大小，可作为衡量放大器稳定与否的标准。

3.5.3　单向化

如前所述，由于晶体管存在着 y_{re} 的反馈，所以它是一个"双向元件"。作为放大器工作时，y_{re} 的反馈作用是有害的，其有害作用是可能引起放大器工作的不稳定。这在上节已详细讨论过。这里，讨论如何消除 y_{re} 的反馈，变"双向元件"为"单向元件"。这个过程称为单向化。

单向化的方法有两种：一种是消除 y_{re} 的反馈作用，称为"中和法"；另一种是使 G_L（负载电导）或 g_s（信号源电导）的数值加大，因而使得输入或输出回路与晶体管失去匹配，称为"失配法"。中和法是在晶体管的输出和输入端之间引入一个附加的外部反馈电路（中和电路），以抵消晶体管内部 y_{re} 的反馈作用。由于 y_{re} 中包含电导分量和电容分量，因此外部反馈电路也包括电阻分量 R_N 和电容分量 C_N 两部分，并要使通过 R_N、C_N 的外部反馈电流正好与通过 y_{re} 所产生的内部反馈电流相位差 190°，从而互相抵消，变双向器件为单向器件。显然，严格的中和是很难达到的，因为晶体管的反向传输导纳 y_{re} 是随频率而变化的，因而只能对一个频率起到完全中和的作用。而且，在生产过程中，由于晶体管参数的离散性，合适的中和电阻与电容量需要在每个晶体管的实际调整过程中确定，比较麻烦，且不宜大量生产。失配是指信号源内阻不与晶体管输入阻抗匹配，晶体管输出端负载阻抗不与本级晶体管的输出阻抗匹配。

3.5.3.1　中和法

在放大器线路中插入一个外加的反馈电路，使它的作用恰好和晶体管的内反馈互相抵消。具体线路和原理电路分别见图 3-14 和图 3-15。

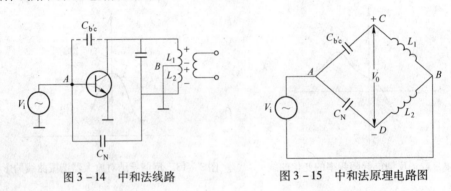

图 3-14　中和法线路   图 3-15　中和法原理电路图

电桥平衡时，CD 两端的回路电压 $\dot{V}_0$ 不会反映到 AB 两端，即对应两边阻抗之比相等。

所以

$$\frac{\omega L_1}{\omega L_2} = \frac{\dfrac{1}{\omega C_{bc}}}{\dfrac{1}{\omega C_N}}, \quad C_N = \frac{L_1}{L_2}C_{b'c} \approx \frac{N_1}{N_2}C_{b'c}$$

3.5.3.2　失配法

信号源内阻不与晶体管输入阻抗匹配，晶体管输出端负载阻抗不与本级晶体管的输出阻抗匹配。其原理电路如图 3-16 所示。由于阻抗不匹配，输出电压减小，反馈到输入电路的影响也随之减小，使增益下降，提高稳定性。

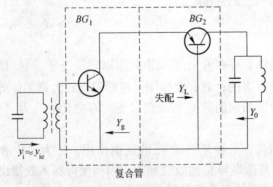

图 3-16　失配法原理电路图

使 $y_i = y_{ie}$，即使后项→0，则必须加大 y'_L，$y'_L \gg y_{oe}$

则

$$Y_0 = y_{oe} - \frac{y_{re}y_{fe}}{y_{ie} + y_s} \quad y_s \ll y_{ie}$$

$$Y_0 = y_{oe} - \frac{y_{fe}y_{re}}{y_{ie}}$$

晶体管实现单向比，只与管子本身参数有关。失配法一般采用共发 - 共基级联放大。

3.5.3.3 中和法与失配法比较

中和法的优点是简单，增益高；缺点是只能在一个频率上完全中和，不适合宽带，因为晶体管离散性大，实际调整麻烦，不适合批量生产。采用中和对放大器，由于温度等原因会引起各种参数变化，没有改善效果。

失配法的优点是性能稳定，能改善各种参数变化的影响；频带宽，适合宽带放大，适合波段工作；生产过程中无须调整，适合大量生产。其缺点是增益低。

3.6 常用调谐放大器的电路

3.6.1 二级共发 - 共基级联中频放大器电路

图 3-17 所示为国产某调幅通信机接收部分所采用的二级中频放大器电路。

第一中放级由晶体管 T_1 和 T_2 组成共射 - 共基级联电路。电源电路采用串馈供电。R_6、R_{10}、R_{12} 为这两个管子的偏置电阻，R_7 为负反馈电阻，用来控制和调整中放增益，R_8 为发射极温度稳定电阻，R_{12}、C_6 为本级中放的去耦电路，防止中频信号电流通过公共电源引起不必要的反馈。变压器 T_{r1} 和电容 C_7、C_8 组成单调谐回路。C_4、C_5 为中频旁路电容器。人工增益控制电压通过 R_9，加至 T_1 的发射极，改变控制电压（-9V）即可改变本级的直流工作状态，达到增益控制的目的。

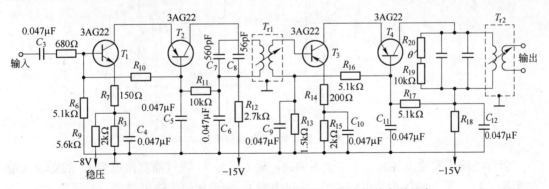

图 3-17 调幅通信机接收部分所采用的二级中频放大器电路

耦合电容 C_3 至 T_1 的基极之间加接的 690Ω 电阻，是为了防止可能产生寄生振荡（自激振荡），是否一定要加接，这要视具体情况而定。第二级中放由晶体管 T_3 和 T_4 组成共射 - 共基级联电路，基本上和第一级中放相同，仅回路上多了并联电阻，即 R_{19} 和 R_{20} 的串联值。电阻 R_{19} 和热敏电阻 R_{20} 串接后作为低温补偿，使低温时灵敏度不降低。在调整合适的情况下，应该保持两个管子的管压降接近相等。这时能充分发挥两个管子的作用，使放大器达到最佳的直流工作状态。上面介绍了谐振回路放大器的常用电路。目前还广泛应用非调谐回路式放大器，即由各种滤波器（满足选择性和通频带要求）和线性放大器（满足放大量要求）组成。这种形式具有以下优点：

（1）将选择性回路集中在一起，有利于微型化。例如，采用石英晶体滤波器和线性集成电路放大器后，体积能够做得很小。

（2）稳定性好。对多级谐振放大器而言，因为晶体管的输出和输入阻抗随温度变化较大，所以温度变化时会引起各级谐振曲线形状的变化，影响了总的选择性和通频带。在更换晶体管时也是如此。但集中滤波器仅接在放大器的某一级，因此晶体管的影响很小，提高了放大器的稳定性。

（3）电性能好。通常将集中滤波器接在放大器组的低信号电平处（例如，在接收机的混频和中放之间）。这样可使噪声和干扰首先受到大幅度的衰减，提高信号噪声比。而多级谐振放大器做不到这一点。另外，若与多级谐振放大器采用相同的回路数（指 LC 集中滤波器），各回路线圈的品质因数 Q_L 也相同时，集中滤波器的矩形系数更接近 1，选择性更好。这是由于晶体管的影响很小，所以有效品质因数 Q_L 变化不大。

（4）便于大量生产。集中滤波器作为一个整体，可单独进行生产和调试，大大缩短了整机生产周期。

3.6.2　MC1590 构成的选频放大器

器件 MC1590 具有工作频率高、不易自激的特点，并带有自动增益控制的功能。其内部结构为一个双端输入、双端输出的全差动式电路（图 3–18）。

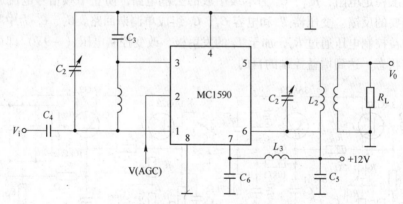

图 3–18　MC1590 选频电路

器件的输入和输出各有一个单谐振回路。输入信号 V_i 通过隔直流电容 C_4 加到输入端的引脚"1"，另一输入端的引脚"3"通过电容 C_3 交流接地，输出端之一的引脚"6"连接电源正端，并通过电容 C_5 交流接地，故电路是单端输入、单端输出。由 L_3 和 C_6 构成去耦滤波器，减小输出级信号通过供电电源对输入级的寄生反馈。

3.6.3　MC1110 制成的 100MHz 调谐放大电路

MC1110 集成块是一种适合于放大频率高达 100MHz 信号的射极耦合放大电路，其内部电路及由它制成的 100MHz 调谐放大器的实用电路如图 3–19 所示。

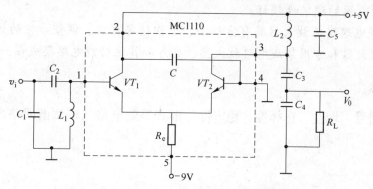

图 3 – 19　MC1110 制成的 100MHz 调谐放大电路

片内电路如图 3 – 19 中虚线框内所示，两只晶体管 VT_1 和 VT_2 组成共集 – 共基组合放大电路，使电路的上限截止频率得以提高，且输入、输出阻抗均较高，故对外接调谐回路的影响减小。

片内电容 C 约为 30pF，跨接在 VT_1 的集电极与 VT_2 的基极之间，对于 100MHz 以上的工作频率，C 的容抗较小，以构成这两极间的高频短路，使 VT_1 的集电极在管内经 C 至 VT_2 的基极，形成良好的高频接地，实现共集 – 共基（$CC – CB$）放大对。

由 C_1、C_2、L_1 构成的回路调谐于信号频率，为了减弱信号源对回路的影响，信号是部分接入的。L_2、C_3、C_4 组成并联谐振回路，R_L 为负载，阻值较小，也是部分接入回路的。

本 章 小 结

（1）高频小信号放大器通常分为谐振放大器和非谐振放大器。谐振放大器的负载为串、并联谐振回路或耦合回路。

（2）小信号谐振放大器的选频性能可由通频带和选择性两个质量指标来衡量。用矩形系数可以衡量实际幅频特性接近理想幅频特性的程度，矩形系数越接近1，则谐振放大器的选择性越好。

（3）高频小信号放大器由于信号小，可以认为它工作在管子的线性范围内，常采用有源线性四端网络进行分析。y 参数等效电路和混合 π 等效电路是描述晶体管工作状况的重要模型。y 参数与混合 π 参数有对应关系，y 参数不仅与静态工作点有关，而且是工作频率的函数。

（4）单级单调谐放大器是小信号放大器的基本电路，其电压增益主要取决于管子的参数、信号源和负载。为了提高电压增益，谐振回路与信号源和负载的连接常采用部分接入方式。

（5）由于晶体管内部存在反向传输导纳 y_{re}，使晶体管成为双向器件，在一定频率下使回路的总电导为零，这时放大器会产生自激。为了克服自激常采用"中和法"和"失配法"，使晶体管单向化。保持放大器稳定工作所允许的电压增益，称为稳定电压增益。

（6）非调谐式放大器由各种滤波器和线性放大器组成，它的选择性主要取决于滤波器，这类放大器的稳定性较好。

(7) 集成电路谐振放大器具有体积小、工作稳定可靠、调整方便的优点。它有通用集成电路放大器和专用集成电路放大器，也可和其他功能电路集成在一起。

本章重要概念

高频小信号　增益　选择性　稳定性　形式等效电路　单调谐回路谐振放大器　自激　单向化

4 高频功率放大器

本章重点内容

- 高频功率放大器在通信系统中的作用
- 高频功率放大器的工作特点及技术指标
- 高频功率放大器的电路分析和工作原理
- 高频功率放大器的电路计算
- 高频功率放大器的电路组成

4.1 概　述

4.1.1 高频功率放大器的特点

在低频电子线路课程中，我们已经学习了低频功率放大器，并已经建立了一个很重要的概念，即功率放大器的实质是将直流电源供给的直流功率转换为交流输出功率，在转换过程中，不可避免地存在着能量的损耗，这部分损耗的功率通常变成了热能。若损耗功率过大，就会使功率放大器因过热而损坏。因此，研究功率放大器的主要问题就是如何提高效率、减小损耗及获得大的输出功率。

功率放大器的效率与其放大器件的工作状态有直接关系。放大器件的工作状态可分为甲类、乙类、丙类等。图 4 - 1 所示为甲类、乙类、丙类三种状态时的晶体管集电极电流波形。提高功率放大器效率的主要途径是使放大器件工作在乙类、丙类状态。但这些工作状态下放大器的输出电流与输入电压间存在很严重的非线性失真。低频功率放大器因其信号的频率覆盖系数很大，不能采用谐振回路作为负载，因此一般工作在甲类状态；采用推挽电路时可以工作在乙类状态；高频功率放大器因其信号的频率覆盖系数小，可以采用谐

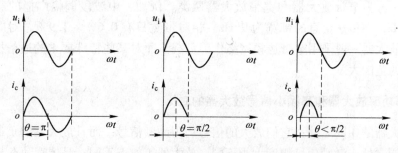

图 4 - 1　放大器的工作状态对比

振回路作为负载，故通常工作在丙类状态，通过谐振回路的选频作用，可以滤除放大器的集电极电流中的谐波成分，选出基波从而消除非线性失真。因此，高频功率放大器具有比低频功率放大器更高的效率。

高频功率放大器常用的有源器件是晶体管、场效应管和电子管，输出功率在 1kW 以下的功率管常采用晶体管；而对 1kW 以上的则主要采用电子管。本章主要讨论晶体管谐振功率放大器，其工作原理也适用于其他器件的谐振功率放大器。高频功率放大器的主要特点是工作于大信号的非线性状态，用解析法分析较困难，故工程上普遍采用近似的分析方法——折线法来分析其原理和工作状态。

4.1.2 高频功率放大器的任务和技术指标

无线电通信的任务是传送信息。为了有效地实现远距离传输，通常是用要传送的信息对较高频率的载频信号进行调频或调幅。一般情况下，产生载频信号的振荡器的输出功率较小，在实际应用中又需要达到较大功率，因此需要经过高频功率放大器进行放大，以获得足够大的高频功率。高频功率放大器的功能是用小功率的高频输入信号去控制高频功率放大器将直流电源供给的能量转换为大功率的高频能量输出。其输出信号与输入信号的频谱相同。高频功率放大器是无线电发送设备的重要组成部分。发送设备中的缓冲级、中间放大级，推动级和输出级均属于高频功率放大器的范围。此外，高频加热装置、高频换能器及微波功率源等也广泛应用高频功率放大器，作为组成部分。高频功率放大器的主要技术指标是高频输出功率、效率、功率增益、带宽和谐波抑制度等。这几项指标往往是相互矛盾的。在设计功率放大器时，总是根据放大器的特点，突出其中的一些指标，兼顾另一些指标。例如，对于发射机的输出级，其特点是希望输出功率最高，对应的效率不一定会最高；对于单边带发射机，则要求功率放大器非线性失真尽可能小，也就是谐波抑制度是设计的主要问题。显然，在这类功率放大器中，效率不是很高的。高频功率放大器用于发射机中，其输出功率高，因而提高效率是极为重要的。为了提高效率，高频功率放大器多选择丙类或丁类，甚至戊类工作状态。晶体管在这样的工作状态下，输出电流波形失真很大，必须采用具有一定滤波特性的选频网络作为负载，以得到接近正弦波的输出电压波形。这类高频功率放大器称为谐振功率放大器，多用于推动级和末级做功率放大，其谐波抑制度不可能做得很高。对于谐波抑制度要求很高的高频功率放大器，通常选用甲类或甲乙类推挽工作状态，以使晶体管工作在线性放大区。显然，效率不高，且输出功率不可能太高。若要求输出功率高，可以采用功率合成的方法来提高。高频功率放大器的分类高频功率放大器可分为窄带放大器和宽带放大器两类。例如，中波段调幅广播的载波频率为 531 ~ 1602kHz，而传送信息的带宽为 9kHz。相对带宽只有 0.6% ~ 1.9%，对应发射机中的高频功率放大器一般采用窄带选频网络作为负载。而对某些特殊要求的通信机，要求频率相对变化的范围大。

4.1.3 高频功率放大器和高频小信号放大器的对比

两种放大器的相同之处：它们放大的信号均为高频信号，而且放大器的负载均为谐振回路。其不同之处：激励信号幅度大小不同；放大器工作点不同；晶体管动态范围不同。两种放大器的特性曲线分别见图 4-2 和图 4-3。

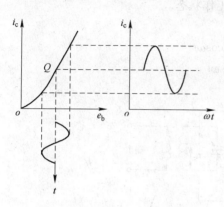
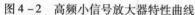

图 4-2 高频小信号放大器特性曲线

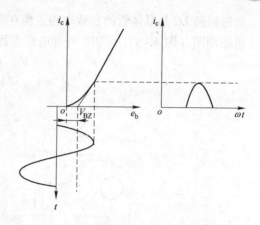

图 4-3 高频功率放大器特性曲线

4.1.4 高频功率放大器和低频功率放大器的对比

两种放大器的相同之处：都要求输出功率大和效率高。其不同之处：工作频率与相对频宽不同；放大器的负载不同；放大器的工作状态不同。

功率放大器实质上是一个能量转换器，把电源供给的直流能量转化为交流能量，能量转换的能力即为功率放大器的效率。功率放大器的主要技术指标是输出功率与效率。

4.1.5 高频功率放大器的工作状态

功率放大器的工作状态（表 4-1），一般分为甲类、乙类、甲乙类、丙类等。为了进一步提高工作效率，还提出了丁类与戊类工作状态。

表 4-1 功率放大器的工作状态

工作状态	半导通角/(°)	理想效率/%	负载	应用
甲类	$\theta_c = 180$	50	电阻	低频
乙类	$\theta_c = 90$	78.5	推挽，回路	低频，高频
甲乙类	$90 < \theta_c < 180$	$50 < \eta < 78.5$	推挽	低频
丙类	$\theta_c < 90$	$\eta > 78.5$	选频回路	高频
丁类	开关状态	$90 \sim 100$	选频回路	高频

通常，谐振功率放大器用来放大窄带高频信号（信号的通带宽度只有其中心频率的1%或更小），其工作状态通常选为丙类工作状态（$\theta_c < 90°$），为了不失真的放大信号，它的负载必须是谐振回路。非谐振功率放大器可分为低频功率放大器和宽带高频功率放大器。低频功率放大器的负载为无调谐负载，工作在甲类或乙类工作状态；宽带高频功率放大器以宽带传输线为负载。

4.2 高频功率放大器的工作原理

4.2.1 原理电路图及其特点

晶体管的作用是在将供电电源的直流能量转变为交流能量的过程中起到开关控制作

用，谐振回路 LC 是晶体管的负载电路工作在丙类工作状态。

由原理图（图4-4）可知：外部电路方程

$$e_b = -V_{BB} + V_{bm}\cos\omega t$$

$$e_c = V_{CC} - V_{cm}\cos\omega t$$

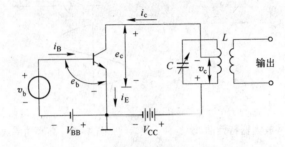

图4-4　高频功率放大器原理图

晶体管内部特性（图4-5）：

$$i_c = g_c(e_b - V_{BZ})$$

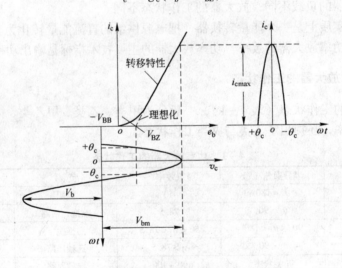

图4-5　晶体管高频功率放大器的转移特性

晶体管的转移特性曲线表达式为：

$$V_{bm}\cos\theta_c = |V_{BB}| + V_{BZ}$$

可得：

$$\cos\theta_c = \frac{|V_{BB}| + V_{BZ}}{V_{bm}}$$

必须强调指出：集电极电流 i_c 虽然是脉冲状，但由于谐振回路的这种滤波作用，仍然能得到正弦波形的输出。

4.2.2　电流与电压的波形

谐振功率放大器各部分的电压与电流的波形图如图4-6所示。

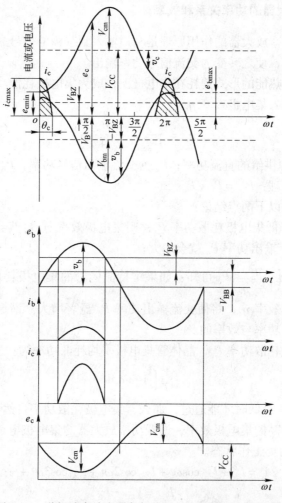

图 4-6 谐振功率放大器各部分的电压与电流的波形图

4.2.3 *LC* 回路的能量转换过程

LC 回路由 *L*、*C* 两个储能元件组成，回路的这种滤波作用也可从能量转换（图 4-7）的观点来解释。

·当晶体管由截止转入导电时，由于回路中电感 *L* 的电流不能突变，因此，输出脉冲电流的大部分流过电容 *C*，即使 *C* 充电。充电电压的方向是下正上负。这时直流电源 V_{CC} 给出的能量储存在电容 *C* 中。过了一段时间，当电容两端的电压增大到一定程度（接近电源电压）时，晶体管截止，电容通过电感放电，下一周期到来重复以上过程。由于这种周期性的能量补充，所以振荡回路能维持振荡。当补充的能量与消耗的能量相等时，电路中就建立起动态平衡，因而维持了等幅的正弦波振荡。

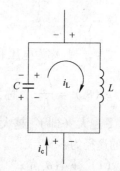

图 4-7 并联回路的能量转换

4.2.4　谐振功率放大器的功率关系和效率

由前述可知：功率放大器的作用原理是利用输入到基极的信号来控制集电极的直流电源所供给的直流功率，使之转变为交流信号功率输出。

有一部分功率以热能的形式消耗在集电极上，成为集电极耗散功率。为了表示晶体管放大器的转换能力引入集电极效率 η_c。

$$\eta_c = \frac{P_o}{P_=} = \frac{P_o}{P_o + P_c}$$

式中，$P_=$ 为直流电源供给的直流功率；P_o 为交流输出信号功率；P_c 为集电极耗散功率。

根据能量守恒定理：$P_= = P_o + P_c$。

由上式可以得出以下两点结论：

（1）设法尽量降低集电极耗散功率 P_c，则集电极效率 η_c 自然会提高。这样，在给定 $P_=$ 时，晶体管的交流输出功率 P_o 就会增大；

（2）由式 $P_o = \left(\dfrac{\eta_c}{1-\eta_c}\right)P_c$ 可知：如果维持晶体管的集电极耗散功率 P_c 不超过规定值，那么提高集电极效率 η_c，将使交流输出功率 P_o 显著增大。谐振功率放大器就是从这方面入手来提高输出功率与效率的。

如果减小集电极耗散功率 P_c，晶体管集电极平均耗散功率为：

$$\frac{1}{T}\int_0^T i_c \cdot e_c \, \mathrm{d}t$$

可见，使 i_c 在 e_c 最低时才能通过，那么，集电极耗散功率自然会显著减小。

所以，要想获得高的集电极效率，谐振功率放大器的集电极电流应该是脉冲状。导通角小于 $180°$，处于丙类工作状态。

$$i_c = I_{c0} + I_{cm1}\cos\omega t + I_{cm2}\cos2\omega t + I_{cm3}\cos3\omega t + \cdots$$

直流功率：
$$P_= = V_{CC} \cdot I_{c0}$$

输出交流功率：
$$P_o = \frac{1}{2}V_{cm} \cdot I_{cm1} = \frac{V_{cm}^2}{2R_p} = \frac{1}{2}I_{cm1}^2 R_p$$

式中，V_{cm} 为回路两端的基频电压；I_{cm1} 为基频电流；R_p 为回路的谐振阻抗。

放大器的集电极效率：

$$\eta_c = \frac{P_o}{P_=} = \frac{\frac{1}{2}V_{cm} \cdot I_{cm1}}{V_{CC}I_{c0}} = \frac{1}{2}\xi g_1(\theta_c)$$

$\xi = \dfrac{V_{cm}}{V_{CC}}$，称为电压利用系数。

$g_1(\theta_c) = \dfrac{I_{cm1}}{I_{c0}}$，称为波形系数，导通角 θ_c 的函数；θ_c 越小，$g_1(\theta_c)$ 越大。

ξ 越大（即 V_{cm} 越大），θ_c 越小，效率 η_c 越高。因此，丙类谐振功率放大器提高效率 η_c 的途径为：

（1）减小 θ_c 角；

（2）使 LC 回路谐振在信号的基频上，即 i_c 的最大值应对应 e_c 的最小值。

所以，谐振功率放大器的工作特点：放大高频大信号，属于非线性工作状态；基极偏置为负值，半导通角 $\theta_c < 90°$，即丙类工作状态；电流脉冲是尖顶余弦脉冲；负载为 LC 谐振回路。

4.3　高频功率放大器的折线分析法

4.3.1　概述

折线法是将电子器件的特性曲线理想化，用一组折线代替晶体管静态特性曲线后进行分析和计算的方法。工程上都采用近似估算和实验调整相结合的方法对高频功率放大器进行分析和计算。折线法就是常用的一种分析法。对谐振功率放大器进行分析计算，关键在于求出电流的直流分量 i_{c0} 和基频分量 i_{cm1}。

解决这个问题的方法有图解法与解析近似分析法两种。图解法是从晶体管的实际静态特性曲线入手，从图上取得若干点，然后求出电流的直流分量与交流分量。图解法是从客观实际出发的，应该说，准确度是比较高的。但这对于电子管来说是正确的。而晶体管特性的离散性较大，因此一般相关手册并不给出它的特性曲线。即使有曲线，也只能供参考，并不一定能符合实际选用的晶体管特性。这也就失去了图解法准确度高的优点。同时，图解法又难以进行概括性的理论分析。由于以上这些原因，对于晶体管电路来说，我们只讨论折线近似分析法。该方法首先是要将电子器件的特性曲线理想化，每一条特性曲线用一条或几条直线（组成折线）来代替。这样，就可以用简单的数学解析式来表示电子器件的特性曲线。因而实际上只要知道解析式中的电子器件参数，就能进行计算，并不需要整套的特性曲线。这种计算比较简单，而且易于进行概括性的理论分析。它的缺点是准确度较低。但对于晶体管电路来说，目前还只能进行定性估算，因此只讨论折线近似法就行了。在对晶体管特性曲线进行折线化之前，必须说明，由于晶体管特性与温度的关系很密切，因此，以下的讨论都是假定温度为恒定的情况。此外，因为实际上最常用共发射极电路，所以讨论只限于共发射极组态。晶体管的静态特性曲线在折线法中用到的主要有两组：输出特性曲线与转移特性曲线。输出特性曲线是指基极电流（电压）恒定时，集电极电流与集电极电压的关系曲线。转移特性曲线是指集电极电压恒定时，集电极电流与基极电压的关系曲线。

折线分析法的主要步骤：

（1）测出晶体管的转移特性曲线 $i_c \sim e_b$ 及输出特性曲线 $i_c \sim e_c$，并将这两组曲线做理想折线化处理。

（2）作出动态特性曲线。

（3）根据激励电压 v_b 的大小，在已知理想特性曲线上画出对应电流脉冲 i_c 和输出电压 v_c 的波形。

（4）求出 i_c 的各次谐波分量 i_{c0}，i_{c1}，i_{c2}，…，由给定的负载谐振阻抗的大小即可求得放大器的输出电压、输出功率、直流供给功率、效率等指标。

4.3.2　晶体管静态特性曲线及其理想化

因为高频功率放大器是工作在大信号非线性状态，晶体管的小信号等效电路的分析方法是不适用的。通常采用静态特性曲线经过理想化成为折线来进行近似分析,当然会存在一定的误差。但是,用它对高频功率放大器进行定性分析是一种较为简便的方法。在大信号工作条件下,理想化特性曲线的原理认为,在放大区集电极电流和基极电流不受集电极电压影响,而又与基极电压呈线性关系。在饱和区集电极电流与集电极电压呈线性关系,而不受基极电压的影响。下面以图 4 - 8 所示的晶体管的静态特性曲线为例来说明理想化的方法。

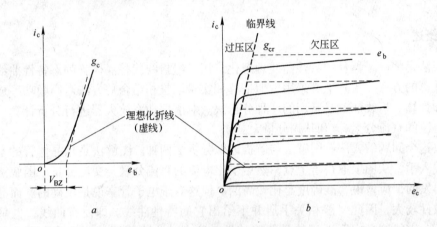

图 4 - 8　静态特性曲线及其理想化

a—转移特性曲线；b—输出特性曲线

由图可见,根据理想化原理,在放大区,集电极电流只受基极电压的控制,与集电极电压无关；在饱和区,集电极电流只受集电极电压的控制,而与基极电压无关。

于是,转移特性方程可写为:

$$i_c = g_c(e_b - V_{BZ})　(e_b > V_{BZ})$$

$$g_c = \frac{\Delta i_c}{\Delta e_b}\bigg|_{e_c = 常数}$$

式中, g_c 转移特性方程的斜率。

则临界线方程可写为:

$$i_c = g_{cr}e_c$$

式中, g_{cr} 为临界线的斜率。

在非线性谐振功率放大器中,常常根据集电极是否进入饱和区,将放大区的工作状态分为三种:

(1)欠压工作状态。集电极最大点电流在临界线的右方,交流输出电压较低且变化较大。

(2)过压工作状态。集电极最大点电流进入临界线左方的饱和区,交流输出电压较高且变化不大。

(3)临界工作状态。这是欠压和过压状态的分界点,集电极最大点电流正好落在临界线上。

4.3.3　集电极余弦电流脉冲的分解

当晶体管特性曲线理想化时,丙类工作状态的集电极电流脉冲是尖顶余弦脉冲。这适用于欠压或临界状态。

晶体管的内部特性为：

$$i_c = g_c(e_b - V_{BZ}) \tag{4-1}$$

它的外部电路关系式：

$$e_b = -V_{BB} + V_{bm}\cos\omega t \tag{4-2}$$

$$e_c = V_{CC} - V_{cm}\cos\omega t \tag{4-3}$$

将式（4-2）代入式（4-1），得：

$$i_c = g_c(-V_{BB} + V_{bm}\cos\omega t - V_{BZ}) \tag{4-4}$$

当 $\omega t = \theta_c$ 时，$i_c = 0$，代入上式得：

$$0 = g_c(-V_{BB} + V_{bm}\cos\theta_c - V_{BZ}) \tag{4-5}$$

即

$$\cos\theta_c = \frac{V_{BB} + V_{BZ}}{V_{bm}} \tag{4-6}$$

因此，已知 V_{bm}、V_{BB} 与 V_{BZ} 各值，θ_c 值便可确定。将式（4-4）与式（4-5）相减，即得：

$$i_c = g_c V_{bm}(\cos\omega t - \cos\theta_c) \tag{4-7}$$

当 $\omega t = 0$ 时，$i_c = i_{cmax}$，因此：

$$i_{cmax} = g_c V_{bm}(1 - \cos\theta_c) \tag{4-8}$$

将式（4-7）与式（4-8）相除，即得：

$$\frac{i_c}{i_{cmax}} = \frac{\cos\omega t - \cos\theta_c}{1 - \cos\theta_c}$$

或

$$i_c = i_{cmax}\left(\frac{\cos\omega t - \cos\theta_c}{1 - \cos\theta_c}\right) \tag{4-9}$$

式（4-9）即为尖顶余弦脉冲的解析式，它完全取决于脉冲高度 i_{cmax} 与导通角 θ_c（图 4-9）。

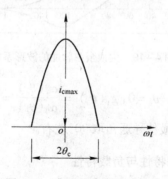

图 4-9 集电极余弦脉冲波形

若将尖顶脉冲分解为傅里叶级数

$$i_c = I_{c0} + I_{cm1}\cos\omega t + I_{cm2}\cos2\omega t + \cdots + I_{cmn}\cos n\omega t + \cdots$$

由傅里叶级数的求系数法得：

$$I_{c0} = i_{cmax}\alpha_0(\theta_c)$$

$$I_{cm1} = i_{Cmax}\alpha_1(\theta_c)$$
$$I_{cmn} = i_{Cmax}\alpha_n(\theta_c)$$

式中

$$\alpha_0(\theta_c) = \frac{\sin\theta_c - \theta_c\cos\theta_c}{\pi(1 - \cos\theta_c)}$$

$$\alpha_1(\theta_c) = \frac{\theta_c - \cos\theta_c\sin\theta_c}{\pi(1 - \cos\theta_c)}$$

$$\alpha_n(\theta_c) = \frac{2}{\pi} \cdot \frac{\sin n\theta_c\cos\theta_c - n\cos n\theta_c\sin\theta_c}{n(n^2 - 1)(1 - \cos\theta_c)}$$

当 $\theta_c \approx 120°$ 时，i_{cm1}/i_{cmax} 达到最大值。在 i_{cmax} 与负载阻抗 R_p 为某定值的情况下，输出功率将达到最大值。这样看来，取 $\theta_c = 120°$ 应该是最佳导通角了。但此时放大器处于甲级工作状态，效率太低。

由于

$$\eta_c = \frac{P_o}{P_=} = \frac{1}{2}\frac{V_{cm}I_{cm1}}{V_{CC}I_{c0}} = \frac{1}{2}\xi\frac{\alpha_1(\theta_c)}{\alpha_n(\theta_c)} = \frac{1}{2}\xi g_1(\theta_c)$$

$g_1(\theta_c) = \dfrac{\alpha_1(\theta_c)}{\alpha_0(\theta_c)}$，称为波形系数（图 4 - 10）。

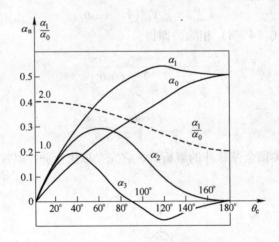

图 4 - 10　尖顶余弦脉冲的波形系数

由曲线可知：极端情况时，$\theta_c = 0$，$g_1(\theta_c) = \dfrac{\alpha_1(\theta_c)}{\alpha_0(\theta_c)} = 2$，此时 $\xi = 1$，η_c 可达 100%。因此，为了兼顾功率与效率，最佳导通角取 90° 左右。

4.3.4　谐振功率放大器的动态特性与负载特性

4.3.4.1　谐振功率放大器的动态特性

晶体管的静态特性是在集电极电路内没有负载阻抗的条件下获得的。如果，维持基极电压 e_b 不变，改变集电极电压 e_c，就可求出 i_c - e_c 静态特性曲线族。如果集电极电路有负载阻抗，则当改变 e_b 使 i_c 变化时，由于负载上有电压降，就必然同时引起 e_c 的变化（参见图 4 - 6）。

高频放大器的工作状态是由负载阻抗 R_p、激励电压 V_b、供电电压 V_{cc}、V_{BB} 等四个参量决定的。如果 V_{cc}、V_b、V_{BB} 三个参量不变，则放大器的工作状态就由负载电阻 R_p 决定。此时，放大器的电流、输出电压、功率、效率等随 R_p 而变化的特性，称为放大器的负载特性。动态特性是和静态特性相对应而言的，在考虑了负载的反作用后，所获得的 V_{CE}、V_{BE} 与 i_c 的关系曲线称为动态特性。

当放大器工作于谐振状态时，它的外部电路关系式为：

$$e_c = V_{CC} - V_{cm}\cos\omega t \;,\; e_b = -V_{BB} + V_{bm}\cos\omega t$$

消去 $\cos\omega t$ 后可得：

$$e_b = -V_{BB} + V_{bm}\frac{V_{CC} - e_c}{V_{cm}}$$

另外，晶体管的折线化方程为：$i_c = g_c(e_b - V_{BZ})$，得出在 $i_c - e_c$ 坐标平面上的动态特性曲线（负载线或工作路）方程：

$$i_c = g_c\left[-V_{BB} + V_{bm}\frac{(V_{CC} - e_c)}{V_{cm}} - V_{BZ} \right]$$

$$= -g_c\left(\frac{V_{bm}}{V_{cm}}\right)\left(e_c - \frac{V_{bm}V_{CC} - V_{BZ}V_{cm} - V_{BB}V_{cm}}{V_{bm}}\right) = g_d(e_c - V_0)$$

根据上式可作出功放的动态特性曲线，如图 4-11 所示。

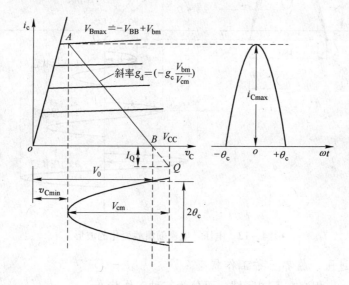

图 4-11 动态特性曲线

图中所示动态特性曲线的斜率为负值。它的物理意义是：从负载方面来看，放大器相当于一个负电阻，亦即它相当于交流电能发生器，可以输出电能至负载。

用类似的方法，可得出在 $i_c - e_b$ 坐标平面的动态特性曲线。

图中 AB 为动态特性曲线，也称为工作路。

作图方法为：

（1）取 B 点，作斜率为 g_d 的直线 $\left(g_d = -g_c\dfrac{V_{bm}}{V_{cm}} = -g_c\dfrac{V_{bm}}{I_{cm}R_p}\right)$；

（2）取 Q、A 两点，连成直线。

特殊点说明：

A 点：$\omega t = 0°$，e_b 达到最大，e_c 达到最小，i_c 达到最大；

Q 点：$\omega t = 90°$，$e_c = V_{cc}$，虚拟电流 $I_Q = g_c(-V_{BB} - V_{BZ})$。

4.3.4.2　功率放大器的负载特性

A　电压、功率、效率的变化特性

在 V_{cc}、V_b、V_{BB} 为一定时，只变化放大器的负载电阻而引起的放大器输出电压、输出功率、效率的变化特性，称为负载特性。

在负载电阻 R_p 由小到大变化时，负载线的斜率由小变大，如图 4 – 12 中的 1→2→3。不同的负载，放大器的工作状态是不同的，所得的 i_c 波形、输出交流电压幅值、功率、效率也是不同的。

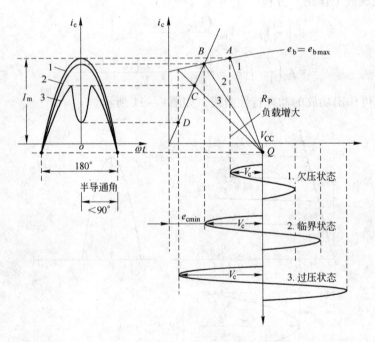

图 4 – 12　电压、电流随负载变化的波形

B　欠压、过压、临界三种工作状态

根据 R_b 与 e_{bmax} 相交在不同区域，可分为三种工作状态。

a　欠压状态

B 点以右的区域，在欠压区至临界点的范围内，根据 $V_c = R_p I_{c1}$，放大器的交流输出电压在欠压区内会随负载电阻 R_p 的增大而增大，其输出功率、效率的变化也将如此。

b　临界状态

负载线和 e_{bmax} 正好相交于临界线的拐点。放大器工作在临界状态时，输出功率大，管子损耗小，放大器的效率也较大。

c　过压状态

过压状态放大器的负载较大，如动态线 3 就是这种情况。动态线穿过临界点 C 后，电流沿临界线下降，因此集电极电流 i_c 呈下凹顶状，过压愈重，则 i_c 波顶下凹愈厉害，严重时，i_c 波形可分裂为两部分。根据傅里叶级数对 i_c 波形分解可知，波形下凹的 i_c，其基波分量 i_c 会下降，下凹愈深，则 I_{c0}、I_{c1} 的下降也就愈激烈，因此放大器的输出功率和效率也要减小。

根据上述分析，可以画出谐振功率放大器的负载特性曲线（图 4-13）。

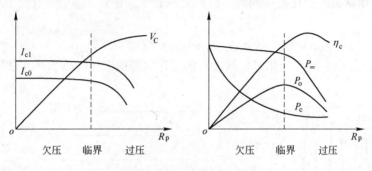

图 4-13　负载特性曲线

欠压状态的功率和效率都较低，集电极耗散功率也较大，输出电压随负载阻抗变化而变化，因此较少采用。但晶体管基极调幅需采用这种工作状态。

$$P_= = V_{CC} \cdot I_{c0}, \quad P_o = \frac{1}{2} V_{cm} \cdot I_{cm1}$$

过压状态的特点是：当负载阻抗变化时，输出电压较平稳且幅值较大，在弱过压时，效率可达最高，但输出功率有所下降，发射机的中间级、集电极调幅级常采用这种状态。

临界状态的特点是：输出功率最大，效率也较高，比最大效率差不了许多，可以说是最佳工作状态。发射机的末级一般设计为这种状态，在计算谐振功率放大器时，也常以此状态为例。掌握负载特性，对分析集电极调幅电路、基极调幅电路的工作原理，对实际调整谐振功率放大器的工作状态和指标是很有帮助的。

4.3.5　放大器工作状态及导通角的调整

4.3.5.1　导通角 θ_c 的调整

$$\theta_c = \cos^{-1} \frac{V_{BZ} + |V_{BB}|}{V_b}$$

式中，若保持 V_b 不变、增大偏置 V_{BB}，或保持 V_{BB} 不变、增大激励电压振幅 V_b，或同时增大 V_{BB} 和 V_b，在这三种情况下均可使导通角 θ_c 增大；反之，则可使 θ_c 减小。但是采取上述三种方法中的任何一种方法，当 θ_c 增大时，i_c 脉冲电流的振幅 I_m 会加大，输出功率 P_o 当然也会加大，而当 θ_c 减小时，I_m 和 P_o 均将减小。有时希望增大 θ_c，但要保持 I_m 不变，则应在增加 V_{BB} 的同时，适当减小激励 V_b。

4.3.5.2　欠压、临界、过压工作状态的调整

调整欠压、临界、过压三种工作状态，大致有以下几种方法：改变集电极负载 R_p；改变供电电压 V_{CC}；改变偏压 V_{BB}；改变激励 V_b。

（1）改变 R_p ，但 V_b 、 V_{CC} 、 V_{BB} 不变。当负载电阻 R_p 由小到大变化时，放大器的工作状态由欠压经临界转入过压。在临界状态时输出功率最大。

（2）改变 V_{CC} ，但 R_p 、 V_b 、 V_{BB} 不变。当集电极供电电压 V_{CC} 由小到大变化（图 4 – 14）时，放大器的工作状态由过压经临界转入欠压。

（3）改变 V_{bm} ，但 V_{CC} 、 V_{BB} 、 R_p 不变或 V_{BB} 变化，但 V_{CC} 、 V_b 、 R_p 不变。这两种情况所引起放大器工作状态的变化是相同的。因为无论是 V_{bm} 还是 V_{BB} 的变化，其结果都会引起 e_b 的变化。

由 $e_b = -V_{BB} + V_{bm}\cos\omega t$ ，得 $e_{bmax} = -V_{BB} + V_{bm}$ 。

当 V_{BB} 或 V_{bm} 由小到大变化时，放大器的工作状态由欠压经临界转入过压。

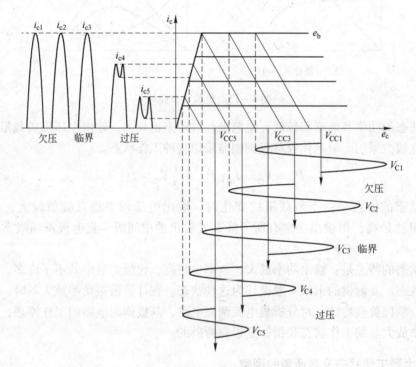

图 4 – 14　V_{CC} 变化时对工作状态的影响

4.3.6　各极电压对工作状态的影响

4.3.6.1　改变 V_{CC} 对工作状态的影响

V_{CC} 改变时，电流、功率的变化如图 4 – 15 所示。

由图可知， V_{CC} 为小→大时，对应的工作状态则为过压→临界→欠压。

在过压区内输出电压随 V_{CC} 改变而变化的特性为集电极调幅的实现提供依据，因为在集电极调幅电路中是依靠改变 V_{CC} 来实现调幅过程的。

4.3.6.2　改变 V_{bm} 对工作状态的影响

V_{bm} 改变时，电流、功率的变化如图 4 – 16 所示。

由图可知， V_{bm} 为小→大时，对应的工作状态则为欠压→临界→过压。

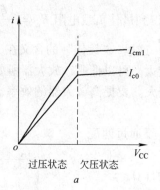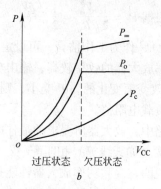

图 4-15　V_{CC} 改变时，电流、功率的变化

a—电流变化；b—功率变化

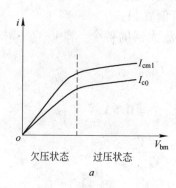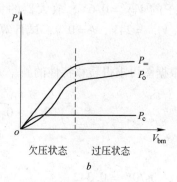

图 4-16　V_{bm} 改变时，电流、功率的变化

a—电流变化；b—功率变化

4.4　高频功率放大器的计算

谐振功率放大器的主要指标是功率和效率。以临界状态为例：

第一步：要求得集电极电流脉冲的两个主要参量 i_{cmax} 和 θ_c。

导通角 θ_c 可由 $\theta_c = \cos^{-1}\dfrac{|V_{BB}| + V_{BZ}}{V_b}$ 求得，集电极电流脉冲幅值 I_{cm}。

$$i_{cmax} = g_c V_b\,(1 - \cos\theta_c)$$

第二步：电流余弦脉冲的各谐波分量系数 $\alpha_0(\theta_c)$，$\alpha_1(\theta_c)$，…，$\alpha_n(\theta_c)$ 可查表求得，并求得各分量的实际值。

第三步：计算谐振功率放大器的功率和效率：

直流功率：　　　　　　　　$P_= = I_{c0} \cdot V_{CC}$

交流输出功率：　　$P_o = \dfrac{1}{2}V_{cm} \cdot I_{cm1} = \dfrac{1}{2}\xi \cdot V_{CC} \cdot \alpha_1(\theta_c) i_{cmax}$

集电极效率：　　　　　　$\eta_c = \dfrac{P_o}{P_=} = \dfrac{1}{2}\xi \cdot g_c(\theta_c)$

第四步：根据 $P_{\text{o}} = \dfrac{1}{2}\dfrac{V_{\text{cm}}^2}{R_{\text{p}}} = \dfrac{1}{2}\dfrac{(\xi V_{\text{CC}})^2}{R_{\text{p}}}$ 可求得到最佳负载电阻 $R_{\text{p}} = \dfrac{(\xi V_{\text{CC}})^2}{2P_{\text{o}}}$，在临界

工作时，ξ 接近 1，作为工作估算，可设定 $\xi = 1$。这里，"最佳"的含义在于采用这一负载值时，调谐功率放大器的效率较高，输出功率较大。可以证明，放大器所要求的最佳负载是随导通角 θ_{c} 改变而变化的。θ_{c} 变小，则 R_{p} 变大。要提高放大器的效率，就要求放大器具有大的最佳负载电阻值。

在实际电路中，放大器所要求的最佳电阻需要通过匹配网络和终端负载（如天线等）相匹配。

下面举例说明，高频功率放大器性能指标的计算。

某谐振功率放大器的转移特性如图 4 – 17 所示。已知该放大器采用晶体管的参数为：$f_{\text{T}} \geqslant 150\text{MHz}$，功率增益 $A_{\text{p}} \geqslant$ 13dB，管子允许通过的最大电流 $I_{\text{cm}} = 3\text{A}$，最大集电极功耗 $P_{\text{cmax}} = 5\text{W}$，管子的 $V_{\text{BZ}} = 0.6\text{V}$，放大器的负偏置 $|V_{\text{BB}}| = 1.4\text{V}$，$\theta_{\text{c}} = 90°$，$V_{\text{CC}} = 24\text{V}$，$\xi = 0.9$，试计算放大器的各个参数。

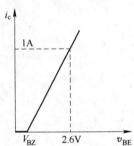

图 4 – 17　谐振功率放大器的转移特性

解：（1）根据图可求得转移特性的斜率 g_{c}

$$g_{\text{c}} = \frac{1\text{A}}{(2.6 - 0.6)\text{V}} = 0.5\text{A/V}$$

（2）
$$\cos\theta_{\text{c}} = \frac{V_{\text{BB}} + V_{\text{BZ}}}{V_{\text{b}}}$$

式中，$\theta_{\text{c}} = 70°$，$\cos 70° = 0.342$。

得
$$V_{\text{b}} = \frac{1.4 + 0.6}{0.342} = 5.8\text{V}$$

（3）根据 $i_{\text{cmax}} = g_{\text{c}} V_{\text{b}}(1 - \cos\theta_{\text{c}})$，求得 i_{cmax}、i_{c1}、i_{c0}。

$$i_{\text{cmax}} = \frac{1}{2} \times 5.8 \times (1 - 0.342) = 2\text{A} < I_{\text{cmax}} \quad （可安全工作）$$

$$I_{\text{c1}} = i_{\text{cmax}} \cdot \alpha_1(70°) = 2 \times 0.436 = 0.872\text{A}$$

$$I_{\text{c0}} = i_{\text{cmax}} \cdot \alpha_0(70°) = 2 \times 0.253 = 0.506\text{A}$$

（4）求交流电压振幅：$\quad V_{\text{cm}} = V_{\text{CC}}\xi = 24 \times 0.9 = 21.6\text{V}$

对应功率、效率为：$\quad P_= = I_{\text{c0}} \cdot V_{\text{CC}} = 24 \times 0.506 = 12\text{W}$

$$P_{\text{o}} = \frac{1}{2}I_{\text{c1}} \cdot V_{\text{cm}} = \frac{1}{2}I_{\text{c1}} \cdot \xi \cdot V_{\text{CC}} = \frac{1}{2} \times 0.872 \times 0.9 \times 24 = 9.4\text{W}$$

$$P_{\text{c}} = P_= - P_{\text{o}} = 2.6\text{W} < P_{\text{cmax}} \quad （可安全工作）$$

（5）激励功率：由于 $A_{\text{p}} = 13\text{dB}$，即 $A_{\text{p}} = 10\lg\dfrac{P_{\text{o}}}{P_{\text{i}}}$ （dB）

则：
$$P_{\text{b}} = P_{\text{i}} = \frac{P_{\text{o}}}{\lg^{-1}\left(\dfrac{A_{\text{p}}}{10}\right)} = \frac{9.4}{\lg^{-1}(1.3)} = 0.47\text{W}$$

4.5 晶体管高频功率放大器的高频效应

4.5.1 概述

用折线法分析高频功率放大器时，要引入相当的误差，低频时误差还是允许的。但随着工作频率的提高，由于晶体管的高频特性及大信号的注入效应而引入的误差将更大，严重时，会使放大器无法工作。

一方面，应该考虑晶体管基区少数载流子的渡越时间、晶体管的体电阻（特别是 $r_{bb'}$ 的影响）和饱和压降及引线电感等因素的影响；另一方面，功率放大管基本工作在大信号（即大注入）条件下，必须考虑大注入所引起的基极电流和饱和压降增加的影响。上述的这些影响都会使放大器的功率增益、最大输出功率及效率急剧下降。

4.5.2 基区渡越时间的影响

在高频小信号工作时，渡越角是以扩散电容的形式来表示基区渡越时间的影响的，由于信号的幅度小，结电容可等效为线性的，而在大信号高频工作时，必须考虑其非线性特性。

通过实验，可以用示波器观察功率放大器放大管各电极电流波形（图 4-18）随工作频率变化而变化的情况。

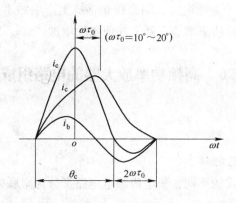

图 4-18　高频情况下功放管各电极电流波形

在工作频率很高，渡越角为 $\omega\tau_0 = 10° \sim 20°$ 时，功放管各电极电流的变化情况：

（1）发射极电流 i_e。随着工作频率提高，存储在基区中的载流子由于输入信号 v_b 迅速向负极性变化而返回发射极，因而 i_e 出现反向脉冲，管子的导通角加大，工作频率越高，i_e 反向脉冲的宽度越大，幅值越高，导通角也越扩展。

（2）集电极电流 i_c。i_c 的峰值滞后于 i_e 的峰值，二者差一渡越角 $\omega\tau_0$，i_c 的导通角也由低频时的 θ_c 增大到 $\theta_c + 2\omega\tau_0$。

（3）基极电流 i_b。由于 i_e 出现反向脉冲，根据 $i_b = i_e - i_c$，所以 i_b 也出现反向电流脉冲，且其最大值比 e_b 的最大值提前，可以看出其基波分量加大，且比 e_b 超前，I_{b1} 的增加将提高对激励功率的要求。

上述分析表明，i_c 的导通角加大，将使功率管的效率大大降低；I_{b1} 的加大将使激励功率增加，这会使放大器的功率增益降低，这种现象将随工作频率升高而加剧。

4.5.3　晶体管基极体电阻 $r_{bb'}$ 的影响

当频率增高时，已经证明基极电流的基波振值 I_{b1} 是迅速增加的，这表明 $b'-e$ 间呈现的交流阻抗显著减小，因此 $r_{bb'}$ 的影响就相对增加，要求的激励功率将更大，这会使功率增益进一步减小。

4.5.4　饱和压降 V_{ces}

大信号注入时，功率管的饱和压降将增大，在高频工作时，集电极体电阻也要提高，致使饱和压降进一步增加。

例如：当 $f = 30\text{MHz}$ 时，实测某管的 $V_{ces} = 1.5\text{V}$，当 $f = 200\text{MHz}$ 时，V_{ces} 则可大到 3.5V。V_{ces} 的增大，会使功率放大器的输出功率、效率、功率增益均减小。

4.5.5　引线电感的影响

在更高频率工作时，要考虑管子各电极引线电感的影响，其中以发射极的引线电感影响最为严重，因为它能使输出输入电路之间产生寄生耦合。

一般来说，长度为 10mm 的引线，其电感约为 $10^{-3}\ \mu\text{H}$，在工作频率为 300MHz 时，感抗值约为 1.9Ω，若通过 1A 高频电流，则会在此感抗上产生约 1.9V 的负反馈电压。这种负反馈当然会使输出功率及功率增益下降，并使激励增加。

4.6　高频功率放大器的电路组成

4.6.1　直流馈电电路

4.6.1.1　集电极馈电电路

根据直流电源连接方式的不同，集电极馈电电路又分为串联馈电和并联馈电两种。

A　串馈电路

这是直流电源 V_{CC}、负载回路（匹配网络）、功率管三者首尾相接的一种直流馈电电路。C_1、L_C 为低通滤波电路，A 点为高频低电位，既阻止电源 V_{CC} 中的高频成分影响放大器的工作，又避免高频信号在 L_C 负载回路以外不必要的损耗。C_1、L_C（图 4-19）的选取原则为：$\omega L_c > 10 \times$ 回路阻抗；$1/\omega C_1 < 1/10 \times$ 回路阻抗。

B　并馈电路

这是直流电源 V_{CC}、负载回路（匹配网络）、功率管三者为并联连接的一种馈电电路。如图 4-19 所示，L_C 为高频扼流圈，C_1 为高频旁路电容，C_2 为隔直流通高频电容，L_C、C_1、C_2 的选取原则与串馈电路基本相同。

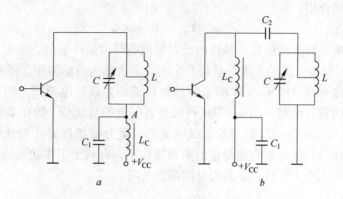

图 4 - 19　集电极馈电电路

a—串馈；b—并馈

馈电线路的基本组成原则：

（1）其直流通路应如图 4 - 20a 所示。

（2）其基波分量的交流流通路应如图 4 - 20b 所示。

（3）其谐波分量的交流流通路应如图 4 - 20c 所示。无论是串馈还是并馈都必须满足外部电路方程：

输出回路满足：
$$e_c = V_{CC} - V_{cm}\cos\omega t$$

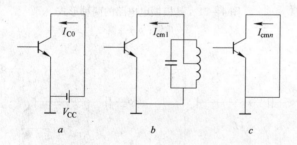

图 4 - 20　集电极电路对不同频率电流的等效电路

C　串并馈直流供电路的优点和缺点

a　优点

在并馈电路中，信号回路两端均处于直流低电位，即零电位。对高频而言，回路的一端又直接接地，因此回路安装比较方便，调谐电容 C 上无高压，安全可靠。

b　缺点

在并馈电路中，L_C 处于高频高电位上，它对地的分布电容较大，将会直接影响回路谐振频率的稳定性；串联电路的特点正好与并馈电路相反。

4.6.1.2　基极馈电电路

基极馈电电路也分为串馈和并馈两种。

基极偏置电压 V_{BB} 可以单独由稳压电源供给，也可以由集电极电源 V_{CC} 分压供给。在功放级输出功率大于 1W 时，基极偏置常采用自给偏置电路。利用发射极直流电流在发射极偏置电阻上产生所需的偏置的方法，称为自偏置。这种方法具有在输入信号幅度变化时自动稳定输出电压的作用。

输入回路满足：
$$e_b = -V_{BB} + V_{bm}\cos\omega t$$

与集电极馈电电路不同的是，基极的反向偏压既可以是外加的，也可以是由基极电流的直流分t场或发射极电流的直流分量场产生的。后者称为自给偏压。图 4 – 21a 所示为外加偏置的串联馈电形式，图 4 – 21b 所示为外加偏置的并联馈电形式。图 4 – 22 谐振功率放大器的自给反向偏置电路。图 4 – 22a 利用基极电流的直流分t场在基极电阻 R 上的压降产生自给负偏压。图 4 – 22b 利用发射极电流的直流分量场在 R 上的压降产生自给负偏压。其优点是利用发射极电流直流分量的负反馈作用，有利于工作状态的稳定。通常在功率放大器输出功率大于 1W 时，常采用自给偏置电路。

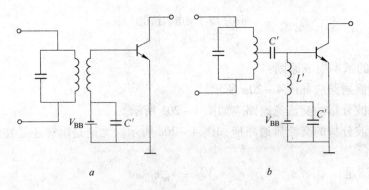

图 4 – 21　基极馈电电路的两种形式
a—串馈；b—并馈

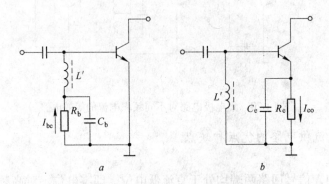

图 4 – 22　几种常用的产生基极偏压的方法
a—基极电流偏压电路；b—发射极电流偏压电路

4.6.2　输出回路和级间耦合回路

4.6.2.1　级间耦合网络

对于中间级而言，最主要的是应该保证它的电压输出稳定，以供给下级功放稳定的激励电压，而效率则降为次要问题。多级功放中间级的一个很大问题是后级放大器的输入阻抗是变化的，是随激励电压的大小及管子本身的工作状态变化而变化的。这个变化反映到前级回路，会使前级放大器的工作状态发生变化。此时，若前级原来工作在欠压状态，则由于负载的变化，其输出电压将不稳定。

对于中间级应采取以下措施：

（1）使中间级放大器工作于过压状态，使它近似为一个恒压源。

（2）降低级间耦合回路的效率。回路效率降低后，其本身的损耗加大。这样下级输入阻抗的变化相对于回路本身的损耗而言就不显得重要了。中间级耦合回路的效率一般为 $\eta_k = 0.1 \sim 0.5$，平均在 0.3 左右。也就是说，中间级的输出功率应为后一级所需激励功率的 3 ~ 10 倍。

4.6.2.2　输出匹配网络

输出匹配网络通常是指设备中末级功放与天线或其他负载间的网络，这种匹配网络有 L 形、Ⅱ 形、T 形网络及由它们组成的多级网络，也有用双调谐耦合回路的。

输出匹配网络的主要功能与要求是匹配、滤波、隔离和高效率。

高频调谐功率放大器的阻抗匹配就是在给定的电路条件下，改变负载回路的可调元件，将负载阻抗 Z_L 转换成放大管所要求的最佳负载阻抗 R_p，使管子送出的功率 P_0 尽可能多地馈至负载。这称为达到了匹配状态，或简称匹配。

A　Ⅱ 形匹配网络

图 4 - 23 所示为 Ⅱ 形网络形式之一（也可以用 T 形网络）。图 4 - 23 中 R_2 代表终端（负载）电阻，R_1 代表由 R_2 折合到左端的等效电阻，故接线用虚线表示。

（1）$X_{C_1} = \dfrac{R_1}{Q_L}$；

（2）$X_{C_2} = \dfrac{R_2}{\sqrt{\dfrac{R_2}{R_1}(Q_L^2 + 1) - 1}}$；

（3）$X_{L_1} = \dfrac{Q_L R_1}{Q_L^2 + 1}\left(1 + \dfrac{R_2}{Q_L X_{C_2}}\right)$。

图 4 - 24 所示为 Ⅱ 形网络形式之二（也可以用 T 形网络）。图 4 - 24 中 R_2 表示终端（负载）电阻，R_1 表示由 R_2 折合到左端的等效电阻，故接线用虚线表示。

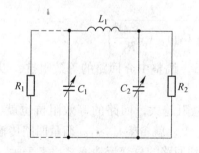

图 4 - 23　Ⅱ 形网络形式之一

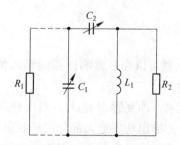

图 4 - 24　Ⅱ 形网络形式之二

$$X_{C_1} = \frac{R_1}{Q_L}$$

$$X_{C_2} = \frac{Q_L R_1}{Q_L^2 + 1}\left(\frac{R_2}{Q_L X_{C_2}} - 1\right)$$

$$X_{L_1} = \frac{R_2}{\sqrt{\dfrac{R_2}{R_1}(Q_L^2 + 1) - 1}}$$

B 复合输出回路

最常见的输出回路是复合输出回路，如图 4 – 25 所示。

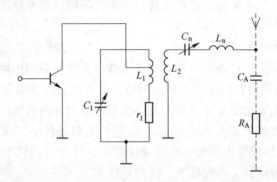

图 4 – 25 复合输出回路

这种电路是将天线（负载）回路通过互感或其他形式与集电极调谐回路相耦合。

图 4 – 25 中，介于电子器件与天线回路之间的 L_1、C_1 回路称为中介回路；R_A、C_A 分别表示天线的辐射电阻与等效电容；L_n、C_n 为天线回路的调谐元件，它们的作用是使天线回路处于串联谐振状态，以获得最大的天线回路电流 i_A，也就是使天线辐射功率达到最大。从晶体管集电极向右方看，等效为一个并联谐振回路，如图 4 – 26 所示。

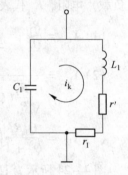

图 4 – 26 等效电路图

由耦合电路的理论可知，当天线回路调谐到串联谐振状态时，它反映到 L_1C_1 中介回路的等效电阻为：$r' = \dfrac{\omega^2 M^2}{R_A}$。

因而等效回路的谐振阻抗为：

$$R'_P = \frac{L_1}{C_1(r_1 + r')} = \frac{L_1}{C_1\left(r_1 + \dfrac{\omega^2 M^2}{R_A}\right)}$$

改变 M 就可以在不影响回路调谐的情况下，调整中介回路的等效阻抗，以达到阻抗匹配的目的。

耦合越紧，即互感 M 越大，则反映等效电阻越大，回路的等效阻抗也就下降越多。为了使器件的输出功率绝大部分能送到负载 R_A 上，就希望 $r' \gg r_1$。衡量回路传输能力优劣的标准，通常以输出至负载的有效功率与输入到回路的总交流功率之比来表示。该比值称为中介回路的传输效率（η_k），简称中介回路效率。

$$\eta_k = \frac{\text{回路至负载的总功率 } p_A}{\text{电子器件送至回路的总功率 } p_o} = \frac{I_k^2 r'}{I_k^2(r_1 + r')} = \frac{r'}{r_1 + r'} = \frac{(\omega M)^2}{r_1 R_A + (\omega M)^2}$$

无负载时的回路谐振阻抗：$R_p = \dfrac{L_1}{C_1 r_1}$，无负载时的回路 Q 值：$Q_0 = \dfrac{\omega L_1}{r_1}$。

有负载时的回路谐振阻抗：$R'_p = \dfrac{L_1}{C_1(r_1 + r')}$，有负载时的回路 Q 值：$Q_L = \dfrac{\omega L_1}{r_1 + r'}$。

$$\eta_k = \frac{r'}{r_1 + r'} = 1 - \frac{r_1}{r_1 + r'} = 1 - \frac{R'_p}{R_p} = 1 - \frac{Q_L}{Q_0}$$

式中，r' 为反射电阻；r_1 为回路损耗电阻。

从回路传输效率高的观点来看，应使 Q_L 尽可能的小。但从要求回路滤波作用良好来考虑，则 Q_L 值又应该足够大。从兼顾这两方面出发，Q_L 值一般不应小于 10。在功率很大的放大器中，Q_L 也有小于 10 的。

M 变化对工作状态的影响

$$R'_p = \frac{L_1}{C_1(r_1 + r')} = \frac{L_1}{C_1\left(r_1 + \dfrac{\omega^2 M^2}{R_A}\right)}, \ r' = \frac{\omega^2 M^2}{R_A}$$

总效率：
$$\eta = \frac{P_A}{P_=} = \frac{P_A}{P_o}\frac{P_o}{P_=} = \eta_k\eta_c$$

4.7 谐振功率放大器的应用举例

4.7.1 160MHz、13W 谐振功率放大电路

放大器的功率增益达 9dB，可向 50Ω 负载输出 13W 功率，电路如图 4 - 27 所示。

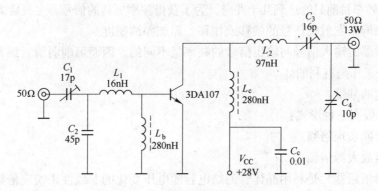

图 4 - 27 谐振功率放大电路例 1

基极采用自给偏置电路，I_{BO} 在 L_b 的直流电阻上产生很小的负向偏置电压，C_1、C_2、L_1 构成 T 形匹配网络，调节 C_1 和 C_2，使本级的输入阻抗等于前级放大器所要求的 50Ω 匹配电阻，以传输最大的功率。

集电极采用并馈电路。L_c 为高频扼流圈，C_C 为高频旁路电容。对于交流信号，放大器的输出端采用 L 形匹配网络，调节 C_3、C_4 可使 50Ω 的负载阻抗变换为功率放大管所要求的最佳匹配阻抗 R_p。

4.7.2 50MHz、25W 调谐功率放大电路

放大器的功率增益为 9dB，可给 50Ω 负载输出 25W 功率，电路如图 4 - 28 所示。

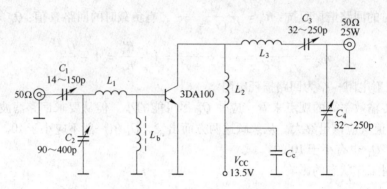

图4-28　谐振功率放大电路例2

　　该电路基极部分与图4-27相同，集电极的馈电是串馈形式，L_2不是高频扼流圈，而是网络元件，L_2、L_3、C_3、C_4构成Ⅱ形匹配网络。

4.8　晶体管倍频器

　　在发射系统中常采用晶体管丙类倍频器来获得所需要的发射信号频率。

　　采用倍频器的原因：

　　（1）降低主振器的频率，对频率稳定指标是有利的。

　　（2）为了提高发射信号频率的稳定程度，主振器常采用石英晶体振荡器，但限于工艺，石英谐振器的频率目前只能达到几十兆赫，为了获得频率更高的信号，主振后需要倍频。

　　（3）加大调频发射机信号的频移或相移，即加深调制度。

　　（4）倍频器的输入信号与输出信号的频率是不同的，因而可削弱前后级寄生耦合，对发射机的稳定工作是有利的。

　　（5）展宽通频带。

　　倍频器一般有三种形式：

　　（1）乘法器实现倍频。

　　（2）丙类放大器倍频。

　　（3）参量倍频器，是利用晶体管的结电容随电压变化的非线性来实现倍频。

4.8.1　丙类倍频器原理

4.8.1.1　原理框图

　　某系统发射信号频率为49MHz，该频率由16.333MHz三倍频而来。16.333MHz振荡器输出接激励级，若将输出负载回路调谐在三次谐波频率上，即可得到49MHz的发射频率（如图4-29所示）。

图4-29　倍频器原理图

4.8.1.2 晶体管丙类倍频电路与工作原理

R_b 为自偏电阻，也可用高频扼流圈代之，C_2 调整导通角，L、C 为调谐回路（图 4 - 30），调谐在输入信号的某次谐波频率上。丙类倍频器工作在丙类，因为丙类放大器的集电极电流 i_c 是一脉冲波形，电流含有输入信号的基频和高次谐频。输出回路调谐于某次谐波即可实现某次谐波的放大。导通角的大小要根据倍频器的倍频次数来选取，由余弦脉冲分解系数可看出，二次谐波系数的最大值对应在导通角 $\theta_c = 60°$ 附近，三次谐波系数的最大值所对应的导通角约为 $40°$，谐波次数更高时，导通角更小。倍频器一般工作在欠压和临界状态。

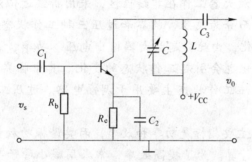

图 4 - 30　丙类倍频器的基本电路

4.8.2　丙类倍频器负载回路的滤波作用

丙类放大管集电极电流 i_c 的基波分量的振幅最大，二阶谐波次之，谐波次数愈高，其幅值也愈小。作为基波放大时，负载回路要滤除高次谐波分量还是比较容易的。但是，作为倍频器，要滤除的是幅值较大的低次谐波分量，这会有不少困难。

提高输出回路滤波作用的方法：

（1）提高回路的品质因数 Q_0，设倍频次数为 n，则输出调谐回路的 Q 需满足 $Q_0 > \pi 10n$，若 $n = 3$，则 $Q_0 > 95$。

（2）在输出回路旁并接吸收回路，吸收回路可调谐在信号基频上或其他特别要滤除的频率上（如图 4 - 31 所示）。

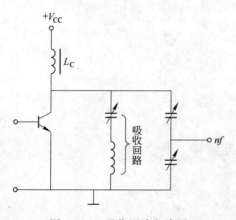

图 4 - 31　吸收回路电路图

（3）采用选择性好的带通滤波器作为负载回路。

（4）采用推挽倍频电路。

────────────── **本 章 小 结** ──────────────

（1）谐振功率放大器主要用来放大高频大信号，其目的是为了获得高功率和高效率输出的有用信号。

（2）谐振功率放大器的特点是晶体管基极为负偏压，即工作在丙类工作状态，其集电极电流为余弦脉冲状，由于负载为 LC 回路，则输出电压为完整正弦波。

（3）丙类谐振功率放大器工作在非线性区，采用折线近似法进行分析，根据晶体管是否工作在饱和状态而分为欠压、临界和过压三种工作状态。当负载电阻 R_p 变化时，其工作状态发生变化，由此引起放大器输出电压、功率、效率的变化特性称为负载特性。各极电压的变化也会引起工作状态的变化。其中临界工作时输出功率最大，效率也较高，欠压、过压工作状态主要用于调幅电路。过压工作状态也用于中间级放大。

（4）功率放大器的主要指标是功率和效率，丙类谐振功放利用折线化后的转换特性和输出特性进行分析计算。为了提高效率，常采用减小管子导通角和保证负载回路谐振的方法。

（5）一个完整的功率放大器由功放管、馈电电路和阻抗匹配电路等组成。阻抗匹配电路是保证功放管集电极调谐、负载阻抗和输入阻抗符合要求的电路。在给定功放管后，放大器的设计主要就是馈电电路和阻抗匹配电路的设计。

（6）功放管在高频工作时，很多效应都会表现出来，因此，理论分析与实际参数有一定误差，分布电阻、电感和电容等效应不可忽略，功放管的实际工作状态要由实验来调整。

本章重要概念

高频功率放大器　丙类工作状态　转移特性　输出特性　集电极效率　折线分析法　集电极余弦脉冲　动态特性　负载特性　导通角　馈电电路　输出回路　级间耦合回路　倍频器

5　正弦波振荡器

本章重点内容

- 正弦波振荡器的功能和分类
- 反馈型振荡器的电路形式和工作原理
- LC 三点式振荡器的相位平衡稳定条件的判别
- 振荡器频率稳定的措施
- 石英晶体振荡器的特点

5.1　概　　述

本章讨论的是自激式振荡器，它是在无须外加激励信号的情况下，能将直流电能转换成具有一定波形、一定频率和一定幅度的交变能量电路。振荡器在通信领域中的应用范围极广。在无线电通信、广播和电视发射机中，振荡器用来产生运载信息的载波信号；在超外差接收机中，振荡器用来产生"本地振荡"信号以便与接收的高频信号进行混频；在测量仪器中，振荡器作为信号发生器、时间标准、频率标准等应用。

振荡电路的分类振荡器的种类很多，按振荡器产生的波形，可分为正弦波振荡器和非正弦波振荡器。按产生振荡器的原理，可分为反馈型和负阻型两大类。反馈型是由放大器和具有选频作用的正反馈网络组成。负阻型是由具有负阻特性的两端有源器件与振荡回路组成。另外，反馈型振荡器按所采用的选频回路的性质又可分为 RC 振荡器和 LC 振荡器。振荡电路的主要技术指标是振荡频率、频率稳定度、振荡幅度和振荡波形等。对于每一个振荡器来说，首要的指标是振荡频率和频率稳定度。对于不同的设备，在频率稳定度上是有不同要求的。本章主要讨论反馈型振荡电路的振荡原理、反馈型振荡电路的基本组成与电路特点以及频率稳定原理。对负阻型振荡器的原理只做简单介绍。

在无线电通信和电子技术领域中，振荡器的应用非常广泛。

在无线电通信系统的发射机中，振荡器用来产生载波，以便将要传输的信号进行调制；在超外差接收设备中，振荡器做本振以便进行变频。此外，振荡器还广泛应用于电子仪器及信号源、数字系统中的时钟信号源等。

其要求是振幅尤其是振荡频率的准确性和稳定性。

对于高频加热设备和医用电疗仪器中的正弦交变能源，其要求是高效产生足够大的正弦交变功率，而对振荡频率的准确性和稳定性要求不高。当要求振荡器的振荡频率较低时，因为振荡频率低，意味着回路的电感、电容的数值大，则电路的体积增大，且制造损耗小的大电感是很难实现的。采用 RC 振荡器可避免出现这些问题，因而低频振荡器均采

用 *RC* 振荡器。

当要求振荡器的振荡频率较高时，*LC* 振荡器是适宜的。

5.2 反馈型振荡器的工作原理

实际中的反馈振荡器是由反馈放大器演变而来，如图 5 - 1 所示。

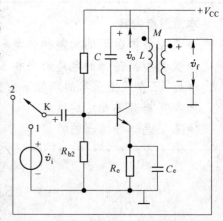

若开关 K 拨向"1"时，该电路则为调谐放大器，当输入信号为正弦波时，放大器输出负载互感耦合变压器 L_2 上的电压为 $\dot{v}_f$，调整互感 *M* 及同名端以及回路参数，可以使 $v_i = v_f$。

此时，若将开关 K 快速拨向"2"点，则集电极电路和基极电路都维持开关 K 接到"1"点时的状态，即始终维持着与 $\dot{v}_i$ 相同频率的正弦信号。这时，调谐放大器就变为自激振荡器。在电源开关闭合的瞬间，电流的跳变在集电极 *LC* 振荡电路中激起振荡。选频网络带宽极窄，在回路两端产生正弦波电压 $\dot{v}_o$，并通过互感耦合变压器反馈到基级回路，

图 5 - 1   自激振荡建立的物理过程

这就是激励信号。起始振荡信号十分微弱，但是由于不断对它进行放大—选频—反馈—再放大等多次循环，于是一个与振荡回路固有频率相同的自激振荡便由小到大地增长起来。

由于晶体管特性的非线性，振幅会自动稳定到一定的幅度。因此振荡的幅度不会无限增大。

从以上分析过程可知，反馈型自激振荡器的电路构成必须由三部分组成：

（1）包含两个（或两个以上）储能元件的振荡回路。

（2）可以补充由振荡回路电阻产生损耗的能量来源。

（3）使能量在正确的时间内补充到电路中的控制设备。

5.2.1 振荡器的起振条件

先讨论基本反馈环（图 5 - 2）：

$$\dot{A}_f = \frac{\dot{A}_o}{1 - \dot{A}_o \cdot \dot{F}}$$

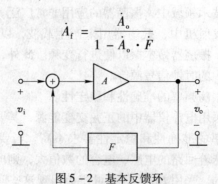

图 5 - 2   基本反馈环

式中，$\dot{A}_o = \dfrac{\dot{V}_o}{\dot{V}_i}\Big|_{\dot{V}_f}$，$F = \dfrac{v_f}{v_o}$。

若在某种情况下 $1 - \dot{A}_o \cdot \dot{F} = 0$ 时，此时即使没有输入信号（$V_i = 0$）时，放大器也有输出，电压放大器变为振荡器。要维持一定振幅的振荡，反馈系数 F 应设计得大一些，一般取 $\dfrac{1}{2} \sim \dfrac{1}{8}$，这样就可以使得在 $\dot{A}_o \dot{F} > 1$ 时的情况下起振。由上述分析可知，反馈型正弦波振荡器的起振条件是：

$$\begin{cases} A_o F > 1 \\ \varphi_A + \varphi_F = 2n\pi \quad (n = 0, \pm 1, \cdots) \end{cases}$$

其物理意义是：振幅起振条件要求反馈电压幅度 v_f 要一次比一次大，而相位起振条件则要求环路保持正反馈。起振过程中偏置电压的建立过程如图 5-3 所示。

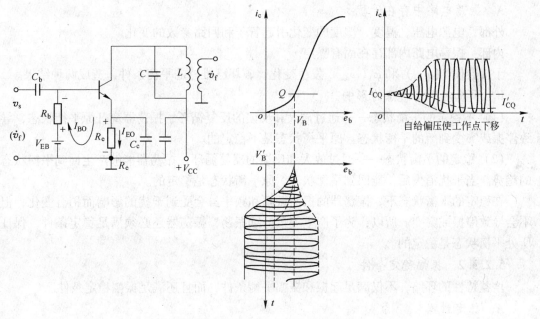

图 5-3 起振过程中偏置电压的建立

5.2.2 振荡器的平衡条件

平衡条件是指振荡已经建立，为了维持自激振荡必须满足的幅度与相位关系。平衡条件为：

$$\begin{cases} AF = 1 (振幅平衡) \\ \varphi_A + \varphi_F = 2n\pi \quad (n = 0, \pm 1, \cdots)(相位平衡) \end{cases}$$

在平衡条件下，反馈到放大管的输入信号正好等于放大管维持及所需的输入电压，从而保持反馈环路各点电压的平衡，使振荡器得以维持。

5.2.3 振荡器平衡状态的稳定条件

平衡状态的稳定条件，是指在外因作用下，平衡条件被破坏后，振荡器能自动恢复原

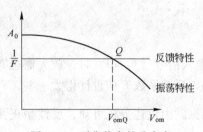

图5-4　平衡状态的稳定点

来平衡状态（图5-4）的能力。

　　假定某种因素使振幅增大超过了 V_{omQ}，这时 $A < \dfrac{1}{F}$，即出现了 $AF < 1$ 的情况，于是振幅就自动衰减而回到 V_{omQ}。反之，当某种因素使振幅小于 V_{omQ} 时，$A > \dfrac{1}{F}$，即出现 $AF > 1$ 的情况。于是振幅就自动增强，从而又回到 V_{omQ}。因此 Q 点是稳定平衡点。

　　上面所讨论的振荡平衡条件只能说明振荡能在某一状态平衡，但还不能说明这种平衡状态是否稳定。平衡状态只是建立振荡的必要条件，但还不是充分条件。已建立的振荡能否维持，还必须看平衡状态是否稳定。

5.2.3.1　问题的提出

A　振荡电路中存在干扰

外部：电源电压、温度、湿度的变化引起管子和回路参数的变化。

内部：振荡电路内部存在固有噪声。

干扰会使 $T(\omega_{osc})$ 和 $\varphi_T(\omega_{osc})$ 发生变化，破坏已维持的平衡条件，造成两种结果。

B　干扰对平衡状态的影响

（1）不稳定的平衡状态——通过放大和反馈的反复循环，振荡器离开原平衡状态，导致停振或突变到新的平衡状态。原平衡状态是不稳定的。

（2）稳定的平衡状态——通过放大和反馈的反复循环，振荡器能够产生回到平衡状态的趋势。当干扰消失后，能回到平衡状态。原平衡状态是稳定的。

　　在稳定的平衡状态下，振荡器的振荡振幅和频率虽会受到干扰的影响而稍有变化，但不会导致停振或突变。所以，为了产生等幅持续振荡，振荡器还必须满足稳定条件，保证所处平衡状态是稳定的。

5.2.3.2　振幅稳定条件

增益特性的环路，不仅满足起振和振幅平衡条件，而且还满足振幅稳定条件。

A　稳定过程

外因使 $AF \uparrow \rightarrow V_i \uparrow \rightarrow AF \downarrow$。

在 V'_{iA}，外因使 T 的增量与内因使 T 的减量相等，重新平衡。

B　环路增益存在两个平衡点的情况

如图5-5所示，振荡器存在两个平衡点 Q 和 B，其中 Q 点是稳定的，B 点是否稳定呢？

　　分析：若使 $V_i > V_{iB}$，则 $T(\omega_{osc})$ 随之增大，导致 V_i 进一步增大，从而更远离平衡点 B。最后到达平衡点 Q。

反之，若使 $V_i < V_{iB} \rightarrow T(\omega_{osc}) \downarrow \rightarrow V_i \downarrow$，直到停止振荡。

　　由此可见，这种振荡器不满足振幅起振条件，必须加大的电冲击，产生大于 V_{iB} 的起始扰动电压，才能进入平衡点 A，产生持续等幅振荡。

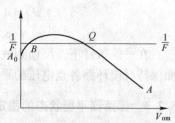

图5-5　振荡器的平衡稳定点

硬激励：靠外加冲击而产生振荡。

软激励：接通电源后自动进入稳定平衡状态。

C　振幅稳定条件

要使平衡点稳定，$T(\omega_{osc})$ 必须在 V_{iA} 附近具有负斜率变化，即随 V_i 增大而下降的特性：

$$\left.\frac{\partial T(\omega_{osc})}{\partial V_i}\right|_{V_{iA}} < 0$$

斜率越陡，则 V_i 的变化而产生的 $T(\omega_{osc})$ 变化越大，系统回到稳态的时间越短，调节能力越强。

5.2.3.3　相位（频率）稳定条件

A　$\varphi_T(\omega_{osc})$ 的偏移对振荡频率的影响

（1）相位平衡条件 $\varphi_T(\omega_{osc}) = 2n\pi(n = 0, 1, 2, \cdots)$，表明每次放大和反馈的电压与原输入电压同相。

（2）若某种原因使 $\varphi_T(\omega_{osc}) > 0$，则通过每次放大和反馈后的电压相位都将超前于原输入电压相位。由于正弦电压的角频率是瞬时相位对时间的导数（$\omega = \partial\varphi/\partial t$），因此，这种相位的不断超前表明振荡器的角频率将高于 ω_{osc}。

（3）反之，若某种原因使 $\varphi_T(\omega_{osc}) < 0$，则由于每次放大和反馈后的电压相位都要滞后于原输入电压相位，因而振荡频率将低于 ω_{osc}。

B　相位（频率）稳定的讨论

如果 $\varphi_T(\omega)$ 具有随 ω 增加而减小的特性（图 5-6），则必将阻止由外界因素引起的频率变化。

（1）若某种原因使 $\varphi_T(\omega_{osc}) > 0$，导致 $\omega > \omega_{osc}$，由于 $\varphi_T(\omega)$ 随之减小，V_i 的超前势必受到阻止，因而频率升高也受到阻止。

（2）若 $\varphi_T(\omega_{osc}) < 0$，使 $\omega < \omega_{osc}$，则由于 $\varphi_T(\omega)$ 随之增大，V_i 的滞后势必受到阻止，也就阻止了频率的减小。

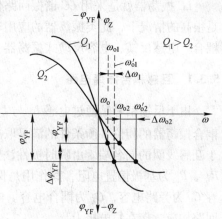

图 5-6　振荡器的相位特性

两种情况都通过不断放大和反馈，最后都在原振荡频率 ω'_{osc} 附近达到新的平衡，使 $\varphi(\omega'_{osc}) = 0$。

C　平衡过程

$$\varphi_T(\omega_{osc}) = 0 \xrightarrow{\text{干扰}} \varphi_{总} = \varphi_{干} + \varphi_T(\omega_{osc}) > 0 \rightarrow \omega\uparrow \rightarrow \varphi_T(\omega)\downarrow \rightarrow \varphi_{总}(\omega)\downarrow \xrightarrow{\text{反复循环}} \varphi_{总}(\omega)$$

$= 0$，达到新的平衡，ω'_{osc} 干扰消失后，$\varphi_T(\omega'_{osc}) < 0 \rightarrow \omega\uparrow$，反复循环，$\varphi_T(\omega_{osc}) = 0$，复原。

D　相位稳定条件

$$\left.\frac{\partial\varphi_T(\omega)}{\partial\omega}\right|_{\omega = \omega_{osc}} < 0$$

相角 $\varphi_T(\omega)$ 在 ω_{osc} 附近有负斜率变化，斜率越陡，说明很小的振荡频率变化就可抵消干扰引起的 $\varphi_T(\omega)$ 的变化，干扰引起的频率波动就越小。

如果 $\varphi_T(\omega)$ 随频率的增大而增大，说明加剧振荡频率的变化，无法实现新的相位平衡。

E 举例说明变压器耦合振荡电路如何满足相位平衡条件

电路中，$\varphi_T(\omega)$ 由两部分组成：

（1）放大器输出电压对输入电压的相移 $\varphi_A(\omega)$

（2）反馈网络反馈电压对的相移 $\varphi_f(\omega)$，即

$$\varphi_T(\omega) = \varphi_A(\omega) + \varphi_f(\omega)$$

$\varphi_A(\omega)$ 除放大管相移外，主要是并联谐振回路的相移 $\varphi_z(\omega)$，它在谐振频率附近随 ω 的变化较快，相比之下，$\varphi_f(\omega)$ 随 ω 的变化十分缓慢，可认为它与 ω 无关。故 $\varphi_z(\omega)$ 随 ω 变化的特性可表示 $\varphi_T(\omega)$ 随 ω 变化的特性。

$$\varphi_z(\omega) \approx - \arctan \frac{2(\omega - \omega_0)}{\omega_0} Q_e$$

式中　ω_0——谐振频率；

　　　Q_e——有载品质因数。

由此可见，在实际振荡电路中，是依靠具有负斜率相频特性的谐振回路来满足相位稳定条件的，且 $Q_e\uparrow$，$\varphi_z(\omega)$ 随 ω 的变化斜率越大，频率稳定度越高。

5.3　反馈型 *LC* 振荡器

LC 振荡器就是采用 *LC* 谐振回路作为选频网络的一类振荡器。在振荡频率的稳定度不是很高的情况下，此类振荡器的应用非常广泛。按照反馈耦合的元件的不同，可分为互感耦合、电感反馈、电容反馈式振荡器。

5.3.1　互感耦合振荡电路

由于反馈信号是通过电感 L_1 与 L_2 之间的互感得到的，故称为互感耦合振荡器。互感耦合振荡器的相位平衡条件的满足取决于互感的极性。换句话说，就是正反馈的实现取决于互感线圈的同名端。由瞬时极性法可以判断出图 5－7 中同名端实现的是正反馈。电阻 R_{b1}、R_{b2} 为基极偏置电阻，其作用是保证电路起振时工作于甲类放大状态，便于起振。电容 C_b 为旁路电容，C_e 为耦合电容。电路的组态为共基接法。调谐回路主要由回路 C、L_1 回路构成，接在集电极上。

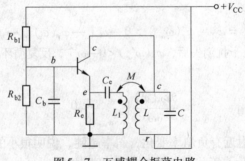

图 5－7　互感耦合振荡电路

互感耦合振荡器的优点是电路结构较简单，易起振，易调节振荡频率，输出电压较大。其缺点是由于分布电容的存在以及变压器的存在，振荡频率不高，频率的稳定度也不

是很高。一般在高频段较少使用。

互感耦合振荡器的调谐回路还可以接在基极和发射极（图 5-8）。

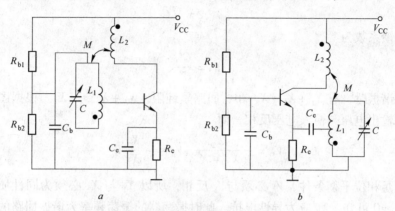

图 5-8　互感耦合振荡器的调谐回路

a—调基电路；*b*—调发电路

5.3.2　电容反馈振荡电路（考毕兹电路 Colpitts）

它的交流通路如图 5-9 所示。晶体管的三个电极分别接 *LC* 回路，反馈电压取自电容 C_2，故又称电容三点式振荡器。X_{be}、X_{ce} 为电容 C_2、C_1，X_{cb} 为电感 L，显然满足三点式电路的组成原则。电感 *LC* 为高频扼流圈，其作用是防止电路中的高频成分进入直流电源而影响前级电路的正常工作。

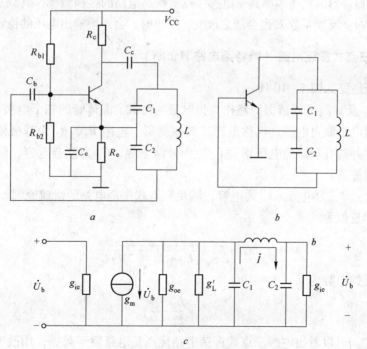

图 5-9　电容三点式振荡电路

a—原理电路；*b*—等效电路；*c*—晶体管内部等效电路

电路的振荡频率近似为

$$f_o \approx \frac{1}{2\pi\sqrt{LC}}$$

电压反馈系数为

$$F = \frac{C'_1}{C'_2}$$

当回路谐振时，有 $X_1 + X_2 + X_3 \approx 0$，回路呈纯阻，$X_2 + X_3 \approx -X_1$。根据图中规定的电压正方向，输出电压与输入电压反相，而

$$\dot{V}_f = \frac{jX_2}{j(X_2 + X_3)}\dot{V}_o \approx -\frac{X_2}{X_1}\dot{V}_o$$

为了满足相位平衡条件，$\dot{V}_f$ 必须与 $\dot{V}_o$ 反相，所以 X_1 与 X_2 必须为同性质电抗，另由 $X_1 + X_2 + X_3 \approx 0$ 可知，X_3 应为异性电抗。此时振荡器的振荡频率为谐振回路的谐振频率。

考虑三极管输入和输出阻抗的影响，上述组成法则仍成立，其区别仅在于，此时 $\dot{V}_f$ 与 $\dot{V}_o$ 不再反相，而是在 $-\pi$ 上附加了一个相移，因而为了满足相位平衡条件，$\dot{V}_o$ 对 $\dot{V}_i$ 的相移也应在 $-\pi$ 上附加数值相等、符号相反的相移。此时振荡频率已不等于回路固有谐振频率，而是稍有偏离。

电容三点式振荡器的优点是输出波形好。这是由于反馈电压取自电容支路，而电容对高次谐波的阻抗很小，因而输出波形中由非线性产生的高次谐波的成分较小。当振荡频率较高时，可以直接利用晶体管的输入电容及输出电容作为回路元件，但振荡频率的稳定度不会太高。该类振荡器的振荡频率高于电感三点式振荡电路的振荡频率。其缺点是改变电容来调节振荡频率时，反馈系数 F 也会随之改变，严重时，会影响输出电压的稳定和起振条件。

5.3.3　电感三点式振荡电路（哈特莱电路 Hartley）

它的交流通路如图 5 – 10 所示。

由 L_1、L_2 及 C 组成的谐振回路作为集电极的负载。晶体管的三个电极接 LC 回路的三个端点，反馈电压取自电感，也称电感反馈振荡器。电阻 R_1、R_2 为基极偏置电阻，使电路便于起振，并具有较高的电压增益。C_b 为旁路电容，C_e 为耦合电容，防止直流时电感将发射极对地短路。

显然，X_{be}、X_{ce} 为电感，X_{cb} 为电容，满足三点式振荡电路的组成原则。

振荡频率近似为

$$f_0 = \frac{1}{2\pi\sqrt{(L_1 + L_2 + 2M)C}}$$

电路的反馈系数为

$$F = \frac{L_2 + M}{L_1 + M}$$

综上所述，可以看出电感三点式振荡电路优点是电路便于起振；用改变电容的方法调整振荡频率时，不会改变反馈系数，因而也基本不会影响输出电压的幅度，故调整振荡频率方便。其缺点是由于反馈信号取自电感，而电感对于高次谐波呈现高阻抗，故输出波形

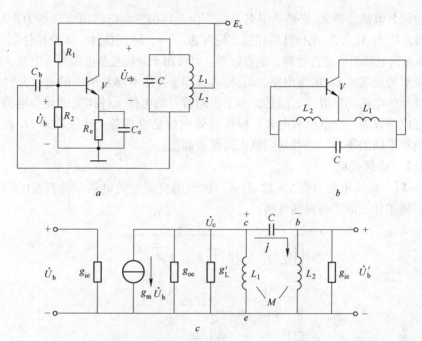

图 5 – 10 电感三点式振荡电路及其交流通路

a—原理电路；*b*—等效电路；*c*—晶体管内部等效电路

的高次谐波成分较多，输出波形不够好；由于 L_1、L_2 上的分布电容及晶体管的结电容都与它们并联，当工作频率很高时，分布参数的影响会很严重，甚至可能使 F 衰减到不满足起振条件。因此，振荡频率不宜过高。

5.3.4 *LC* 三点式振荡器相位平衡条件的判断准则

LC 三点式振荡器如图 5 – 11 所示。

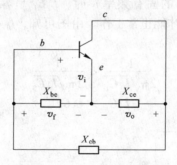

图 5 – 11 *LC* 三点式振荡器

5.3.4.1 判断三点式振荡器是否满足相位平衡条件的基本准则

当回路元件的电阻很小时，可以忽略其影响，同时也忽略三极管的输入阻抗与输出阻抗的影响，则电路要振荡必须满足条件：

$$X_{be} + X_{ce} + X_{cb} = 0$$

对于振荡管而言，其集电极电压与基极输入电压是反相的，二者相差 180°，为了满足振荡系统的相位平衡条件，反馈系数 F 也必须产生 180° 相位差。为此，X_{be} 与 X_{ce} 必须性质相同，即为同名电抗，则 X_{cb} 必然为异名电抗。由此得出三端电路组成法则为：X_{be}、X_{ce} 电抗性质相同，X_{cb} 与 X_{be}、X_{ce} 电抗性质相反。简言之，"ce，be 同抗件，cb 反抗件"，以此准则可迅速判断振荡电路组成是否合理，能否起振。也可用于分析复杂电路与寄生振荡现象。

许多变形的三端式 LC 振荡电路，X_{cb} 与 X_{be}、X_{ce} 往往不都是单一的电抗元件，而是可以由不同符号的电抗元件组成。但是，多个不同符号的电抗元件构成的复杂电路，在频率一定时，可以等效为一个电感或电容。根据等效电抗是否具备上述三端式 LC 振荡器电路相位平衡判断准则的条件，便可判明该电路是否起振。

5.3.4.2　举例说明

【例 5-1】　振荡电路如图 5-12 所示，试画出交流等效电路，并判断电路在什么条件下起振，属于什么形式的振荡电路。

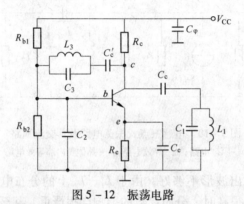

图 5-12　振荡电路

解：（1）根据画交流等效电路的原则，将所有偏置视为开路，将耦合电容、交流旁路电容视为短路。该电路的交流等效电路如图 5-13 所示。

（2）由交流等效电路可知，由于 X_{eb} 为容性电抗，为了满足三端电路相位平衡判断准则，X_{ce} 也必须呈容性。同理，X_{cb} 应呈感性。根据并联谐振回路的相频特性（图 5-14），当振荡频率 $f_0 > f_1$（回路 L_1C_1 的固有频率）时，L_1C_1 呈容性。根据 $X_{be} + X_{ce} + X_{bc} = 0$，$L_3C_3$ 回路应呈感性，振荡电路才能正常工作。由图可知，$f_0 < f_3$ 时可以振荡，等效为电容三端振荡电路。其条件可写为：

$$\frac{1}{2\pi\sqrt{L_1C_1}} < \frac{1}{2\pi\sqrt{L_3C_3}}$$

即

$$L_1C_1 > L_3C_3$$

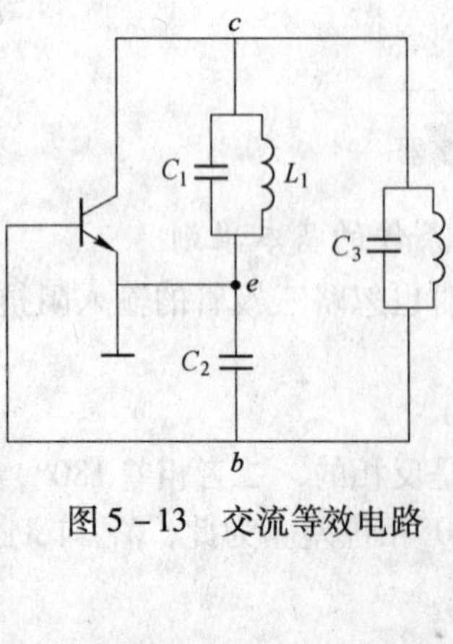

图 5-13　交流等效电路 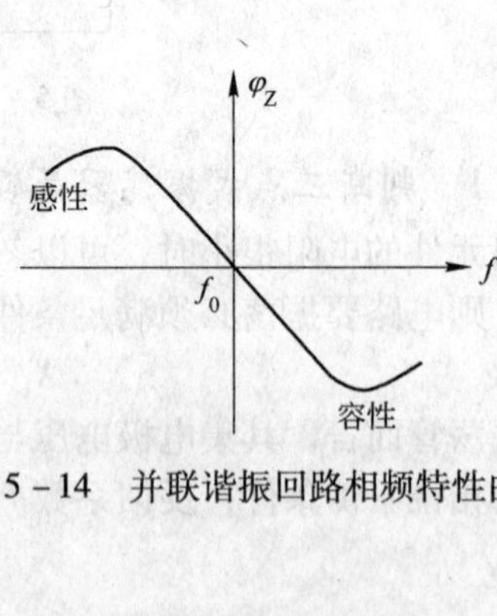　　　　图 5-14　并联谐振回路相频特性曲线

【例 5 – 2】 有一振荡器的交流等效电路（图 5 – 15）。已知回路参数 $L_1C_1 > L_2C_2 > L_3C_3$，试问该电路能否起振，等效为哪种类型的振荡电路？其振荡频率与各回路的固有谐振频率之间有何关系？

解： 该电路要振荡必须满足相位平衡判断准则。先假定 X_{ce}、X_{eb} 均为电感，则 X_{cb} 应为电容。

根据已知条件 $L_1C_1 > L_2C_2 > L_3C_3$，则有 $f_1 < f_2 < f_3$，若 X_{ce}、X_{eb} 为电感，则应 $f_0 < f_1$，$f_0 < f_2$，同时 $f_0 > f_3$，由已知条件看出，f_0 不可能同时大于 f_3 小于 f_2，故不成立。

若 X_{ce}、X_{eb} 同为电容，则 $f_0 > f_2 > f_1$，同时应 $f_0 < f_3$，由已知条件知振荡频率可满足该条件，即 $f_1 < f_2 < f_0 < f_3$，所以，该电路应为电容三端振荡器。

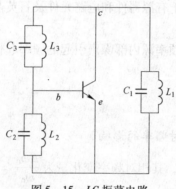

图 5 – 15 *LC* 振荡电路

5.4 振荡器的频率稳定原理

电容三点式振荡器的优点是输出波形好。这是由于反馈电压取自电容支路，而电容对高次谐波的阻抗很小，因而输出波形中因非线性产生的高次谐波的成分较小。当振荡频率较高时，可以直接利用晶体管的输入电容及输出电容作为回路元件，但振荡频率的稳定度不会太高。该类振荡器的振荡频率高于电感三点式振荡电路的振荡频率。其缺点是改变电容来调节振荡频率时，反馈系数 F 也会随之改变，严重时，会影响输出电压的稳定和起振条件。

引起振荡频率变化的主要原因有电源电压的变化，电路参数的变化，元器件的老化，温度及气候的变化，机械振动以及外界磁场的干扰和电路内部的噪声等。当这些因素变化时，将引起晶体管的输入、输出电阻和结电容的变化，从而引起振荡频率发生变化。同样，这些因素的变化也会引起回路元件参数变化，导致振荡频率不稳定。

5.4.1 频率稳定度的定义

频率稳定度是指由于外界条件的变化，振荡器工作频率偏离理论值的程度。它是振荡器重要指标之一。

定义：在一定时间间隔内，振荡频率的相对变化量，并有

绝对偏差
$$\Delta f = f_1 - f_0$$

相对偏差
$$\frac{\Delta f}{f_0} = \frac{f_1 - f_0}{f_0}$$

振荡频率的稳定度按测试的时间间隔可分为长期、短期及瞬时频率稳定度。

长期频稳度：在一天以上至几个月内振荡频率的相对变化，不稳定因素是元器件的老化。

短期频稳度：在一天之内振荡频率的偏差，影响因素为环境温度，电源波动，元件参数不稳定。

瞬时频稳度：在秒或毫秒范围内振荡频率的相对变化，不稳定因素是由干扰、噪声引起的频率抖动。

通信电路中最关心的是短期频稳度。短期频率稳定度主要与温度变化、电源电压变化和电路参数不稳定性等因素有关。

长期频率稳定度主要取决于有源器件和电路元件及石英晶体和老化特性，与频率的瞬间变化无关。

瞬间频率稳定度主要是由频率源内部噪声引起的频率起伏，它与外界条件和长期频率稳定度无关。

5.4.2   影响稳定度的因素

5.4.2.1   振荡回路参数对频率的影响

因为振荡频率 $\omega_0 \approx \dfrac{1}{\sqrt{LC}}$，其相对频率变化量为 $\dfrac{\Delta\omega_0}{\omega_0} = -\dfrac{1}{2}\left(\dfrac{\Delta L}{L} + \dfrac{\Delta C}{C}\right)$。

显然，LC 如有变化，必然引起振荡频率的变化。影响 L 与 C 变化的因素有元件的机械变形，周围温度变化的影响，湿度、气压的变化等。因此，为了维持 L 与 C 的数值不变，首先，应选取标准性高、不易发生机械变形的元件；其次，应尽量维持振荡器的环境温度恒定，因为当温度变化时，不仅会使 L 和 C 的数值发生变化，而且会引起电子器件参数变化。因此高稳定度振荡器可封闭在恒温箱内，L 和 C 采用温度系数低的材料制成。此外，还可以采用温度补偿法，使 L 与 C 的变化量 ΔL 与 ΔC 相互抵消，以维持恒定的振荡频率。

5.4.2.2   回路品质因素 Q 值对频率的影响

如图 5 - 16 所示，Q 值越高，则相同的相角变化引起频率偏移越小。

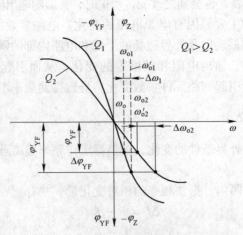

图 5 - 16   相角变化对频率的影响

5.4.2.3 有源器件的参数对频率的影响

振荡管为有源器件，若它的工作状态（电源电压或周围温度等）有所改变，则有：

$$f_o = \frac{1}{2\pi\sqrt{\dfrac{1}{LC}\left(\dfrac{\Delta h}{h_i}\gamma + 1\right)}} \approx \frac{1}{2\pi\sqrt{\dfrac{1}{LC}}}$$

如果晶体管参数 Δh 与 h_i 发生变化，就会引起振荡频率改变。

另外，当外界因素（如电源电压、温度、湿度等）变化时，这些参数随之而来的变化就会造成振荡器频率的变化。

5.4.3 振荡器的稳频措施

5.4.3.1 振荡频率变化的原因

引起振荡频率变化的主要原因有电源电压的变化，电路参数的变化，元器件的老化，温度及气候的变化，机械振动以及外界磁场的干扰和电路内部的噪声等。当这些因素变化时，将引起晶体管的输入、输出电阻和结电容的变化，从而引起振荡频率发生变化。同样，这些因素的变化也会引起回路元件参数变化而导致振荡频率不稳定。

5.4.3.2 稳频措施

A　提高振荡回路的标准性

防止外界因素对元器件的影响，这里主要指温度的影响，如使用恒温槽；另外，采取屏蔽、防振。

B　减少晶体管的影响

使管子与回路处于松耦合，接入系数小，减少极间电容对频率的影响，另外，选择 f_T 较高的晶体管，高频性能较好。

C　提高回路品质因数

首先要有负斜率的相频特性，在此基础上 Q_L 越高，负斜率越大，相位越稳定，即频率越稳定，通过缩短引线，可减小损耗，达到前面分析的 L_o 振荡器频稳度。通常，频稳度为 10^{-3} 量级，改进电路频稳度为 10^{-4} 量级。它受到回路标准性的限制，改用晶体可提高频稳度。

D　减少电源负载等的影响

采取稳压措施，为减小加载后使回路品质因数减小而带来的频率稳定度下降，负载可以小的接入系数接入或在负载和回路之间加射极跟随器。

5.5　石英晶体振荡器

克拉泼电路和西勒电路的频率稳定度较高，是因为接入小电容 C_3。由于回路电感的 Q 值不可能做得很高，因而限制了 C_3 的进一步减小，其频稳度只能达 10^{-4} 量级。对于稳定度要求更高的振荡器，必然要将 C_3 减小到很小，同时要将电感的 Q 值提高到很大。石英晶体振荡器频率稳定度可达 $10^{-5} \sim 10^{-11}$ 量级。石英晶体振荡器频率稳定度可达 $10^{-5} \sim 10^{-11}$ 量级。

其原因如下：

（1）石英晶体谐振器具有很高的标准性，即串联谐振频率 f_s 与并联谐振频率 f_p 非常接近（$f_s = 1.0026\text{MHz}$，$f_p = 1.0036\text{MHz}$），且石英晶体的稳定性使 f_s 十分稳定，而石英晶体振荡器的振荡频率主要取决于石英晶体的谐振频率。

（2）石英晶体与外电路的接入系数 p 很小，$p \approx c_q/(c_o + c_q)$，一般为 $10^{-3} \sim 10^{-4}$，大大减少了极间电容对振荡频率的影响，从而提高频率稳定度。

（3）石英晶体谐振器具有非常高的 Q 值，一般为 $10^4 \sim 10^6$，Q 值越高，φ_L 负斜率越陡，维持振荡频率稳定的能力越强。

5.5.1　石英晶体及其特性

石英晶体具有正反压电效应。当晶体几何尺寸和结构一定时，它本身有一个固有的机械振动频率。当外加交流电压的频率等于晶体的固有频率时，晶体片的机械振动最大，晶体表面电荷量最多，外电路中的交流电流最强，于是产生了谐振。

石英晶振的固有频率十分稳定，它的温度系数（温度变化 1℃ 所引起的固有频率相对变化量）在 10^{-6} 以下。

石英晶振的振动具有多谐性，有基频振动和奇次谐波泛音振动。前者称为基频晶体，后者称为泛音晶体。晶体厚度与振动频率成反比，工作频率越高，要求晶片越薄。机械强度越差，加工越困难，使用中也易损坏。

石英晶体具有以下特点：

（1）石英晶体等效的谐振回路具有很高的标准性。这源于它十分稳定的物理性及化学性。

（2）石英晶体等效的谐振回路具有很高的 Q 值。

（3）在串并联谐振频率之间很窄的频段内，呈感性且具有很陡峭的电抗特性曲线，具有灵敏的频率补偿能力。

5.5.2　石英晶体的阻抗频率特性

安装电容 C_0，约 $1 \sim 10\text{pF}$；动态电感 L_q，约 $10^3 \sim 10^2\text{H}$；动态电容 C_q，约 $10^{-4} \sim 10^{-1}\text{pF}$；动态电感 r_q，约几十到几百欧。

由以上参数可以看出：

（1）因 $Q_q = \dfrac{1}{r_q}\sqrt{\dfrac{L_q}{C_q}} = \dfrac{1}{r_q}\rho$，而 L_q 较大，C_q 与 r_q 很小，石英晶振的 Q 值和特性阻抗 ρ 都非常高。Q 值可达几万到几百万。

（2）由于石英晶振的接入系数 $P = C_q/(C_0 + C_q)$ 很小，所以外接元器件参数对石英晶振的影响很小。由图 5-17b 可以看出，石英晶振可以等效为一个串联谐振回路和一个并联谐振回路。

串联谐振频率：

$$f_q = \frac{1}{2\pi\sqrt{L_q C_q}}$$

并联谐振频率：

$$f_p = \frac{1}{2\pi\sqrt{L_q \dfrac{C_0 C_q}{C_0 + C_q}}} = \frac{f_q}{\sqrt{\dfrac{C_0}{C_0 + C_q}}} = f_q\sqrt{1 + \frac{C_q}{C_0}}$$

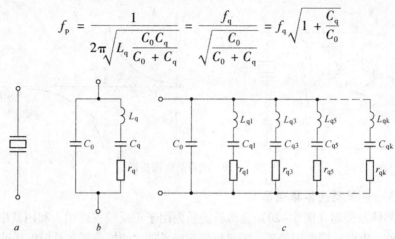

图 5–17　石英晶体振荡器电路表示

a—符号；b—基频等效电路；c—完整等效电路石英晶体谐振

5.5.3　石英晶体振荡电路举例

5.5.3.1　皮尔斯（Pierce）振荡电路

振荡回路（图 5–18）与晶体管、负载之间的耦合很弱，振荡频率几乎由石英晶振的参数决定，而石英晶振本身的参数具有高度的稳定性。

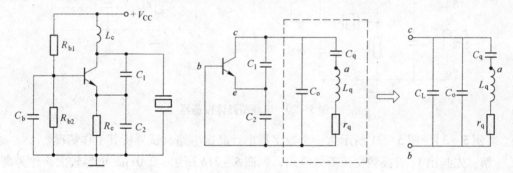

图 5–18　皮尔斯振荡电路及其等效电路

由于振荡频率 f_0 一般调谐在标称频率 f_N 上，位于晶振的感性区间，电抗曲线陡峭，频稳性能极好。由于晶振的 Q 值和特性阻抗 ρ 都很高，所以晶振的谐振电阻也很高，一般可达 $10^{10}\Omega$ 以上。这样即使外电路接入系数很小，此谐振电阻等效到晶体管输出端的阻抗仍很大，使晶体管的电压增益能满足振幅起振条件的要求。

5.5.3.2　泛音晶体振荡电路

并联型泛音晶体振荡电路（图 5–19），假设泛音晶振为 5 次泛音，标称频率为 5MHz，基频为 1MHz，则 LC_1 回路必须调谐在 3 次和 5 次泛音频率之间。

在 5MHz 频率上，LC_1 回路呈容性，振荡电路满足组成法则，而对于基频和 3 次泛音频率来说，LC_1 回路呈感性，电路不符合组成法则，不能起振。而在 7 次及其以上泛音频率，LC_1 回路虽呈容性，但等效容抗减小，从而使电路的电压放大倍数减小，环路增益小于 1，不满足振幅起振条件。LC_1 回路的电抗特性如图 5–19 所示。

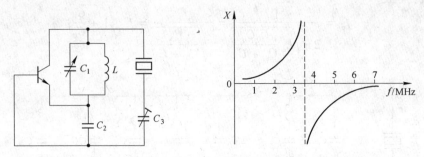

图 5 – 19　泛音晶体振荡器

5.5.3.3　串联型晶体振荡器

串联型晶体振荡器（图 5 – 20）是将石英晶振用于正反馈支路中，利用其串联谐振时等效为短路元件，电路反馈作用最强，满足振幅起振条件，使振荡器在晶振串联谐振频率 f_q 上起振。这种振荡器与三点式振荡器基本类似，只不过在正反馈支路上增加了一个晶振。

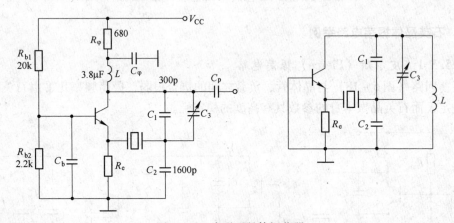

图 5 – 20　串联型晶体振荡器

【例 5 – 3】　图 5 – 21 所示为一个数字频率计晶振电路，试分析其工作情况。

解：先画出 V_1 管高频交流等效电路，如图 5 – 21b 所示，0.01μF 电容较大，作为高频旁路电路，V_2 管是射随器。

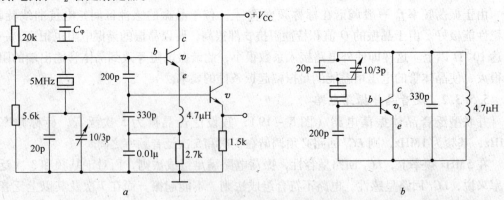

图 5 – 21　数字频率计晶振电路

a—数字频率计晶振电路；b—高频交流等效电路

由高频交流等效电路可以看出，V_1 管的 c、e 极之间有一个 LC 回路，其谐振频率为

$$f_0 = \frac{1}{2\pi\sqrt{4.7 \times 10^{-6} \times 330 \times 10^{-12}}} \approx 4.0\text{MHz}$$

所以，在晶振工作频率 5MHz 处，此 LC 回路等效为一个电容。可见，这是一个皮尔斯振荡电路，晶振等效为电感，容量为 $3 \sim 10$pF 的可变电容起微调作用，使振荡器工作在晶振的标称频率 5MHz 上。

【例 5 – 4】 已知石英晶体振荡电路（如图 5 – 22 所示），试求：

（1）画出振荡器的高频等效电路，并指出电路的振荡形式。

（2）若把晶体换为 1MHz，该电路能否起振，为什么？

（3）求振荡器的振荡频率。

（4）指出该电路采用的频稳措施。

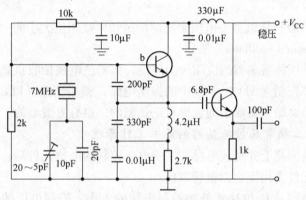

图 5 – 22　石英晶体振荡电路

高频等效电路如图 5 – 23 所示。

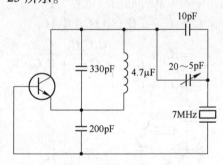

图 5 – 23　高频等效电路

解： 因为石英晶体的标称频率为 9MHz，所以该振荡器的工作频率为 9MHz。要想电路起振，ce 间必须呈容性，4.9μH 和 330pF 并联回路的谐振频率为：

$$f_0 = \frac{1}{2\pi\sqrt{LC}} = \frac{1}{2\pi\sqrt{4.7 \times 10^{-6} \times 330 \times 10^{-12}}}$$

$$= \frac{1}{6.28 \times 39.4} \times 10^9$$

$$= 4.04 \times 10^6 = 4\text{MHz}$$

$f_0 = 4\mathrm{MHz} > 1\mathrm{MHz}$，回路对于 $1\mathrm{MHz}$ 呈感性，不满足三点法则，所以把晶体换为 $1\mathrm{MHz}$，该电路不能起振。

该电路采用的频稳措施有：

（1）采用晶体振荡的克拉波电路；

（2）振荡与射级跟随器是松耦合；

（3）用射级跟随器进行隔离；

（4）电源进行稳压，以保晶体管参数的稳定性。

5.6   其他形式的振荡器

5.6.1   压控振荡器

压控振荡器（VCO）是以某一电压来控制振荡频率或相位大小的一种振荡器，常以符号 VCO（voltage controlled oscillator）表示。

在电子设备中，压控振荡器的应用极为广泛，如彩色电视接收机高频头中的本机振荡电路、各种自动频率控制（AFC）系统中的振荡电路、锁相环路（PLL）中所用的振荡电路等均为压控振荡器。振荡器输出的波形有正弦型的，也有方波型的。

5.6.1.1   变容二极管压控振荡器的基本工作原理

在振荡器的振荡回路上并接或串接某一受电压控制的电抗元件后，即可对振荡频率实行控制。受控电抗元件常用变容二极管取代。

变容二极管的电容量 C_j 取决于外加控制电压的大小，控制电压的变化会使变容管的 C_j 变化，C_j 的变化会导致振荡频率的改变。图 5-24 中，若 C_1、C_2 值较大，C_4 又是隔直电容，容量很大，则振荡回路中与 L 相并联的总电容为：

$$C = C_\mathrm{j} + \left[C_3(\text{串}) C_2(\text{串}) C_1 \right]$$
$$= C_\mathrm{j} + \frac{C_1 C_2 C_3}{C_1 C_2 + C_2 C_3 + C_1 C_4}$$
$$= C_\mathrm{j} + C'$$

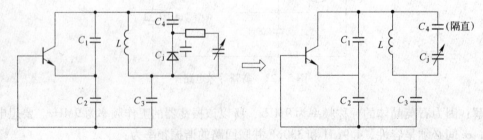

图 5-24   变容二极管压控振荡器

变容管是利用半导体 PN 结的结电容受控于外加反向电压的特性而制成的一种晶体二极管，它属于电压控制的可变电抗器件，其压控特性的典型曲线如图 5-25 所示。图中，反向偏压从 3V 增大到 30V 时，结电容 C_j 从 19pF 减小到 3pF，电容变化比约为 6 倍。

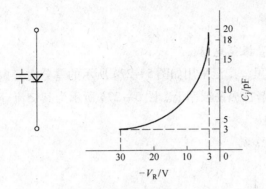

图 5-25 压控特性的典型曲线

对于不同的 C_j，所对应的振荡频率为

$$f_{min} = \frac{1}{2\pi\sqrt{C_{jmax} + C'}} \quad (V_R \text{ 为最小}), f_{max} = \frac{1}{2\pi\sqrt{L(C_{jmin} + C')}} \quad (V_R \text{ 为最大})$$

通常，将 f_{max} 和 f_{min} 的比值称为频率覆盖系数，以符号 K_f 表示，上述振荡回路的频率覆盖系数为：

$$K_f = \frac{f_{max}}{f_{min}} = \sqrt{\frac{C_{jmax} + C'}{C_{jmin} + C'}}$$

5.6.1.2 VCO 的实际电路

某彩色电视接收机 VHF 调谐器中第 6~12 频段的本振电路如图 5-26 所示。电路中，控制电压 V_C 为 0.5~30V，改变这个电压，就使变容管的结电容发生变化，从而获得频率的变化。由图 5-26b 可看出，这是一典型的西勒振荡电路。振荡管呈共集电极组态，振荡频率为 190~220MHz。这种通过改变直流电压来实现频率调节的方法，一般称为电调谐。与机械调谐相比，它有很大的优越性。

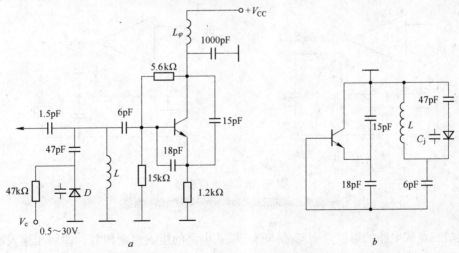

图 5-26 电视接收机 VHF 本振电路

5.6.2 集成电路振荡器

5.6.2.1 差分对管振荡电路

在集成电路振荡器里，广泛采用如图 5-27a 所示的差分对管振荡电路，其中 V_2 管集电极外接的 LC 回路调谐在振荡频率上。图 5-27b 所示为其交流等效电路，图中 R_{ce} 为恒流源 I_0 的交流等效电阻。

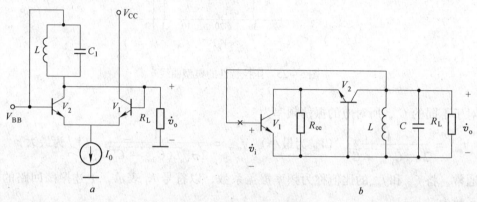

图 5-27 差分对管振荡电路

这是共集-共基反馈电路。由于共集电路与共基电路均为同相放大电路，且电压增益可调至大于 1，根据瞬时极法判断，在 V_1 管基极断开，有 $v_{b1} \rightarrow \uparrow v_{be}(v_{e2}) \rightarrow \uparrow v_{c2} \rightarrow \uparrow v_{b1} \uparrow$，所以是正反馈。在振荡频率点，并联 LC 回路阻抗最大，正反馈电压 $v_f(v_o)$ 最强，且满足相位稳定条件。

5.6.2.2 运放振荡器

由运算放大器代替晶体管可以组成运放振荡器（图 5-28），其振荡频率为：

$$f_0 = \frac{1}{2\pi\sqrt{(L_1 + L_2 + 2M)C}}$$

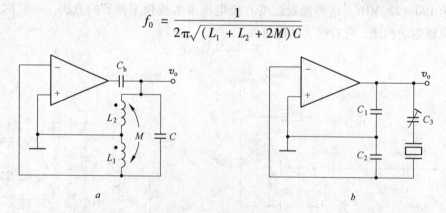

图 5-28 运放振荡器

a—电感三点式运放振荡器；b—运放皮尔斯电路

运放三点式电路的组成原则与晶体管三端式电路的组成原则相似，即同相输入端与反相输入端、输出端之间是同性质电抗元件，反相输入端与输出端之间是异性质电抗元件，运放振荡器电路简单，容易调整，但工作频率受运放上限频率的限制。其中，正反馈支路中的石英晶体工作在串联谐振频率上，作为短路元件使用。正反馈支路中串入变容二极管，其电容量随控制电压 V_C 的变化而变化，达到压控振荡的目的。但为了使振荡器的振荡频率仍然在晶体串联谐振频率附近变化，以提高频率的稳定性和标准性，所以串入一电感 L_d，使 L_d 与 C_j 的谐振频率接近于晶体的串联谐振频率。集成运放压控振荡器（图 5-29）的性能优良，但频率可调范围小。

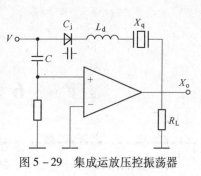

图 5-29　集成运放压控振荡器

本章小结

（1）振荡器是无线电发送设备和超外差接收机的心脏部分，也是各种电子测试仪器的主要组成部分，因此，学好本章内容十分重要。

（2）反馈型正弦波振荡器主要由决定振荡频率的选频网络和维持振荡的正反馈放大器组成。按照选频网络平衡条件，所采用元件的不同，正弦波振荡器可分为 LC 振荡器、RC 振荡器和晶体振荡器等。

（3）反馈振荡器要正常工作，必须满足起振条件、平衡条件、平衡稳定条件。每个条件中都包含振幅和相位两个方面的要求。

（4）反馈型 LC 振荡器主要有互感耦合振荡器、电感反馈式三端振荡器、电容反馈三端振荡器、改进型电容三端振荡器。本章重点分析了各种电路的形式、特点、起振条件、反馈系数和振荡频率。克拉泼电路和西勒电路是两种较适用的改进型电容三端电路，前者适用于固定频率振荡器，后者适用于波段振荡器。

（5）LC 三端式振荡器相位平衡条件的判断准则为 X_{be}、X_{ce} 电抗性质相同，X_{cb} 与 X_{be}、X_{ce} 电抗性质相反，LC 三端电路只有满足判断准则条件才能起振。

（6）频率稳定度是振荡器的主要性能指标之一。为了提高频率稳定度，可采取减小外因变化的影响、提高回路标准性和采用高稳定度振荡器等措施。

（7）晶体振荡器的频率稳定度很高，但振荡频率的可调范围很小。泛音晶振可用于产生较高频率振荡，但需采取措施抑制低次谐波振荡，保证其只谐振在所需要的工作频率上。

（8）采用变容二极管组成的压控振荡器，可使振荡频率随外加电压的变化而变化，可用于电视机电调谐高频头本机振荡电路，对调频和锁相环路也有很大的用途。

（9）RC 振荡器是应用在低频段的正弦波振荡器，经常使用的是由运算放大器组成的文氏电桥振荡器。

本章重要概念

　　自激式振荡器　起振条件　平衡条件　稳定条件　频率稳定度　石英晶体振荡器

6   振幅调制电路

+·+

本章重点内容
- 调制的过程和功能
- 频谱搬移电路的特性
- 振幅调制电路的原理及其数学表达式
- 抑制载波的双边带调幅信号和单边带调幅信号的特点
- 实现振幅调制的基本电路

+·+

6.1   概   述

调制是通信系统中十分重要的环节。调制，就是在发射端将要传送的信号（基带信号）"加载"到高频振荡信号上的过程。调制分为模拟调制与数字调制。模拟调制又根据载波是连续的正弦信号，还是离散的矩形脉冲序列，可分为正弦波调制和脉冲调制。在正弦波调制中，用基带信号去控制高频振荡信号的振幅为调幅；用基带信号去控制高频振荡信号的频率为调频；类似用基带信号控制高频振荡信号的相位为调相。调制将涉及三个电压：

（1）要传送的信号，该信号相对于载波属于低频信号，称为调制信号。

（2）高频振荡电压，称为载波。

（3）调制以后的电压，称为已调波或调幅波。

调幅信号的解调是振幅调制的相反过程，是从高频已调信号中取出调制信号。通常将这种解调称为检波。完成这种解调作用的电路，称为振幅检波器，简称检波器。

6.2   频谱搬移电路的特性

非线性电路具有频率变换的功能，即通过非线性器件相乘的作用产生与输入信号波形的频谱不同的信号。

在频率变换前后，信号的频谱结构不变，只是将信号频谱在频率轴上无失真地搬移，称为线性频率变换。具有这种特性的电路，称为频谱搬移电路。调制和解调过程的频谱搬移分别如图 6-1 和图 6-2 所示。

混频中的频谱搬移如图 6-3 所示。

（1）它们的实现框图几乎是相同的，都是利用非线性器件对输入信号频谱实行变换，以产生新的有用频率成分后，滤除无用频率分量。

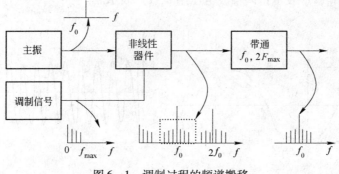

图 6-1 调制过程的频谱搬移

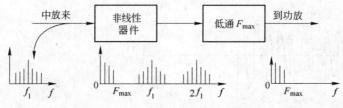

图 6-2 解调过程的频谱搬移

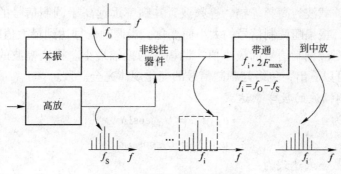

图 6-3 混频中的频谱搬移

（2）从频谱结构看，上述频率变换电路都只是对输入信号频谱实行横向搬移而不改变原来的频谱结构，因而都属于所谓的线性频率变换。

（3）从时域角度看，频谱的横向平移相当于输入信号与一个参考正弦信号相乘，而平移的距离由此参考信号的频率决定，它们可以用乘法电路实现。

6.3 振幅调制原理

6.3.1 普通调幅波的数学表达式及其频谱

6.3.1.1 调幅波的性质

振幅调制是指载波的振幅随调制信号发生线性变化，换句话说，就是用调制信号去控制载波的振幅。

当调制信号为单频余弦波时，三个电压的波形如图 6-4 所示。调制信号电压用 u_{AM} 表示；载波电压用 $u_\Omega(t)$ 表示；调幅波电压用 $u_c(t)$ 表示。

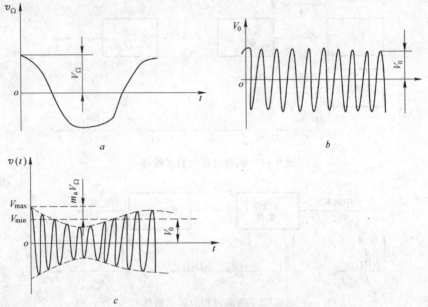

图 6 - 4　调制过程的波形图

由图可看出，载波为高频等幅、等频波，其频率远远高于调制信号的频率。调幅后，载波的频率不变，振幅随调制信号的大小而变化。当调制信号达到最大值时，调幅波的振幅达到最大值，对应调制信号的最小值，调幅波的振幅最小。将调幅波的振幅连接起来，称为"包络"。可以看出，包络与调制信号的变化规律完全一致。

6.3.1.2　调幅波的数学表达式

设调制信号为：

$$u_\Omega(t) = U_{\Omega m}\cos\Omega t$$

载波电压为：

$$u_c(t) = U_{cm}\cos\omega_c t$$

则调幅波的数学表达式为：

$$u_{AM}(t) = (U_{cm} + kU_{\Omega m}\cos\Omega t)\cos\omega_c t = U_{cm}\left(1 + \frac{kU_{\Omega m}}{U_{cm}}\cos\Omega t\right)\cos\omega_c t$$

$$= U_{cm}(1 + M_a\cos\Omega t)\cos\omega_c t$$

式中，k 为一个与调幅电路有关的比例系数；M_a 称调幅系数，也称调幅指数。它表示调幅波受调制信号控制的程度。显然，已调波的最大值为：

$$U_{max} = U_{cm}(1 + M_a)$$

已调波的最小值为：

$$U_{min} = U_{cm}(1 - M_a)$$

由图 6 - 4 可导出

$$M_a = \frac{\frac{1}{2}(U_{max} - U_{min})}{U_{cm}} = \frac{U_{max} - U_c}{U_{cm}} = \frac{U_c - U_{min}}{U_{cm}} = \frac{U_{max} - U_{min}}{U_{max} + U_{min}}$$

【例 6 -1】　已知某调幅波的最大值为 10V，最小值为 6V，且调制信号为正弦波。求：
（1）调幅系数 M_a；

（2）定性画出调幅波的波形。

解：

$$M_a = \frac{U_{max} - U_{min}}{U_{max} + U_{min}} = \frac{4}{16} = \frac{1}{4} = 0.25$$

6.3.1.3 M_a 的取值范围

当 $M_a < 1$ 时，调幅波的波形如图 6-5 所示。

当 $M_a = 1$ 时，调幅波的波形如图 6-6 所示。

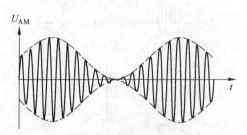

图 6-5 当 $M_a < 1$ 时的调幅波

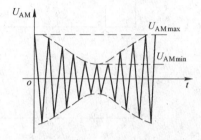

图 6-6 当 $M_a = 1$ 时的调幅波

当 $M_a > 1$ 时，调幅波的波形如图 6-7 所示。

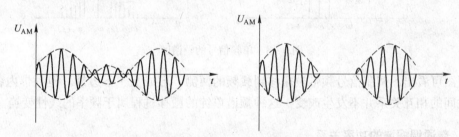

图 6-7 当 $M_a > 1$ 时的调幅波

这两种情况的包络均产生了严重的失真，称为过调幅，这样的已调波解调后，将无法还原原来的调制信号。

由此可以得出结论：调幅系数的取值范围为：

$$0 \leqslant M_a \leqslant 1$$

6.3.1.4 调幅波的频谱

$$u_{AM} = U_{cm}(1 + M_a\cos\Omega t)\cos\omega_c t$$

$$= U_{cm}\cos\omega_c t + \frac{1}{2}M_a U_{cm}\cos(\omega_c + \Omega)t + \frac{1}{2}M_a U_{cm}\cos(\omega_c - \Omega)t$$

该式表明，当调制信号为单频信号时，已调波中含有三个频率成分：载频 ω_c、上边频 $\omega_c + \Omega$、下边频 $\omega_c - \Omega$。其中载波分量的振幅值为 U_{cm}，上、下边频分量的振幅值为 $\frac{1}{2}M_a U_{cm}$。

频谱图如图 6-8 所示。

设调制信号为：

$$u_\Omega = U_{\Omega m1}\cos\Omega_1 t + U_{\Omega m2}\cos\Omega_2 t + U_{\Omega m3}\cos\Omega_3 t + \cdots$$

则调幅波方程为：

$$u_{AM}(t) = U_{cm}\cos\omega_c t + \frac{M_a}{2}U_{cm}\cos(\omega_c \pm \Omega_1)t + \frac{M_a}{2}U_{cm}\cos(\omega_c + \Omega_2)t +$$

$$\frac{M_a}{2}U_{cm}\cos(\omega_c \pm \Omega_3) + \cdots$$

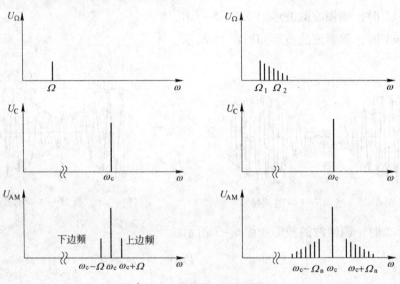

图 6 - 8　单频信号的频谱图

由图可看出，调制信号频带被搬移到载频的两侧，形成上、下边带。但频带内各频率成分之间的相互关系并不发生改变。这种频谱单纯的搬移过程属于频率的线性变换。

6.3.2　普通调幅波的功率关系

调幅波的带宽为上下边频（边带）之间的宽度。

若调制信号为单频信号，则调幅波的带宽为：

$$B = (\omega_c + \Omega) - (\omega_c - \Omega) = 2\Omega$$

或
$$B = (f_c + F) - (f_c - F) = 2F$$

若调制信号为多频信号，则调幅波的带宽为：

$$B = (\omega_c + \Omega_{max}) - (\omega_c - \Omega_{max}) = 2\Omega_{max}$$

设电路的负载为 R，且调制信号为单频信号，其调幅波有三个频率成分，每个频率成分产生的功率为：

（1）载波功率：$P_c = \dfrac{U_{cm}^2}{2R}$；

（2）上边频功率：$P_{\Omega 1} = \left(\dfrac{M_a U_{cm}}{2}\right)^2 \dfrac{1}{2R}$；

（3）下边频功率：$P_{\Omega 2} = P_{\Omega 1}$；

（4）总边频功率：$P_\Omega = P_{\Omega 1} + P_{\Omega 2} = \dfrac{1}{2}M_a^2 P_c$。

调幅波输出的总平均功率为：$P_{av} = P_c + P_\Omega = \left(1 + \dfrac{1}{2}M_a^2\right)P_c$

最大瞬时功率为：$P_{max} = (1 + M_a)^2 P_c$

由表达式可看出，总功率由边频功率及载波功率组成。

被传送的信息包含在边频功率中，而载波功率是不含有要传送的信息的。

当 $M_a = 0$，即未调时，$P_{av} = P_c$；

当 $M_a = 1$，即最大时，含有信息的边频功率只占总平均功率的 1/3。

事实上，调幅系数只有 0.3 左右，则边频功率只占总平均功率的 5% 左右，而不含信息的载波功率占总平均功率的 95% 左右。而选择晶体管却要按 P_{max} 进行选择，可见，这种普通调幅的功率利用率和晶体管的利用率都是极低的。

6.3.3　抑制载波的双边带调幅信号和单边带调幅信号

正弦波调制，是指载波为正弦波时的调制。其调幅波通常有四种。

6.3.3.1　普通调幅（AM 调幅）

普通调幅波是由调制信号叠加直流分量，再与载波的乘积组成的。从原理上看，只要能实现这样的关系即可。

普通调幅用于无线电广播。这是为了简化大众使用的接收机电路，因为普通调幅的解调电路既简单，成本又低，因而可以降低接收机的成本，给广大听众带来便利。

6.3.3.2　抑制载波的双边带调幅（DSB 调幅）

DSB 调幅是在调幅电路中抑制掉载频只输出上、下边频（边带）。其数学表达式为：

$$u_{DSB}(t) = ku_{\Omega(t)} \times u_c(t) = \frac{1}{2}kU_{cm}U_{\Omega M}\cos(\omega_c \pm \Omega)t$$

与普通调幅相比，其带宽也为 2Ω。由于 DSB 调幅不含载频，将有效的功率全部用到边频（边带）功率的传输上，因而可大大减少功率浪费。

在调制信号的负半周，已调波高频与载波反相。在调制信号的正半周，已调波高频与载波同相。即已调波在调制信号过零处有 180° 突变。其波形如图 6 - 9 所示。

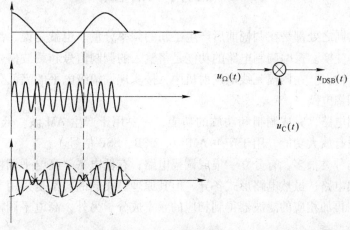

图 6 - 9　调制信号与已调信号的波形

6.3.3.3　抑制载波的单边带调幅（SSB 调幅）

单边带调幅的特点是已调波中只含一个边频（边带），不含载频及另一个边频（边带）。其数学表达式只要将 DSB 调幅表达式中的一个边频去掉即可，为带通滤波器：

$$u_{SSB}(t) = \frac{1}{2}kU_{\Omega m}U_{cm}\cos(\omega_c + \Omega)t$$

其特点是与前两种调幅波相比，带宽减半，提高了信道利用率。同时，由于不发送载波，仅发送一个边带，因而更节省功率。此外，其波形也不同于前两种调幅。由数学模型可见，SSB 调幅波的波形为等幅波，信息包含在相位中。

6.3.3.4　残留边带调幅（VSB 调幅）

残留边带调幅，简称为 VSB，在发射端发送一个完整的边带信号、载波信号和另一个部分被抑制的边带信号。这样既保留了单边带调幅节省频带的优点，又具有滤波器易于实现、解调电路简单的特点。在广播电视系统中图像信号就是采用残留边带调幅。

VSB 调幅的特点是调幅波中包含一个完整的边带、载波及另一个边带的一部分。该调幅不是对一个边带完全抑制，而是使它逐渐截止，截止特性使传输边带在载频附近被抑制的部分被不需要边带的残留部分所补偿（精确的补偿）。

VSB 调幅（图 6 – 10）可以用普通调幅的解调电路进行解调。这样，既节省了频带，又降低了接收机的成本，为众多的接收机持有者提供了便利。

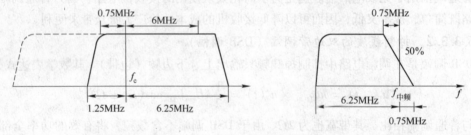

图 6 – 10　残留边带调幅示意图

6.4　低电平调幅电路

调幅波的共同之处都是在调幅前后产生了新的频率分量。也就是说，都需要用非线性器件来完成频率变换。振幅调制电路的功能是将输入的调制信号和载波信号通过电路变换成高频调幅信号输出。在调幅无线电发射机中，按实现调幅级电平的高低分为高电平调幅电路和低电平调幅电路。

高电平调制电路，完成调制和功放的功能，主要用于产生 AM 波。低电平调制电路，只进行调制，没有放大功能，用于产生 AM 波、DSB、SSB 信号。

调幅电路的种类很多，有分立、集成调幅电路；有低电平、高电平调幅电路；有普通调幅、其他调幅电路；虽然电路形式各异，但其原理是相同的，都是采用非线性器件产生新的频率成分，再加相应的滤波器得到相应的频率成分。另外，高电平调幅电路在调幅的同时还具有功率增益。

高电平调幅电路，一般置于发射机的最后一级，是在功率电平较高的情况下进行调制。低电平调幅电路，一般置于发射机的前级，再由线性功率放大器放大已调幅信号，得到所要求功率的调幅波。

6.4.1 单二极管开关状态调幅电路

调幅电路如图 6-11 所示。

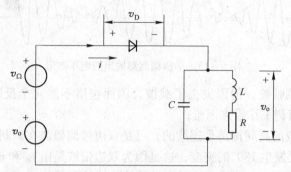

图 6-11 单二极管开关状态调幅电路

调制信号和载波信号相加后，通过二极管非线性特性的变换，在电流 i 中产生了各种组合频率分量，将谐振回路调谐于 $\omega_0 + \Omega$，便能取出和的成分，这便是普通调幅波。

6.4.1.1 平方律调幅

二极管信号较小时的工作状态：

$$i = a_0 + a_1 v_D + a_2 v_D^2 + a_3 v_D^3 + \cdots$$

$$v_D \approx v_0 + v_\Omega = V_0 \cos\omega_0 t + V_\Omega \cos\Omega_c t$$

当 v_D 很小时，级数可只取前四项，经分类整理可知：$\omega_0 \pm \Omega$ 是所需要的上、下边频。这对边频是由平方项产生的，故称为平方律调幅。其中最为有害的分量是 $\omega_0 \pm 2\Omega$ 项。

由于二极管不容易得到较理想的平方特性，因而调制效率低，无用成分多，目前较少采用平方律调幅器。

6.4.1.2 平衡调幅器

平衡调幅器是由两个简单的二极管调幅电路对称连接组成（图 6-12）。载波成分由于对称而被抵消，在输出中不再出现，因而平衡调幅器是产生 DSB 和 SSB 信号的基本电路。

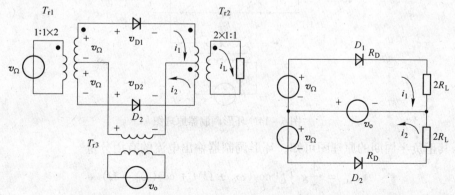

图 6-12 平衡调幅器原理图及其等效电路

单管调幅器频谱中所含的直流分量、载波分量以及载波的各次谐波分量，在平衡调制器中都被抑制掉了。

抑制载波的双边带信号波形如图 6-13 所示，它有两个重要的特点：

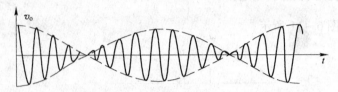

图 6-13 平衡调制器输出的电压波形

（1）它虽然是调幅波，但因失去了载波，因而包络不能完全反映调制信号变化的规律，这就给以后的解调工作带来困难；

（2）普通调幅波的高频振荡是连续的，可是双边带调幅波在调制信号极性变化时，它的高频振荡的相位要发生 180° 的突变，这是因为双边带波是由 v_0 和 v_Ω 相乘而产生的。

平衡调制器的主要优点就是有效地抑制了载波，其条件是 T_{r1} 和 T_{r2} 对中心抽头来说必须严格对称，D_1、D_2 两管的特性完全相同。实际上，这是很难做到的。如果电路稍有不平衡，载波电压就会泄漏到输出端。

在大信号情况下应用时，依靠二极管的导通和截止来实现频率变换，这时二极管就相当于一个开关。

满足 $V_0 \gg V_\Omega$ 的条件时，二极管的通、断由载波电压决定。输出调幅波有用电流分量

$$i_{\omega_0 \pm \Omega} = \frac{2}{\pi} g_D V_\Omega \left[\cos(\omega_0 + \Omega)t + \cos(\omega_0 - \Omega)t \right]$$

6.4.1.3 环形调制器

在平衡调制器的基础上，再增加两个二极管，使电路中 4 个二极管首尾相接构成环形，这就是环形调制器（图 6-14）。

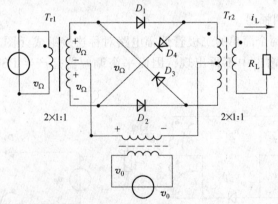

图 6-14 环形调制器原理图

从其正负半周期的原理图可知，环形调制器输出电流的有用分量

$$i_{\omega_0 \pm \Omega} = \frac{4}{\pi} g_D V_\Omega \left[\cos(\omega_0 \pm \Omega)t + \cos(\omega_0 - \Omega)t \right]$$

二极管环形调幅电路由两个平衡调幅电路构成（图 6-15）。它与平衡调制器的差别

是多接了两只二极管 D_3 和 D_4，它们的极性分别与 D_1 和 D_2 的极性相反。这样，当 D_1 和 D_2 导通时，D_3 和 D_4 是截止的；反之，当 D_1 和 D_2 截止时，D_3 和 D_4 是导通的。因此，接入 D_3 和 D_4 不会影响 D_1 和 D_2 的工作。于是，环形调制器可看成由两个平衡调制器组成。

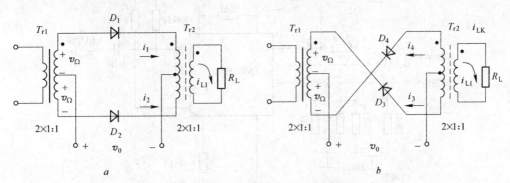

图 6 – 15　环形调制器等效电路图

a—D_1、D_2 等效电路图；b—D_3、D_4 等效电路图

振幅比平衡调制器提高了一倍，并抑制了低频 Ω 分量，因而获得了广泛应用。

6.4.2　模拟相乘器调幅电路

模拟相乘器的输出电压与输入电压的关系为 $v_0(t) = kv_1(t)v_2(t)$，如果 $v_1(t)$ 为高频载波 $V_0(t)$，$v_2(t)$ 为低频调制信号 $V_\Omega(t)$，则输出电压：

$$v_0(t) = kV_0V_\Omega\cos\omega_0 t\cos\Omega t = \frac{1}{2}kV_0V_\Omega[\cos(\omega_0+\Omega)t + \cos(\omega_0+\Omega)t]$$

如果在调制信号 $v_2(t)$ 上叠加一直流电压，则可以得到普通调幅信号的输出电压

$$v_0(t) = kV_0\cos\omega_0 t(V_{DC} + V_\Omega\cos\Omega t)$$

$$= kV_0V_{DC}\cos\omega_0 t + \frac{1}{2}kV_0V_\Omega\cos(\omega_0+\Omega)t + \frac{1}{2}kV_0V_{\Omega m}\cos(\omega_0-\Omega)t$$

调节直流电压 VDC 的大小，可以改变调幅系数 m_a 的值。

叠加在调制信号 $V_\Omega(t)$ 上的直流电压 V_0 是通过电源电压（+15V）和电阻（10kΩ）、可变电阻（5.1kΩ）获得的。调节可变电阻即可改变 m_a 值，应使 $m_a < 1$。图 6 – 16 中的 L、C 组成最简单的带通滤波器（可看成是相乘器 BG314 的负载），抑制无用频率分量。

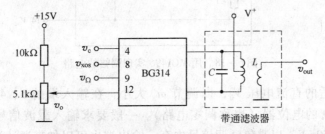

图 6 – 16　用 BG314 实现普通调幅的电路

用 MC1596G 实现调幅的电路如图 6 – 17 所示。

用 MC1496 实现调幅的电路如图 6 – 18 所示。

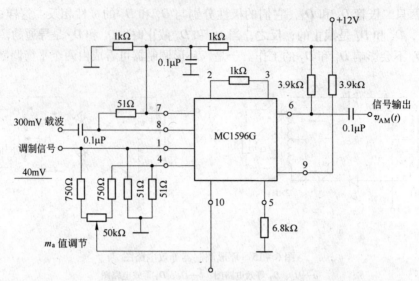

图 6 – 17　用 MC1596G 实现调幅的电路

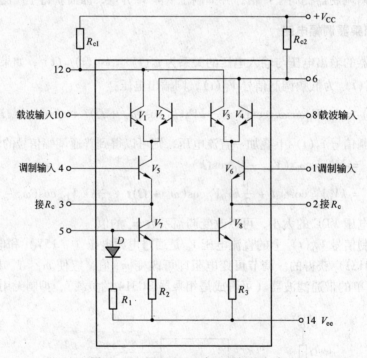

图 6 – 18　用 MC1496 实现调幅的电路

为了获得合适的直流电压 V_0，以调节 m_a 大小，在输入端的 1、4 之间接入了两个 950Ω 电阻，50kΩ 的电位器（也称调零电路）。一般要求输入载波信号为 100 ～ 400mV，调制信号为 10 ～ 50mV，以避免已调信号失真。输出端也可以加带通滤波器，抑制无用频率分量的输出。

这是一个四象限模拟乘法器的基本电路，电路采用了两组差动对由 $V_1 \sim V_4$ 组成，以反极性方式相连接，而且两组差分对的恒流源又组成一对差分电路，即 V_5 与 V_6，因此恒流源的控制电压可正可负，以此实现了四象限工作。D、V_7、V_8 为差动放大器 V_5 与 V_6 的恒流源。

进行调幅时，载波信号加在 $V_1 \sim V_4$ 的输入端，即引脚的 8、10 之间；调制信号加在差动放大器 V_5、V_6 的输入端，即引脚的 1、4 之间，引脚的 2、3 外接 $1\mathrm{k}\Omega$ 电位器，以扩大调制信号动态范围，已调制信号取自双差动放大器的两集电极（即引出脚 6、12 之间）输出。

6.4.3　产生单边带信号的方法

6.4.3.1　滤波法
用滤波法产生单边带信号，如图 6-19 所示。

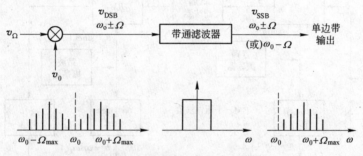

图 6-19　用滤波法产生单边带信号

DSB 信号经过带通滤波器后，滤除了下边带，就得到了 SSB 信号。由于 $\omega_0 \gg \Omega_{\max}$，上、下边带之间的距离很近，要想通过一个边带而滤除另一个边带，就对滤波器提出了严格的要求。

6.4.3.2　相移法
相移法是利用移相的方法，消去不需要的边带。如图 6-20 所示。图中，两个平衡调幅器的调制信号电压和载波电压都是互相移相 90°。

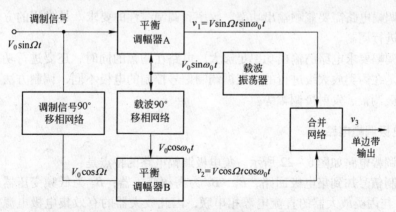

图 6-20　相移法单边带调制器方框图

$$v_1 = V\sin\Omega t\sin\omega_0 t = \frac{1}{2}V[\cos(\omega_0 - \Omega)t - \cos(\omega_0 + \Omega)t]$$

$$v_2 = V\cos\Omega t\cos\omega_0 t = \frac{1}{2}V[\cos(\omega_0 - \Omega)t + \cos(\omega_0 + \Omega)t]$$

因此，输出电压 $v_3 = K(v_1 + v_2) = KV\cos(\omega_0 - \Omega)t$。

这种方法原则上能把相距很近的两个边频带分开，而不需要多次重复调制和复杂的滤波器。但这种方法要求调制信号的移相网络和载波的移相网络在整个频带范围内，都要准确地移相90°。这一点在实际上是很难做到的。

6.4.3.3　修正的移相滤波法

这种方法所需要的90°移相网络工作于固定频率 ω_1 与 ω_2（图6-21），因此制造和维护都比较简单。它特别适用于小型轻便设备，是一种有发展前途的方法。

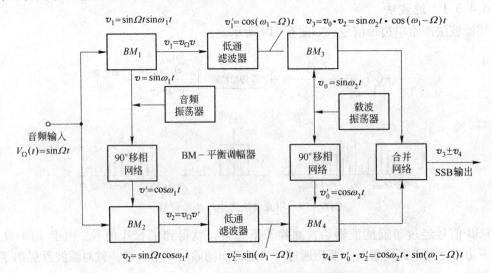

图6-21　修正的移相滤波法方框图

6.5　高电平调幅电路

高电平调幅电路需要兼顾输出功率、效率和调制线性的要求。最常用的方法是对功放的供电电压进行调制。

高电平调幅要求电路的输出功率足够大。电路在调幅的同时，还要进行功率放大。调制过程通常是在丙类放大级进行的。根据调制信号控制的电极不同，调制方法主要有集电极调幅、基极调幅、发射极调幅等。

6.5.1　集电极调幅电路

集电极调幅电路如图6-22所示。集电极调幅电路的特点是：

低频调制信号加到集电极回路，B_1、B_2 为高频变压器；B_3 为低频变压器。低频调制信号 $u_\Omega(t)$ 与丙类放大器的直流电源相串联，因此放大器的有效集电极电源电压 $V_{cc}(t)$ 等于两个电压之和，它随调制信号变化而变化。图中的电容 C_b、C' 是高频旁路电容，C' 的作用是避免高频电流通过调制变压器 B_3 的次级线圈以及直流电源，因此它对高频相当于短路，而对调制信号频率应相当于开路。

对于丙类高频功率放大器，当基极偏置 V_{bb}、高频激励信号电压振幅 U_{bm} 和集电极回路阻抗 R_p 不变，只改变集电极有效电源电压时，集电极电流脉冲在欠压区可认为不变。而在过压区，集电极电流脉冲幅度将随集电极有效电源电压的变化而改变。因此，集电极调幅必须工作于过压区。集电极调幅只能产生普通调幅波。

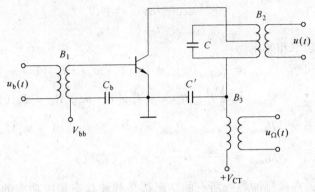

图 6-22　集电极调幅电路

它的优点是调幅线性比基极调幅好。此外，由于集电极调幅始终工作在临界和弱过压区，故效率比较高。其缺点是调制信号接在集电极回路中供给的功率比较大。

理想化静态调幅特性如图 6-23 所示。

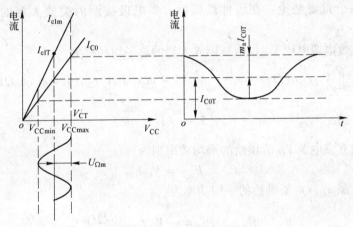

图 6-23　理想化静态调幅特性

设基极激励信号电压为 $u_b = U_{bm}\cos\omega_c t$，则基极瞬时电压为 $u_{BE} = V_{BB} + U_{bm}\cos\omega_c t$，又设集电极调制信号电压为 $u_\Omega(t) = U_{\Omega m}\cos\Omega t$，则集电极有效电源电压为：

$$V_{CC} = V_{CT} + U_{\Omega m}\cos\Omega t = V_{CT}(1 + m_a\cos\Omega t)$$

式中，调幅指数 $m_a = U_{\Omega m}/V_{CT}$。

$$I_{C0} = I_{C0T}(1 + m_a\cos\Omega t)$$
$$I_{c1m} = I_{c1T}(1 + m_a\cos\Omega t)$$

在载波状态时，$u_\Omega(t) = 0$。此时 $V_{CC} = V_{CT}$、$I_{C0} = I_{C0T}$、$I_{c1m} = I_{c1T}$，其对应的功率和效率为：

直流电源 V_{CT} 输入功率　　　　　　$P_{=T} = V_{CT}I_{C0T}$

载流输出功率　　　　　　　　　　$P_{oT} = \dfrac{1}{2}I_{c1T}^2 R_p$

集电极损耗功率　　　　　　　　　$P_{cT} = P_{=T} - P_{oT}$

集电极效率

$$\eta_{cT} = P_{oT} / P_{=T}$$

$$V_{CCmax} = V_{CT}(1 + m_a)$$

$$I_{C0max} = I_{C0T}(1 + m_a)$$

$$I_{C1max} = I_{C1T}(1 + m_a)$$

则对应的各项功率和效率为：

有效电源输入功率 $\quad P_{=max} = V_{CCmax}I_{C0max} = V_{CT}(1 + m_a) \cdot I_{C0T}(1 + m_a) = P_{=T}(1 + m_a)^2$

高频输出功率 $\quad P_{omax} = \dfrac{1}{2}I_{c1max}^2 R_p = \dfrac{1}{2}I_{c1T}^2(1 + m_a)^2 R_p = P_{oT}(1 + m_a)^2$

集电极损耗功率 $\quad P_{cmax} = P_{=max} - P_{omax} = (P_{=T} - P_{oT})(1 + m_a)^2 = P_{cT}(1 + m_a)^2$

集电极效率 $\quad \eta_{max} = \dfrac{P_{omax}}{P_{=max}} = \dfrac{P_{oT}}{P_{=T}} = \eta_{cT}(常数)$

以上各式说明，在调制波峰处所有的功率都是载波状态相应功率的 $(1 + m_a)^2$ 倍，集电极效率不变。

在调制信号（音频）一周内的电流与功率的平均值：

$$I_{C0av} = \frac{1}{2\pi}\int_{-\pi}^{+\pi} I_{C0}d(\Omega t) = \frac{1}{2\pi}\int_{-\pi}^{\pi} I_{C0T}(1 + m_a\cos\Omega t)d(\Omega t) = I_{C0T}$$

由此得出一个重要结论：在线性调幅时，集电极被调丙类放大器的平均直流电流不变。

由集电极有效电源电压 V_{CC} 供给被调放大器的总平均功率为：

$$P_{=av} = \frac{1}{2\pi}\int_{-\pi}^{\pi} V_{CC}I_{C0}d(\Omega t) = \frac{1}{2\pi}\int_{-\pi}^{\pi} V_{CT}(1 + m_a\cos\Omega t)I_{C0T}(1 + m_a\cos\Omega t)d(\Omega t)$$

$$= V_{CT}I_{C0T} + \frac{m_a^2}{2}V_{CT}I_{C0T} = P_{=T}\left(1 + \frac{m_a^2}{2}\right)$$

式中，由集电极直流电源 V_{CC} 所供给的平均功率则为：

$$P_= = P_{=T} = V_{CT}I_{C0T}$$

由调制信号源 $u_{\Omega}(t)$ 所供给的平均功率为：

$$P_{\Omega} = P_{=av} - P_= = \frac{m_a^2}{2}V_{CT}I_{C0T} = \frac{m_a^2}{2}P_{=T}$$

在调制一周期内的平均输出功率为：

$$P_{oav} = \frac{1}{2\pi}\int_{-\pi}^{\pi} \frac{1}{2}I_{c1m}^2 R_p d(\Omega t) = \frac{1}{2\pi}\int_{-\pi}^{\pi} \frac{1}{2}I_{c1T}^2(1 + m_a\cos\Omega t)^2 R_p d(\Omega t)$$

$$= \frac{1}{2}I_{c1T}^2 R_p\left(1 + \frac{m_a^2}{2}\right) = P_{oT}\left(1 + \frac{m_a^2}{2}\right)$$

在调制信号一周期内平均集电极损耗功率为：

$$P_{cav} = P_{mav} - P_{oav} = (P_{mT} - P_{oT})\left(1 + \frac{m_a^2}{2}\right) = P_{cT}\left(1 + \frac{m_a^2}{2}\right)$$

在调制一周内的平均集电极效率则为：

$$\eta_{cav} = \frac{P_{oav}}{P_{=av}} = \frac{P_{oT}\left(1 + \dfrac{m_a^2}{2}\right)}{P_{=T}\left(1 + \dfrac{m_a^2}{2}\right)} = \eta_{cT}(常数)$$

综上所述，可得出以下几点结论：

（1）集电极调幅必须工作于过压区。

（2）在调制信号一周内的平均功率都是载波状态对应功率的 $1 + m_a^2/2$ 倍。

（3）总输入功率分别由 V_{CT} 和 $u_\Omega(t)$ 所供给，V_{CT} 供给用以产生载波功率的直流功率 $P_{=T}$，$u_\Omega(t)$ 则供给用以产生边带功率的平均输入功率 P。

（4）集电极平均损耗功率等于载波点的损耗功率的 $1 + m_a^2/2$ 倍，应根据这一平均损耗功率来选择晶体管，以使 $P_{cm} > P_{cav}$。

（5）在调制过程中，效率不变，这样可保证集电极调幅电路处于高效率下工作。

（6）因为调制信号源 $u_\Omega(t)$ 需提供输入功率，故调制信号源 $u_\Omega(t)$ 一定要是功率源，大功率集电极调幅就需要大功率的调制信号源，这是集电极调幅的主要缺点。

6.5.2 基极调幅电路

基极调幅电路如图 6-24 所示。

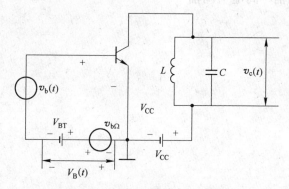

图 6-24 基极调幅电路示意图

与集电极调幅电路同样的分析，可以认为 $V_B(t) = V_{BT} + v_\Omega(t)$ 是放大器的基极等效低频供电电源。因为 $V_B(t)$ 随调制信号 $v_\Omega(t)$ 变化，如果要求放大器的输出电压也随调制信号变化，则应使输出电压随 $V_B(t)$ 变化。

放大器应工作在欠压区，保证输出回路中的基波电流 I_{cm1}、输出电压 $V_C(t)$ 按基极供电电压 $V_{BT}(t)$ 变化，从而实现输出电压随调制电压变化的调幅。

基极调幅的原理是利用丙类功率放大器在电源电压 V_{CC}、输入信号振幅 U_{cm}、谐振电阻 R_p 不变的条件下，在欠压区改变 V_{bb}，其输出电流随 V_{bb} 接近线性变化这一特性来实现调幅的。基极调幅的优点是由于调制信号接在基极回路，对于调制信号只需很小的功率。其缺点是效率较低，调制线性不如集电极调幅。

本 章 小 结

（1）本章内容主要包括三个主要部分：调幅、检波和混频。它们在时域上都表现为两信号的相乘；在频域上则是频谱的线性搬移。这三种电路的工作原理和基本组成相同，都是由非线性器件实现频率变换和用滤波器来滤除不需要的频率分量。不同之处是输入信号、参考信号、滤波器特性在实现调幅、检波、混频时各有不同的形式，以完成特定要求的频谱搬移。

（2）调幅有三种方式：普通调幅、双边带调幅和单边带调幅。普通调幅波的载波振幅随调制信号大小线性变化，双边带调幅是在普通调幅的基础上抑制掉不携带有用信息的载波，保留携带有用信息的两个边带。单边带则是在双边带调幅的基础上，去掉一个边带，仅用另一个边带传送有用信息。

（3）单边带通信突出的优点是节省频带和发射功率，从调幅实现电路的角度来看，双边带调幅电路最简单，而单边带调幅电路最复杂。这三种调幅波的数学表达式、波形图、功率分配、频带宽度等各异。其解调方式也各有不同。调幅方法可分为低电平调幅和高电平调幅两大类。

本章重要概念

调制　已调波　调幅波　频谱搬移　调制信号　调幅波　DSB 调幅　SSB 调幅　VSB 调幅　低电平调幅　高电平调幅

7　调幅信号的解调电路

本章重点内容
- 检波的过程和功能
- 检波电路的组成和主要技术指标
- 二极管检波器的检波原理
- 同步检波器的特点和工作原理

　　检波是调幅的逆过程。调制过程是频谱的搬移过程，是将低频信号的频谱搬移到载频附近。在接收端需要恢复原低频信号，就要从已调波的频谱中将已搬到载频附近的信号频谱再搬移回来。振幅解调（又称检波）是振幅调制的逆过程。它的作用是从已调制的高频振荡中恢复出原来的调制信号。

7.1　概　　述

　　调幅信号的解调是振幅调制的相反过程，是从高频已调信号中取出调制信号。通常将这种解调称为检波。完成这种解调作用的电路，称为振幅检波器，简称检波器。

　　从频谱上看，检波就是将幅度调制波中的边带信号不失真地从载波频率附近搬移到零频率附近，因此，检波器也属于频谱搬移电路（图 7-1）。

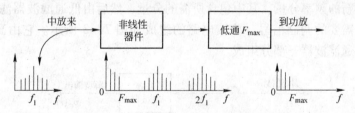

图 7-1　振幅解调电路的频谱搬移过程

　　输入电压为 v_1，输出电压为 v_2，则检波前后的波形如图 7-2 所示，输出电压 v_2 是已恢复的原调制信号。

7.1.1　检波电路的功能

　　振幅检波器的功能是从调幅信号中不失真地解调出原调制信号。当输入信号是高频等幅波时，检波器输出为直流电压。当输入信号是正弦调制的普通调幅信号时，检波器输出电压为低频电压 u_0。当输入信号是脉冲调制的调幅信号时，检波器输出电压为脉冲波，如图 7-2 所示。

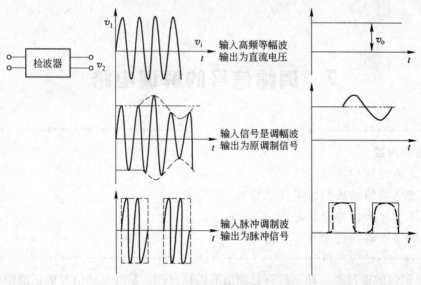

图 7 - 2　不同输入信号检波的波形

7.1.2　检波电路的分类

检波器分为同步检波、包络检波、平方率检波、峰值包络检波、平均包络检波等。

检波电路有包络检波电路和同步检波电路两种类型。前者只能对普通调幅进行检波，后者可以对任何调幅波进行解调。

7.1.3　检波电路的组成

调幅信号的频谱由载频和边频分量组成，它包含有调制信号的信息，但并不包含调制信号本身的频率分量。为了解调出原调制频率，检波器必须包含有非线性器件，以便调幅信号通过它产生新的频率分量，其中包含所需的分量，然后由低通滤波器滤除不需要的高频分量，取出所需要的调制信号。检波电路的组成如图 7 - 3 所示。它由高频输入回路、非线性器件和低通滤波器三部分组成。

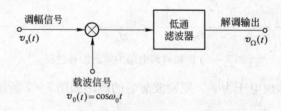

图 7 - 3　检波电路的基本组成

7.1.4　检波电路的主要技术指标

7.1.4.1　电压传输系数 K_d

当输入为高频等幅波，即 $u_i = U_{im}\cos\omega_i t$ 时，K_d 定义为输出直流电压与输入高频电压振幅 U_{im} 的比值，即

$$K_d = \frac{U_0}{U_{im}}$$

当输入为高频调幅波，即 $u_i(t) = U_{im}(1 + m_a \cos \Omega t)\cos \omega_i t$ 时，K_d 定义为输出的 Ω 分量振幅 $U_{\Omega m}$ 与输入高频调幅波包络变化的振幅 $m_a U_{im}$ 的比值，即

$$K_d = \frac{U_{\Omega m}}{m_a U_{im}}$$

7.1.4.2　等效输入电阻 R

检波器往往与前级高频放大器的输出端连接，检波器的等效输入电阻将作为放大器的负载影响放大器的电压增益和通频带。实际上，检波器的输入阻抗是复数，可看成由电阻和电容并联组成。通常输入电容与高频谐振回路构成谐振，所以可只考虑输入电阻 R_{in} 的影响。

$$R_{id} = \frac{U_{im}}{I_{1m}}$$

7.1.4.3　非线性失真系数 K_f

非线性失真的大小，一般用非线性失真系数群表示。当输入为单频调制的调幅波时，K_f 定义为

$$K_f = \frac{\sqrt{U_{2\Omega}^2 + U_{3\Omega}^2 + \cdots}}{U_\Omega}$$

式中，U_Ω，$U_{2\Omega}$，$U_{3\Omega}$，$\cdots$ 分别为输出电压中调制信号基波和各次谐波分量的有效值。

7.2　二极管大信号包络检波器

大信号包络检波是高频输入信号的振幅大于 0.5V，利用二极管两端加正向电压时导通，通过二极管对电容 C 充电，加反向电压时截止，电容 C 上电压对电阻 R 放电这一特性实现检波的。因为信号振幅较大，且二极管工作于导通和截止两种状态，所以其分析方法可采用折线分析法。

7.2.1　大信号检波的工作原理

图 7-4 所示为大信号检波原理电路。它由输入回路、二极管 D 和 RC 低通滤波器组成。

输入等幅波时检波器的工作过程如图 7-5 所示。

设二极管为理想的，由于二极管的单向导电性，当载波处于正半周时，二极管导通，电容 C 被充电。由于二极管的正向导通电阻很小，故充电时间常数很小，很快充到输入信号的峰值。当输入信号下降时，电容 C 上的电压大于输入信号电压，二极管偏截止。电容通过电阻放电。由于放电时间常数远大于充电时间常数，故放电缓慢。当下一个正半周时，从输入电压大于电容 C 上的电压时开始，二极管重新导通，再重复前面的过程。输出电压具有频率为载频的纹波，经低通滤波器的滤波，可将其滤掉。取出的电压的变化将与包络的变化一致。达到检波的目的。

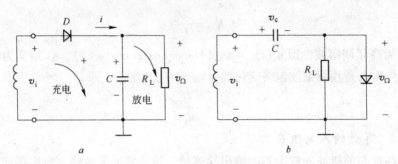

图 7－4 大信号检波原理电路图

a—串联型二极管包络检波器；b—并联型二级管包络检波器

当输入为调幅波信号时，充放电波形如图 7－6 所示。其过程与等幅波输入情况相似。输出电压 $u_o(t)$ 的变化规律正好与输入信号的包络相同。

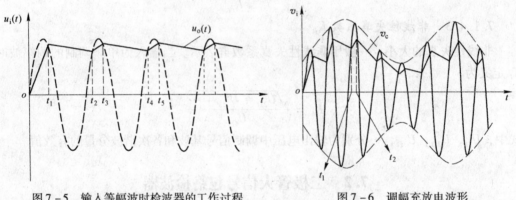

图 7－5 输入等幅波时检波器的工作过程   图 7－6 调幅充放电波形

7.2.2 大信号检波器的性能分析

从理论上讲，θ 越小，输出电压越接近调幅波的包络，失真越小。导通角 θ 的分析方法类似于丙类功率放大器的折线分析法。

$$\theta = 3\sqrt[3]{\frac{3\pi}{g_d R_L}}$$

只有在大信号时，二极管的伏安特性才能用折线近似，故包络检波适合于大信号。可见，R_L 越大，θ 越小。

【例 7－1】 振幅检波器由哪几个部分组成，各部分的作用如何？下列各图（如图 7－7 所示）能否检波？图 7－7 中 R、C 为正常值，二极管为折线特性。

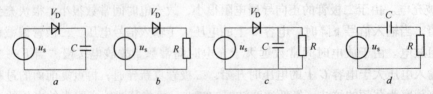

图 7－7 【例 7－1】电路图

解： 振幅检波器应该由检波二极管、RC 低通滤波器组成，RC 电路的作用是作为检波器的负载，在其两端产生调制电压信号，滤掉高频分量；二极管的作用是利用它的单向导电性，保证在输入信号的峰值附近导通，使输出跟随输入包络的变化。

图 $7-7a$ 不能作为实际的检波器，因为负载为无穷大，输出近似为直流，不反映 AM 输入信号包络。它只能用于对等幅信号的检波，即整流滤波。

图 $7-7b$ 不能检波，因为没有检波电容，输出为输入信号的正半周，因此是一个单向整流电路。

图 $7-7c$ 可以检波。

图 $7-7d$ 不可以检波，该电路是一个高通滤波器，输出与输入几乎完全相同。

7.2.3 大信号检波器的技术指标

7.2.3.1 电压传输系数

若输入电压为 $u_i = U_{im}\cos\omega_i t$ 的等幅波时，则检波器的输出电压 $u_o = U_{im}\cos\theta$。根据输入为等幅波时电压传输系数的定义，则

$$K_d = \frac{U_{im}\cos\theta}{U_{im}} = \cos\theta$$

若输入电压为 $u_i = U_{im}(1 + m_a\cos\Omega t)\cos\omega_i t$ 的调幅波，检波器的输出电压 $u_o = U_{im}(1 + m_a\cos\Omega t)\cos\theta$。根据调幅波的电压传输系数的定义，可得

$$K_d = \frac{m_a U_{im}\cos\theta}{m_a U_{im}} = \cos\theta$$

式中，分子为输出端低频电压的振幅；分母为输入调幅波的包络变化的振幅；m_a 为调幅系数。

显然，检波器的电压传输系数越大，说明在同样的输入电压时，得到的低频输出电压越大。检波效率越高。R_L 越大，导通角 θ 越小，电压传输系数越大，检波效率越高。通常，K_d 总是小于 1 的。一般希望越接近于 1 越好。

7.2.3.2 等效输入电阻 R_{id}

根据定义，等效输入电阻为输入高频电压振幅与流过检波二极管的高频电流的基波振幅之比，即

$$R_{id} = \frac{V_{im}}{I_{im}} = \frac{V_{im}}{2K_d V_{im}/R} = \frac{R}{2K_d}$$

在大信号情况下，检波器的输入电阻约为负载电阻的一半。负载电阻越大，输入电阻越大，检波器对前级电路的影响就越小。

7.2.3.3 失真

A 频率失真

低通滤波器 RC 具有一定的频率特性，电容 C 的主要作用是滤除调幅波中的载波频率分量，为了不产生频率失真，应使电容 C 的容抗对上限频率 Ω_{max} 不产生旁路作用，为此应满足

$$\frac{1}{\Omega_{\max} C} \gg R$$

为了不引起频率失真，应使 C_c 对于下限频率 $\Omega_{\min}$ 的电压降很小，必须满足

$$\frac{1}{\Omega_{\min} C_c} \ll R_L$$

B 非线性失真

这种失真是由检波二极管伏安特性曲线的非线性引起的。由于检波器的输出电压是二极管的反向偏压，具有负反馈作用。输出电压大，负反馈强，输出电压减小，负反馈减弱。这个反向偏压的调整作用，将使非线性失真减小。检波负载电阻越大，反向偏压越大，非线性失真就越小。一般来说，二极管大信号检波器的非线性失真很小。

C 惰性失真

它是由 RC 不当引起的。检波器的低通滤波器 RC 的数值大小对检波器的特性有较大影响。负载电阻 R 越大，检波器的电压传输系数 K_d 越大，等效输入电阻 R_{in} 越大，非线性失真越小。但是随着负载电阻 R 的增大，RC 的时间常数将增大，就有可能产生惰性失真（图 7-8）。

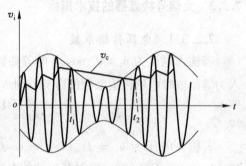

图 7-8 惰性失真

显然，当电容器上电压变化的速度比调幅波振幅变化的速度快时，则不会产生惰性失真，即

$$\left| \frac{du_c}{dt} \right| \geqslant \left| \frac{dU'_{im}}{dt} \right|$$

不产生惰性失真的条件为

$$RC\Omega \frac{m_a}{\sqrt{1 - m_a^2}} \leqslant 1$$

若调幅波为多频调制，其调制信号的角频率为 $\Omega_{\min} \sim \Omega_{\max}$，则不产生惰性失真的条件是

$$RC\Omega_{\max} \frac{m_a}{\sqrt{1 - m_a^2}} \leqslant 1$$

或

$$RC\Omega_{\max} \leqslant \frac{\sqrt{1 - m_a^2}}{m_a}$$

D 负峰切割失真

它是由交、直流负载不等引起的。

当输入调幅信号振幅的最小值附近电压数值小于 U_R 时，二极管 D 截止，将会产生输出电压波形的底部被切割。图 7-9 为其波形图，通常称为负峰切割失真波形。由上述讨论可看出，不产生负峰切割失真的条件是输入调幅波的振幅的最小值必须大于或等于 U_R。假设 $K_d = \cos\theta = 1$，即

$$U_{im}(1 - m_a) \geqslant U_R = \frac{R}{R + R_L} U_{im}$$

$$m_a \leqslant \frac{R_L}{R + R_L} = \frac{R_\Omega}{R}$$

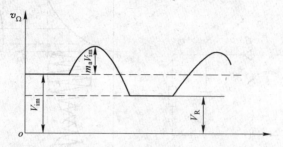

图 7 - 9　负峰切割失真波形

当 m_a 一定时，R_Ω 越近于 R，负峰切割失真越不易产生，而提高 R_Ω 则需要提高 R_L。在实际应用中，为了提高 R_L，可在检波器和下级放大器之间插入一级射极跟随器，另外还可以将直流负载电阻 R 分成两部分再与下级连接。

电路中直流负载电阻与交流负载电阻分别为

$$R = R_1 + R_2$$
$$R_\Omega = R_1 + R_2 R_L / (R_2 + R_L)$$
$$R_1 = (0.1 \sim 0.2) R_2$$
$$RC = (R_1 + R_2) C_1 + R_2 C_2$$

检波电路如图 7 - 10 所示。

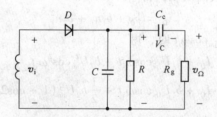

图 7 - 10　考虑了耦合电容 C_c 和低放输入电阻 R_g 后的检波电路

7.3　二极管小信号检波器

小信号检波是高频输入信号的振幅小于 0.2V，利用二极管伏安特性弯曲部分进行频率变换，然后通过低通滤波器实现检波，通常称为平方律检波。

7.3.1　小信号检波的工作原理

图 7 - 11 所示为二极管小信号检波电路。因为是小信号输入，需外加偏压 V_Q 使其静态工作点位于二极管特性曲线的弯曲部分的 Q 点。当加的输入信号为调幅信号时，二极管中的电流变化规律如图 7 - 12 所示。图中，输入为对称的调幅信号，由于二极管伏安特性的非线性，二极管的电流变化则为失真的非对称调幅电流 i_d 波形失真，表明产生了新的频率，而其中包含调制信号的频率。经过滤波器后，就可以得到所需的原调制信号。

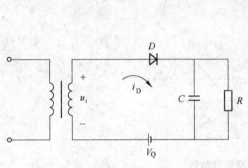

图 7 – 11　二极管小信号检波电路

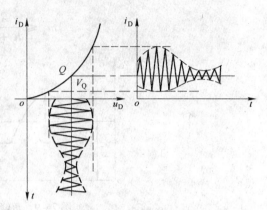

图 7 – 12　输入为小信号调幅信号时的工作过程

7.3.2　小信号检波器的分析

二极管的伏安特性在工作点 Q 附近，可用泰勒级数展开，即

$$i_D = b_0 + b_1(u_D - V_Q) + b_2(u_D - V_Q)^2 + b_3(u_D - V_Q)^3 + \cdots$$

因为二极管小信号检波器输出电压很小，可忽略输出电压的反作用，得

$$u_D = u_i + V_Q$$

则

$$i_D = b_0 + b_1 u_i + b_2 u_i^2 + b_3 u_i^3 + \cdots$$

当 u_i 较小时，可忽略其高次项，得

$$i_D = b_0 + b_1 u_i + b_2 u_i^2$$

当输入为等幅波 $u_i = U_{im}\cos\omega_i t$ 时，得

$$i_D = I_Q + b_1 U_{im}\cos\omega_i t + b_2 U_{im}^2 \cos^2\omega_i t$$

$$= I_Q + b_1 U_{im}\cos\omega_i t + \frac{1}{2}b_2 U_{im}^2(1 + \cos2\omega_i t)$$

经低通滤波器取出 $I_Q + \dfrac{1}{2}b_2 U_{im}^2$。式中，$\dfrac{1}{2}b_2 U_{im}^2$ 为直流电流增量，它代表二极管的检波作用的结果。输出电压增量为 $\dfrac{1}{2}b_2 U_{im}^2 R$。

当输入信号为调幅波 $u_i = U_{im}(1 + m_a\cos\Omega t)\cos\omega_i t$ 时，因为 $\omega_i \gg \Omega$，可认为在 ω_i 一周内 $U_{im}(1 + m_a\cos\Omega t) = U_{im}'$ 是不变的。这样检波器的输出电压增量为

$$\frac{1}{2}b_2 R U_{im}'^2 = \frac{1}{2}b_2 U_{im}^2(1 + m_a\cos\Omega t)^2$$

$$= \frac{1}{2}b_2 R U_{im}^2 + \frac{1}{4}b_2 R m_a^2 U_{im}^2 + b_2 R m_a U_{im}^2\cos\Omega t + \frac{1}{4}b_2 R m_a^2 U_{im}^2\cos2\Omega t$$

此电压增量经 C_c 隔直耦合在 R_L 上，得到电压为

$$b_2 R m_a U_{im}^2\cos\Omega t + \frac{1}{4}b_2 R m_a^2 U_{im}^2\cos2\Omega t$$

由此可见，输出电压中除 Ω 分量外，还有 2Ω 的频率成分，也就是产生了非线性失真。

7.3.3 小信号检波器的主要技术指标

输入为等幅波时，小信号检波器的电压传输系数为

$$K_d = \frac{\frac{1}{2}b_2 U_{im}^2 R}{U_{im}} = \frac{1}{2}b_2 U_{im}R$$

而输入为调幅波时，小信号检波器的电压传输系数为

$$K_d = \frac{b_2 m_a U_{im}^2 R}{U_{im}} = b_2 U_{im}R$$

小信号检波器的非线性失真系数为

$$K_f = \frac{\sqrt{U_{2\Omega m}^2 + U_{3\Omega m}^2 + \cdots}}{U_{\Omega m}} = \frac{\frac{1}{4}b_2 m_a^2 U_{im}^2}{b_2 m_a U_{im}^2} = \frac{1}{4}m_a$$

因为小信号检波器的输出电压与输入信号振幅的平方成正比，所以常用来作为测量信号功率的方法之一。

7.4 同步检波器

抑制载波的双边带信号和单边带信号，因其波形包络不直接反映调制信号的变化规律，不能用包络检波器解调，又因其频谱中不含有载频分量，解调时必须在检波器输入端另加一个与发射载波同频同相并保持同步变化的参考信号，此参考信号与调幅信号共同作用于非线性器件电路，经过频率变换，恢复出调制信号。这种检波方式称为同步检波。

在某些应用中，为了改善性能，对普通调幅信号的解调也可以采用同步检波。同步检波器主要用于对抑制载波的双边带调幅波和单边带调幅波进行解调，也可以用来解调普通调幅波。

同步检波器由相乘器和低通滤波器两部分组成。它与包络检波器的区别在于检波器的输入除了有需要进行解调的调幅信号电压 u_i 外，还必须外加一个频率和相位与输入信号载频完全相同的本地载频信号电压 u_0。经过相乘和滤波后得到原调制信号。

图 7-13 为同步检波器原理方框图。

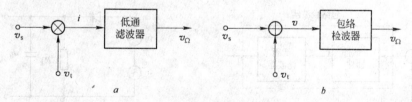

图 7-13 同步检波器原理方框图

7.4.1 同步检波器的工作原理

设输入信号是双边带调幅信号电压

$$u_i = U_{im}\cos\Omega t\cos\omega_i t$$

本地载频信号电压为

$$u_0 = U_{0m}\cos\omega_i t$$

即本地载频信号与输入信号的载频同频同相位。经相乘器相乘，输出电流为

$$Ku_i u_0 = KU_{im}U_{0m}\cos\Omega t\cos\omega_i t\cos\omega_i t$$

$$= \frac{1}{2}KU_{im}U_{0m}\cos\Omega t + \frac{1}{4}KU_{im}U_{0m}\cos(2\omega_i + \Omega)t +$$

$$\frac{1}{4}KU_{im}U_{0m}\cos(2\omega_i - \Omega)t$$

经低通滤波器滤除 $2\omega_1 \pm \Omega$ 频率分量，就得到频率为 Ω 的低频电压信号

$$u_\Omega = \frac{1}{2}KU_{im}RU_{0m}\cos\Omega t$$

对单边带信号来说，解调过程与双边带相似。设输入信号为单音频调制的上边带信号电压

$$u_i = U_{im}\cos(\omega_i + \Omega)t$$

本地载波频信号电压

$$u_0 = U_{0m}\cos\omega_i t$$

经相乘器相乘，输出电流为

$$Ku_i u_0 = KU_{im}U_{0m}\cos(\omega_i + \Omega)t\cos\omega_i t$$

$$= \frac{1}{2}KU_{im}U_{0m}[\cos\Omega t + \cos(2\omega_i + \Omega)t]$$

经低通滤波器后，取出低频电压信号

$$u_\Omega = \frac{1}{2}KU_{1m}U_{0m}R\cos\Omega t$$

对于普通调幅波，同样也可以采用同步检波器来实现解调。

7.4.2　包络检波器构成的同步检波器

同步检波器原理方框图如图 7 - 14 所示。

同步检波器原理电路如图 7 - 15 所示。

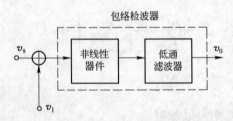

图 7 - 14　包络检波器构成的同步检波器

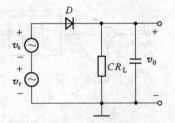

图 7 - 15　同步检波器原理电路

设输入信号为抑制载波的双边带

$$v_s = V_{sm}\cos\Omega t\cos\omega_0 t$$

本地振荡信号

$$v_r = V_{rm}\cos\omega_0 t$$

则它们的合成信号

$$v = v_s + v_r = V_{rm}\left(1 + \frac{V_s}{V_{rm}}\cos\Omega t\right)\cos\omega_0 t$$

当 $V_{rm} > V_{sm}$ 时，$m_a = \dfrac{V_{sm}}{V_{rm}} < 1$，因此，通过包络检波器便可检出所需的调制信号。

7.5 混频器原理与电路

7.5.1 概述

混频是指对信号进行频率变换，将其载频变换到某一固定的频率（称为中频）上，而保持原信号的特征（如调幅规律）不变。混频器的电路组成如图 7-16 所示。

变频具有以下优点：

（1）变频可提高接收机的灵敏度；

（2）提高接收机的选择性；

（3）工作稳定性好；

（4）波段工作时其质量指标一致性好。

变频的缺点是容易产生镜像干扰、中频干扰等。

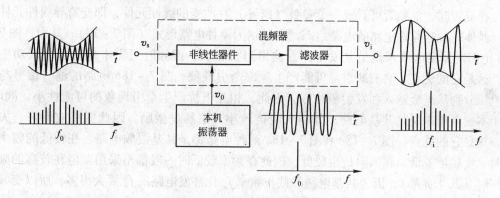

图 7-16　混频器的电路原理图

7.5.2 晶体管混频器的分析

7.5.2.1 基本电路和工作原理

图 7-17 所示为晶体三极管混频器的原理电路。图中，V_{BB} 为基极偏置电压，V_{CC} 为集电极直流电压，$L_1 C_1$ 组成输入回路，它谐振于输入信号频率 ω_s。$L_2 C_2$ 组成输出中频回路，它谐振于中频 $\omega_i = \omega_0 - \omega_s$。

设输入信号 $v_s = V_{sm}\cos\omega_s(t)$，本振电压 $v_0 = V_0\cos\omega_0 t$，实际上，发射结上作用有三个电压

$$v_{be} = V_{BB} + v_0 + v_s$$

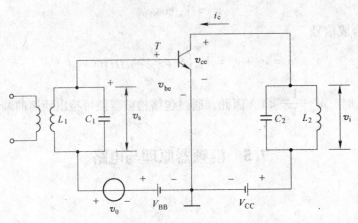

图 7-17   晶体三极管混频器的原理电路

7.5.2.2   晶体管混频器的分析方法

A   幂级数分析法

在小信号运用的条件下，也可以将某些非线性元器件函数表达式用幂级数函数近似，使问题简化。用这种方法来分析非线性电路可突出说明频率变换作用，不便于做定量分析。

$$i = a_0 + a_1 v + a_2 v^2 + a_3 v^3 + \cdots$$

B   变跨导分析法

在混频时，混频管可看成一个参数（跨导）在改变的线性元件，即变跨导线件元件。

晶体管混频原理电路的电路组态，可归纳为 4 种电路形式（图 7-18）。其中：图 7-18a 电路对振荡电压来说是共发电路，输出阻抗较大，混频时所需本地振荡注入功率较小，这是它的优点。它的缺点是可能产生频率牵引现象。图 7-18b 电路的输入信号与本振电压分别从基极输入和发射极注入，因此，相互干扰产生牵引现象的可能性小。同时，对于本振电压来说是共基电路，其输入阻抗较小，不易过激励，因此振荡波形好，失真小。这是它的优点。图 7-18c 和图 7-18d 两种电路都是共基混频电路。在较低的频率工作时，变频增益低，输入阻抗也较低，因此在频率较低时一般都不采用。但在较高的频率工作时（几十兆赫），因为共基电路的截止频率 f_α 比共发电路的 f_β 要大得多，所以变频增益较大。因此，在较高频率工作时采用这种电路。

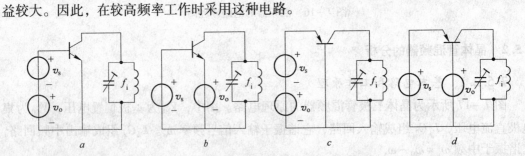

图 7-18   晶体混频电路的 4 种电路组态

由于信号电压 V_{sm} 很小，无论它工作在特性曲线的哪个区域，都可以认为特性曲线是线性的（如图 7-19 中 ab、$a'b'$ 和 $a''b''$ 三段的斜率是不同的）。因此，在晶体管混频器的分析中，可将晶体管视为一个跨导随本振信号变化的线性参变元件。

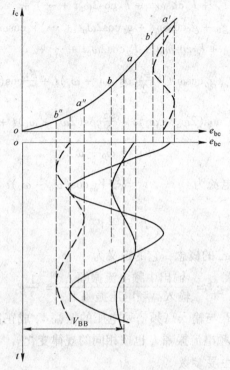

图 7-19 加电压后的晶体管转移特性曲线

由于 $V_0 \gg V_{sm}$ 使晶体管工作在线性时变状态，所以晶体管集电极静态电流 $i_c(t)$ 和跨导 $g_m(t)$ 均随 v_0 做周期性变化。

由于信号 v_s 远小于 v_0，可以近似认为对器件的工作状态变化没有影响。此时流过器件的电流为

$$i(t) = f(v) = f(v_0 + v_s + v_{BB})$$

可将 $v_0 + v_{BB}$ 看成器件的交变工作点，则 $i(t)$ 可在其工作点 $v_0 + v_{BB}$ 处展开为泰勒级数

$$i(t) = f(v_0 + V_{BB}) + f'(v_0 + V_{BB})v_s + \frac{1}{2!}f''(v_0 + V_{BB})v_s^2 + \cdots +$$

$$\frac{1}{n!}f^{(n)}(v_0 + V_{BB})v_s^2 + \cdots$$

由于 v_s 的值很小，可以忽略二次方及其以上各项，则 $i(t)$ 近似为

$$i(t) \approx f(V_{BB} + v_0) + f'(V_{BB} + v_0)v_s$$

其中 $f(v_0 + V_{BB})$ 是 $v_s = 0$ 时仅随 v_0 变化的电流，称为时变静态电流，$f''(v_0 + V_{BB})$ 随 $v_0 + v_{BB}$ 而变化，称为时变电导 $g(t)$。电流可以写为

$$i(t) \approx I_0(t) + g(t) \cdot v_s(t)$$

将

$$v_{BB} + v_0 = v_{BB} + v_{0m}\cos\omega_0 t$$

$$v_s = V_{sm}\cos\omega_s t$$

代入式展开并整理，得

$$i_c \approx (I_{c0} + I_{cm1}\cos\omega_0 t + I_{cm2}\cos2\omega_0 t + \cdots) +$$

$$(g_0 + g_1\cos\omega_0 t + g_2\cos 2\omega_0 t + \cdots)V_{sm}\cos\omega_s t$$

$$i_c = (I_{c0} + I_{c1}\cos\omega_0 t + I_{c2}\cos 2\omega_0 t + \cdots) +$$

$$(g_0 + g_1\cos\omega_0 t + g_2\cos 2\omega_0 t + \cdots)V_s\cos\omega_s t$$

$$= I_{c0} + I_{c1}\cos\omega_0 t + I_{c2}\cos 2\omega_0 t + \cdots +$$

$$V_s\Big[g_0\cos\omega_s t + \frac{g_1}{2}\cos(\omega_0 + \omega_s)t + \frac{g_1}{2}\cos(\omega_0 - \omega_s)t +$$

$$\frac{g_2}{2}\cos(2\omega_0 - \omega_s)t + \frac{g_2}{2}\cos(2\omega_0 + \omega_s)t + \cdots\Big]$$

若中频频率取差频 $\qquad\qquad \omega_i = \omega_0 - \omega_s$

则混频后输出的中频电流为 $\qquad i_i = \dfrac{g_1}{2}V_{sm}\cos(\omega_0 - \omega_s)t$

其振幅为 $\qquad\qquad\qquad I_i = \dfrac{g_1}{2}V_{sm}$

由上式引出变频跨导 g_c 的概念，它的定义为

$$g_c = \frac{\text{输出中频电流振幅 } I_i}{\text{输入高频电压振幅 } V_{sm}} = \frac{1}{2}g_1$$

输出的中频电流振幅 I_i 与输入高频信号电压的振幅 V_s 成正比。若高频信号电压振幅 V_{sm} 按一定规律变化，则中频电流振幅 I_i 也按相同的规律变化。

C 晶体管混频器的主要参数

混频器除混频跨导外，还有输入导纳、输出导纳、混频增益等参数。前述已知，在晶体管混频器的分析中，把晶体管看成一个线性参变元件，因此可采用分析小信号线性放大器时所用的等效电路（图 7-20）来分析混频器的参数。

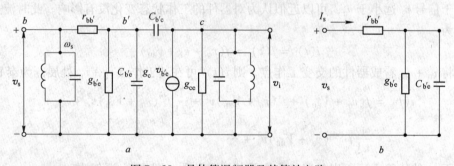

图 7-20 晶体管混频器及其等效电路

a 混频输入导纳

混频输入导纳为输入信号电流与输入信号电压之比，在计算混频器的输入导纳时，可将图 7-20 所示的等效电路做进一步的简化。混频器的输入回路调谐于 ω_s，输出回路调谐于 ω_1。对频率 ω_s 而言，输出可视为短路，同时考虑到 $C_{b'e} \gg C_{b'c}$，由此得到输入等效电路如图 7-20 所示，并可以算出混频输入导纳为

$$Y_{ic} = \frac{I_{sm}}{V_{sm}} = g_{ic} + jb_{ic} = \frac{g_{b'e} + \omega_s^2 C_{b'e}^2 r_{bb'}}{1 + \omega_s^2 C_{b'e}^2 r_{bb'}^2} + j\frac{\omega_s C_{b'e}}{1 + \omega_s^2 C_{b'e}^2 r_{bb'}^2}$$

输入导纳的电导部分为：

$$g_{ic} = \frac{g_{b'e} + \omega_s^2 C_{b'e}^2 r_{bb'}}{1 + \omega_s^2 C_{b'e}^2 r_{bb'}^2}$$

而电纳部分（电容）一般总是折算到输入端调谐回路的电容中去。

b 混频输出导纳

混频输出导纳为输出中频电流与输出电压之比。输出导纳是对中频 ω_i 而言，在输出端呈现的导纳。因此，调谐于 ω_s 的输入回路可视为短路，得到输出等效电路如图 7-21 所示，并可算出混频输出导纳为：

$$Y_{OC} = \frac{I_i}{V_i} = \frac{I_1 + I_2 + I_3}{V_i} = g_{oc} + jb_{oc} = g_{ce} + \frac{g_c(\omega_i r_{bb'})^2 C_{b'e} C_{b'c}}{1 + (\omega_i C_{b'e} r_{bb'})^2} + j\frac{g_c r_{bb'}\omega_i C_{b'c}}{1 + (\omega_i C_{b'e} r_{bb'})^2}$$

输出导纳中的电导为：

$$g_{oc} = g_{ce} + \frac{g_c(\omega_i r_{bb'})^2 C_{b'e} C_{b'c}}{1 + (\omega_i C_{b'e} r_{bb'})^2}$$

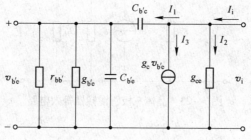

图 7-21 输出等效电路

c 混频跨导 g_c

在混频中，由于输入是高频信号，而输出是中频信号，二者频率相差较大，所以输出中频信号通常不会在输入端造成反馈，电容 $C_{b'c}$ 的作用可忽略不计。另外，g_{ce} 一般远小于负载电导 $G_{L'}$，其作用也可以忽略不计。由此可得到晶体管混频器的转移等效电路（如图 7-22 所示）。

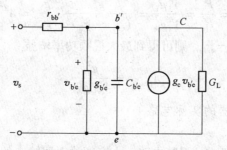

图 7-22 晶体管混频器的转移等效电路

$$g_c = \frac{输出中频电流振幅\ I_i}{输入高频电压振幅\ V_{sm}} = \frac{1}{2}g_1$$

$$g(t) = g_0 + g_1\cos\omega_0 t + g_2\cos2\omega_0 t + \cdots$$

g_1 是在本振电压加入后，混频管跨导变量中基波分量

$$g_1 = \frac{2}{T}\int_{-\frac{T}{2}}^{\frac{T}{2}} g(t)\cos\omega_0 t dt$$

由于 $g(t)$ 是一个很复杂的函数，因此要从上式来求 g_1 是比较困难的。从工程实际出发，采用图解法，并作适当的近似，混频跨导为：

$$g_c = \frac{I_i}{V_s} = \frac{1}{2}g_1 , \quad g_c = \frac{1}{2}\frac{\dfrac{I_e}{26}}{\sqrt{1 + \left(\dfrac{f_s}{f_T}\dfrac{I_e}{26}r_{bb'}\right)^2}}$$

d 混频器的增益

将混频输入电纳和输出电纳归并在输入、输出端的调谐回路的电容中去，则得到晶体三极管的等效电路（如图 7-23 所示），图中负载电导 g_L 是输出回路的谐振电导。

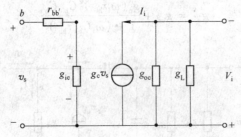

图 7-23 晶体三极管混频器等效电路

由图可以算出

$$V_i = \frac{I_i}{g_{oc} + g_L} = \frac{g_c V_s}{g_{oc} + g_L}$$

故混频电压增益

$$A_{vc} = \frac{V_i}{V_s} = \frac{g_c}{g_{oc} + g_L}$$

混频功率增益

$$A_{PC} = \frac{P_i}{P_s} = \frac{V_i^2 g_L}{V_s^2 g_{ic}} = \frac{g_c^2}{(g_{oc} + g_L)^2}\cdot\frac{g_L}{g_{ic}} = A_{vc}^2\frac{g_L}{g_{ie}}$$

如果电路匹配，使 $g_{oc} = g_L$，则可得到最大混频功率增益

$$A_{pcmax} = \frac{g_c^2}{4g_{ic}g_{oc}}$$

D 晶体三极管混频器的实际电路

a 混频电路

图 7-24 所示为电视机中的混频电路。由高频放大器输入的信号，经双调谐电路耦合加到混频管的基极，本振电压通过耦合电容 C_1 也加到基极上。本振信号的频率要比信号的图像载频高 39MHz，为了减小两个信号之间的相互影响，耦合电容 C_1 的取值很小。

为使输出电路在保证带宽下具有良好的选择性，常采用双调谐耦合回路，并在初级回路中并联电阻 R，用以降低回路 Q 值，满足通带的要求。次级回路用 C_2，C_3 分压，目的是与 95Ω 电缆特性阻抗相匹配。

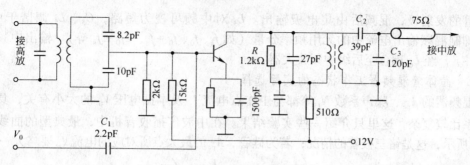

图 7 – 24   电视机的混频电路

图 7 – 25 所示为晶体管混频器实用电路的交流通路。应用在日立 CTP – 236D 型彩色电视机 ET – 533 型 VHF 高频头内。图中的 V_1 管用作混频器，输入信号（即来自高放的高频电视信号，频率为 f_s）由电容 C_1 耦合到基极；本振信号由电容 C_2 也耦合到基极，构成共射混频方式，其特点是所需要的信号功率小，功率增益较大。混频器的负载是共基式中频放大器（V_2 构成）的输入阻抗。

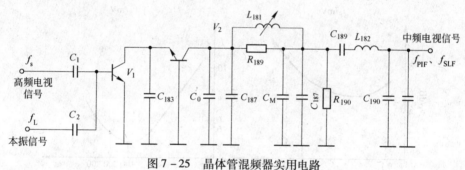

图 7 – 25   晶体管混频器实用电路

b   变频电路

图 7 – 26 所示为晶体管中波调幅收音机常用的变频电路，其中本地振荡和混频都由三极管 3AG1D 完成。

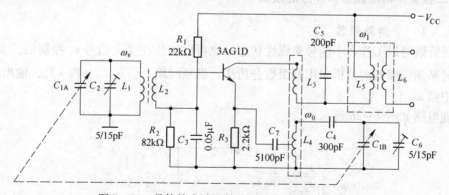

图 7 – 26   晶体管中波调幅收音机常用的变频电路

图中，R_1、R_2、R_3 为偏置电阻，由 L_4、C_4、C_{1B}、C_6 组成振荡回路，L_3 为反馈线圈。中频回路 $L_5 C_5$ 的并联阻抗对本振频率而言可视为短路。因此，3AG1D 构成共基极变压器耦合振荡器。由磁性天线接收到的无线电信号经过 L_1、C_{1A}、C_2 组成的输入回路，选出所需频率的目标信号，再经 L_1 与 L_2 的变压器耦合，送到晶体管的基极。本振信号经 C_9 注入晶体管的发射极，混频后由集电极输出。L_3 对中频可视为短路，C_5、L_5 调谐于中频，以便抑制混频输出电流中的无用频率分量（如 f_s、f_0、$f_0 + f_s$、$2f_0 \pm f_s$ 等）。输出中频分量 $f_i = f_0 - f_s$，经 L_6 耦合至后级中频放大器。

　　E　晶体管混频器工作状态的实际选择

　　混频器的 A_{pc}、噪声系数 N_f 等都与工作点电流 I_e 及本振电压 V_0 的大小有关，具体数学关系比较复杂，这里只介绍一些实验结果。在中波广播收音机中，最典型的曲线如图 7 –27 所示，这是锗三极管的情况；若为硅管，A_{pc} 的最大点所对应的电流 I_e 要略大一点。

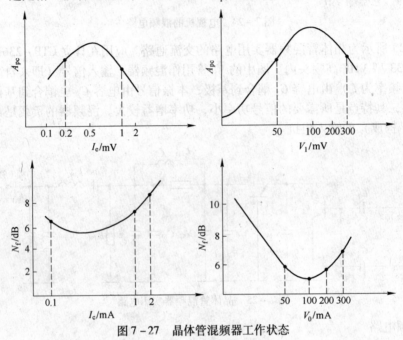

图 7 –27　晶体管混频器工作状态

7.5.3　二极管平衡混频器和环形混频器

7.5.3.1　平衡混频器

　　二极管既可以工作在小信号非线性状态，也可以工作在受大信号 v_0 控制的开关状态。小信号时平衡混频器的分析采用幂级数分析法，混频时输入信号 $V_D = V_S + V_0$，输出回路则谐振在中频 ω_i 上。

　　原理电路如图 7 –28 所示。

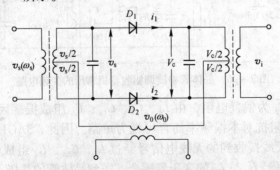

图 7 –28　平衡混频器的原理电路

二极管的伏安特性可用幂级数表示：

$$i = a_0 + a_1 v_D + a_2 v_D^2 + a_3 v_D^3 + \cdots$$

为简化分析，忽略输出电压对二极管的反作用，则

$$V_{D1} \approx V_0 + V_s = V_0\cos\omega_0 t + V_s\cos\omega_s t$$

当 v_D 很小时，级数可只取前四项，得

$$i_1 = a_0 + a_1(V_0\cos\omega_0 t + V_s\cos\omega_s t) + a_2(V_0\cos\omega_0 t + V_s\cos\omega_s t)^2 +$$
$$a_3(V_0\cos\omega_0 t + V_s\cos\omega_s t)^3$$

利用三角公式展开，并分类整理，可得

$$i_{1i} = a_0 + a_1(V_0\cos\omega_0 t + V_s\cos\omega_s t) +$$

$$a_2\left\{\frac{1}{2}V_0^2(1+\cos 2\omega_0 t) + V_0 V_s[\cos(\omega_0+\omega_s)t + \cos(\omega_0-\omega_s)t] + \frac{1}{2}V_s^2(1+\cos 2\omega_s t)\right\} +$$

$$a_3\left\{\frac{1}{4}V_0^3(3\cos\omega_0 t + \cos 3\omega_s t) + \frac{3}{2}V_0^2 V_s\left[\cos\omega_0 t + \frac{1}{2}\cos(2\omega_0+\omega_s)t + \frac{1}{2}\cos(2\omega_0-\omega_s)t\right] + \right.$$

$$\left. \frac{3}{2}V_0^2 V_s^2\left[\cos\omega_0 t + \frac{1}{2}\cos(\omega_0+2\omega_s)t + \frac{1}{2}\cos(\omega_0-2\omega_s)t\right]\right\}$$

由上式可见，经过二极管非线性变换后，出现了许多新频率，但其中只有 $\omega_0-\omega_s$ 才是所需要的。这是由平方项 $a_2 v^2$ 产生的。其他频率分量都是无用的产物，必须将它们抑制掉。

$$i_{1i} = a_2 V_s V_0\cos(\omega_0-\omega_s)t$$
$$v_{D2} \approx v_0 - v_s = V_0\cos\omega_0 t - V_s\cos\omega_s t$$
$$i_2 = a_0 + a_1(V_0\cos\omega_0 t - V_s\cos\omega_s t) + a_2(V_0\cos\omega_0 t - V_s\cos\omega_s t)^2 +$$
$$a_3(V_0\cos\omega_0 t - V_s\cos\omega_s t)^3$$
$$i_{2i} = -a_2 V_s V_0\cos(\omega_0-\omega_s)t$$

i_1、i_2 以相反方向流过输出端变压器初级，使变压器次级负载电流

$$i_{L1} = i_1 - i_2$$
$$V_{i1} = (i_1 - i_2)R = 2a_2 V_s V_0\cos(\omega_0-\omega_s)t$$

由于元器件的非线性作用，单管输出电流中产生了输入电压中不曾有的新频率成分，如输入频率的谐波 $2\omega_0$ 和 $2\omega_s$、$3\omega_0$ 和 $3\omega_s$；输入频率及其谐波所形成的各种组合频率 $\omega_0+\omega_s$、$\omega_0-\omega_s$、$\omega_0+2\omega_s$、$\omega_0-2\omega_s$、$2\omega_0+\omega_s$、$2\omega_0-\omega_s$。

平衡混频器输出电流的频率成分为：ω_s、$\omega_0+\omega_s$、$\omega_0-\omega_s$、$2\omega_0+\omega_s$、$2\omega_0-\omega_s$、$3\omega_s$。

7.5.3.2 环形混频器

环形混频器（图 7-29）由两个平衡混频器构成。其主要优点是输出中频信号是平衡混频器的两倍，而且抵消了输出电流中的某些组合频率分量，从而减小了混频器中所特有的组合频率干扰。

环形混频器的分解如图 7-30 所示。

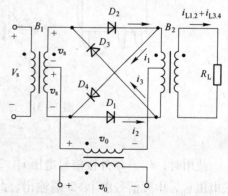

图 7-29 环形混频器

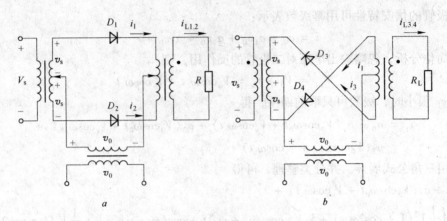

图7-30　环形混频器的分解

由平衡混频器得：

$$v_{D1} \approx v_0 + v_s = V_0\cos\omega_0 t + V_s\cos\omega_s t$$

$$v_{D2} \approx v_0 - v_s = V_0\cos\omega_0 t - V_s\cos\omega_s t$$

$$v_{D3} \approx -(v_0 + v_s) = -(V_0\cos\omega_0 t + V_s\cos\omega_s t)$$

$$v_{D4} \approx -v_0 + v_s = -V_0\cos\omega_0 t + V_s\cos\omega_s t$$

$$v_{i1} = (i_1 - i_2)R = 2a_2 V_s V_0\cos(\omega_0 - \omega_s)t$$

$$v_{i2} = (i_3 - i_4)R = 2a_2 V_s V_0\cos(\omega_0 - \omega_s)t$$

$$v_i = v_{i1} + v_{i2} = (i_1 - i_2)R + (i_3 - i_4)R = 4a_2 V_s V_0\cos(\omega_0 - \omega_s)t$$

环形混频器输出电流的频率成分为：$\omega_0 + \omega_s$、$\omega_0 - \omega_s$。

目前，许多从短波到微波波段的整体封装二极管环形混频器已作为系列产品，一个用于$0.5 \sim 500\text{MH}_z$的典型环形混频器（SRA-1双平衡混频器）的外形及电路如图7-31所示。

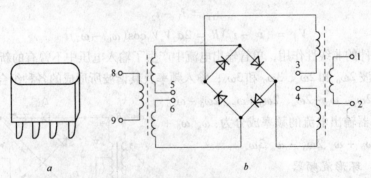

图7-31　封装环形混频器的外形与电路
a—外形；b—实际电路

使用时，8、9端外接信号电压v_s，3、4端相连，5、6端相连，然后在3、5端间加本振电压v_L，中频信号由1、2端输出。此电路除用作混频器外，还可以用作相位检波器、电调衰减器、调制器等。

7.5.4 模拟相乘器混频电路

两信号相乘可以得到其和、差频分量，因此两信号相乘实现混频是最直观的方法，利用模拟相乘器可构成乘积型混频器。

MCI596是集成化模拟乘法器芯片，由它构成的混频电路（图7-32），可显著减小由组合频率分量产生的各种干扰，另外，还具有体积小、质量轻、调整容易、稳定可靠等优点。

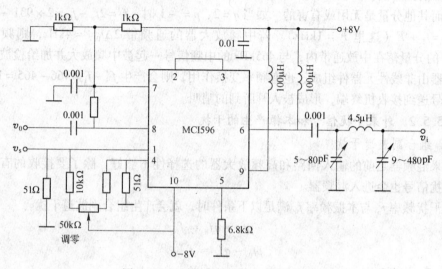

图7-32 MCI596构成的集成混频电路

被混频的信号电压由端子1输入，最大值约15mV；本振电压由端子8输入，振幅约100mV；相乘后的信号由端子6输出经带通滤波后，即可获得中频信号输出。输入端不接调谐回路时为宽频带应用。

该电路可对高频或甚高频信号进行混频，如 v_s 的频率为200MHz时，电路的混频增益约为9dB，灵敏度为14μV，当输入端接有阻抗匹配的调谐回路时，可获得更高的混频增益。输出带通滤波器的中心频率约9MHz，其3dB带宽为450kHz。

7.5.5 混频器的干扰

7.5.5.1 组合频率干扰（干扰哨声）

混频器的输出信号中所包含的各种频率分量为：

$$f_k = | \pm p f_0 \pm q f_s |$$

式中，p、q 为任意正整数，分别表示本振频率和信号频率的谐波次数。只有 $p=q=1$ 对应的频率为 $f_0 - f_s$ 的分量是所需要的中频信号。

如果某些组合频率落在谐振回路的通频带内，这些组合频率分量就和有用的中频分量一样，通过中放进入检波器，并在检波电路中与有用信号产生差拍，这时在接收机的输出端将产生哨叫声，形成有害的干扰。这种干扰又称为干扰哨叫。

即当 $f_s = \dfrac{p \pm 1}{q - p} f_i$ 时，会产生干扰哨叫。

减小这种干扰的措施：

（1）输入信号 v_s、本振电压 v_0 都不宜过大。

（2）适当选择晶体管的静态工作点，使混频器既能产生有用频率变换，而又不致产生无用的组合频率干扰。

（3）选择合适的中频，将接收机的中频选在接收机频段外。

例如，设加给混频器输入端的有用信号频率 $f_s = 931\mathrm{kHz}$，本振频率 $f_0 = 1396\mathrm{kHz}$。经过混频器的频率变换产生出众多组合频率分量，其中的 $f_i = f_0 - f_s = 465\mathrm{kHz}$ 是有用的中频信号。而其他分量是无用或有害的。如当 $q = 2$、$p = -1$ 时，$f_i' = 2f_s - f_0 = 2 \times 931 - 1396 = 466\mathrm{kHz} = f_i + F$（这里 $F = 1\mathrm{kHz}$）。若中频放大器的通频带 $2\Delta f_{0.7} = 4\mathrm{kHz}$，则频率 $f_i' = 466\mathrm{kHz}$ 的分量落在中放通带内，与 $465\mathrm{kHz}$ 的中频信号一起被中频放大并加给检波器。由于检波器由非线性元器件组成，也有频率变换作用，则会产生 $f_i' - f_i = 466 - 465 = 1\mathrm{kHz}$ 的差拍信号送到接收机终端，形成被人耳听到的哨叫。

7.5.5.2　外来干扰信号和本振产生的干扰

A　组合副波道干扰

如果混频器之前的输入回路和高频放大器的选择性不够好，除了要接收的有用信号外，干扰信号也会进入混频器。

当干扰频率 f_n 与本振频率 f_0 满足以下条件时，就会产生组合副波道干扰。

$$-pf_0 + qf_n \approx f_i$$

或

$$pf_0 - qf_n \approx f_i$$

B　副波道干扰

在组合副波道干扰中，某些特定频率形成的干扰，称为副波道干扰。这种干扰主要有中频干扰和镜像干扰。

（1）中频干扰是指干扰信号的频率等于或接近 f_i 时的干扰。

（2）镜像频率干扰是指外来干扰信号的频率 $f_n = f_0 + f_i = f_s + 2f_i$ 时的干扰。

抑制中频干扰的主要方法：提高前端输入回路的选择性，将干扰抑制在通带外，可在混频器的输入端加中频陷波电路，滤除外来的中频干扰，如图 7 - 33 所示。

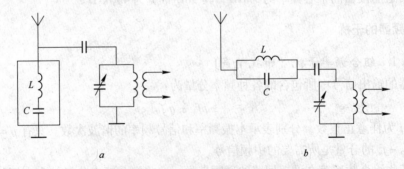

图 7 - 33　中频干扰的抑制

a—串联 LC 陷波电路；b—并联 LC 陷波电路

抑制镜频干扰的主要方法：

（1）提高混频器前各级电路的选择性。

（2）提高接收机的中频频率 f_i（图 7-34），以使镜像频率与信号频率 f_s 的频率间距（$2f_i$）加大，有利于选频回路对 f'_s 抑制。

（3）采用镜能抑制混频电路，使镜像频率信号部分抵消。

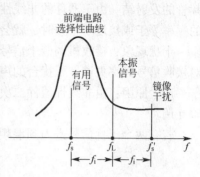

图 7-34　镜像频率干扰的抑制

【例 7-2】 某超外差收音机，其中频 $f_i = 465\text{kHz}$。

（1）当收听 $f_{s1} = 550\text{kHz}$ 电台节目时，还能听到 $f_{n1} = 1490\text{kHz}$ 强电台的声音，分析产生干扰的原因。

（2）当收听 $f_{s2} = 1490\text{kHz}$ 电台节目时，还能听到 $f_{n2} = 940\text{kHz}$ 强电台的声音，分析产生干扰的原因。

解：（1）因为 $f_{n1} = f_{s1} + 2f_i = 550 + 2 \times 456 = 1462\text{kHz}$，根据上述分析，$f_{n1}$ 为镜频干扰。

（2）因为 $f_{s2} = 1490\text{kHz}$、$f_i = 465\text{kHz}$，所以 $f_{o2} = f_{s2} + f_i = 1490 + 465 = 1955\text{kHz}$，而 $f_{n2} = 940\text{kHz}$，$f_{o2} - 2f_{n2} = 1955 - 2 \times 940 = 75\text{kHz} < f_i$，故这种干扰为组合副波道干扰。

7.5.5.3　其他类型的干扰

A　交叉调制（交调）干扰

该干扰产生的原因：它是由混频器 3 次方以上的非线性传输特性产生的。其现象为：当所接收电台的信号和干扰电台同时进入接收机输入端时，如果接收机调谐于信号频率，可以清楚地收到干扰信号电台的声音，若接收机对接收信号频率失谐，干扰台的声音也消失。

设混频器的转移特性用幂级数表示：$i = a_0 + a_1 v + a_2 v^2 + a_3 v^3$

作用在混频器上的 $v = V_{BB} + V_0 \cos\omega_0 t + V_s(t)\cos\omega_s t + V_n(t)\cos\omega_n t$

将此式代入上式，并经必要的三角变换后，可得 ω_s 的电流成分 $i_{\omega s}$ 为：

$$i_{\omega s} = \left[a_1 + 2a_2 V_{BB} + 3a_3 V_{BB}^2 + \frac{3}{2}a_3 V_0^2(t) + \frac{3}{4}a_3 V_s^2(t) + \frac{3}{2}a_3 V_n^2(t) \right] \cdot V_s(t)\cos\omega_s t$$

式中，$a_1 + 2a_2 V_{BB} + 3a_3 V_{BB}^2 + \frac{3}{2}a_3 V_0^2(t)$ 为无失真包络项；$\frac{3}{4}a_3 V_s^2(t)$ 为失真包络项。

若干扰信号 $v_n(t) = V_n(t)\cos\omega_n t$，$\frac{3}{2}a_3 V_n^2(t)V_s(t)$ 即为交调干扰项。显然，交调项由 $a_3 \neq 0$ 引起，也就是说交调是由转移特性曲线的三次方项产生，且与 $V_n^2(t)V_s(t)$ 成正比。当 $V_s(t) \neq 0$ 时，交调项起作用；当 $V_s(t) = 0$ 时，交调项消失。这在听觉上就表现为听到有用信号的声音的同时，可以听到干扰信号的声音，而一旦有用信号停止播音，干扰台声音也随之消失。

以上分析表明，交调是由非线性特性中的三次或更高次非线性项产生的，因此抑制交调干扰的主要方法为：

（1）提高混频电路前级的选择性抑制干扰。

（2）选择合适的器件和合适的工作状态，使混频器的非线性高次方项尽可能小。

（3）采用抗干扰能力较强的平衡混频器和模拟乘法器混频电路。

B　互相调制（互调）干扰

当两个或两个以上的干扰进入到混频器的输入端时，它们与本振电压 v_0 一起加到混频管的发射结。由于器件的非线性作用,它们将产生一系列组合频率分量。如果某些分量的频率等于或接近于中频时,就会形成干扰,称为互调干扰。

干扰现象:接收机调谐于信号频率,可以清楚地收到干扰信号电台的声音,若接收机对接收信号频率失谐,干扰台的声音仍然存在。

产生原因:由非线性器件二次方以上的特性引起,因此存在二阶互调和三阶互调及高阶互调。

若有两个干扰信号进入到混频器,它们分别为:

$$v_{n1} = V_{n1} \check{c}os\omega_1 t$$
$$v_{n2} = V_{n2}\cos\omega_2 t$$

这时, $v_{be} = V_0\cos\omega_0 t + V_{n1}\cos\omega_1 t + V_{n2}\cos\omega_2 t$,所得的 i_c 中包含一系列组合频率分量,其频率可用下列通式表示

$$f_{p \cdot m \cdot n} = | \pm pf_0 \pm mf_1 \pm nf_2 |$$

若两个干扰信号形成的新的组合频率 $| \pm mf_1 \pm nf_2 |$,与信号频率 f_s 相近,即组合频率与本振频率 f_0 之差落在中频范围, $f_0 - | \pm mf_1 \pm nf_2 | = f_i$,那么,它就会和接收信号所产生的中频一样通过中放、检波,造成强烈干扰。

【例7-3】 当 $f_{n1} = 1.5\text{MHz}$ 、 $f_{n2} = 0.9\text{MHz}$ 时,若接收机在 $1 \sim 3.5\text{MHz}$ 波段工作,问在哪几个频率上会产生互调干扰?

解: 若 $m = 1$ 、 $n = 1$,则

$$f_{n1} + f_{n2} = 1.5 + 0.9 = 2.4\text{MHz}$$
$$f_{n1} - f_{n2} = 1.5 - 0.9 = 0.6\text{MHz}(波段外)$$

若 $m = 1$ 、 $n = 2$,则

$$f_{n1} + f_{n2} = 1.5 + 0.9 = 2.4\text{MHz}$$
$$2f_{n1} - f_{n2} = 3.0 - 0.9 = 2.1\text{MHz}(波段外)$$

若 $m = 2$ 、 $n = 1$,则

$$2f_{n1} + f_{n2} = 3 + 0.9 = 3.9\text{MHz}(波段外)$$
$$2f_{n1} - f_{n2} = 3 - 0.9 = 2.1\text{MHz}$$

若 $m = 3$ 、 $n = 0$,则

$$3f_{n1} = 3 \times 1.5 = 4.5\text{MHz}(波段外)$$

若 $m = 0$ 、 $n = 3$,则

$$3f_{n2} = 3 \times 0.9 = 2.7\text{MHz}$$

因此,考虑三次以下谐波 f_{n1} 和 f_{n2} 在 $1 \sim 3.5\text{MHz}$ 波段内对 2.4MHz 、 2.1MHz 、 2.7MHz 这3个频率会产生干扰。

抑制互调的方法与抑制交调的方法相同。此外,还可采用倍频程带通滤波器防止二阶互调干扰的产生。

C　阻塞干扰

当一个强干扰信号进入接收机输入端时,由于输入电路抑制不良,会使前端电路内放大器或混频器的晶体管处于严重的非线性区域,使输出信噪比显著下降。这种现象称为阻塞干扰。

产生阻塞现象的原因有两种:

(1) 由强干扰作用下晶体管特性曲线非线性所引起的阻塞。

（2）强干扰破坏了晶体管的工作状态，使管子产生假击穿（干扰电压消失后，晶体管还能还原），使作为电流分配器的晶体管的正常工作状态被破坏，产生了完全堵死的阻塞现象。

减小阻塞干扰的措施：

（1）提高混频级前端电路的选择性；

（2）交流负反馈；

（3）输入端加双向限幅；

（4）小电流工作。

D　相互混频

由于本振源内存在杂散边带功率，强干扰与杂散边带噪声混频产生的频率分量落在中频通带内，形成中频噪声。

综上所述，减小各种干扰的措施可归纳为：

（1）提高混频级前端电路（天线回路和高放）的选择性；

（2）合理地选择中频，能有效地减小组合频率干扰；

（3）采用各种平衡电路；

（4）合理地选择混频管的静态工作点；

（5）采用倍频程滤波器抑制二阶互调。

本 章 小 结

（1）检波是调幅的逆过程，是调幅波解调的简称。振幅解调的原理是将已调信号通过非线性器件产生包含有原调制信号的新频率成分，由 RC 低通滤波器取出原调制信号。

本章主要介绍了二极管峰值包络检波器和乘积检波。二极管峰值包络检波器只适用于普通调幅波的检波。乘积检波则适用于所有三种调幅波的解调。低通滤波器是检波器中不可缺少的组成部分，滤波器的时间常数选择对检波效果有很大影响，选择不当将会产生失真。

（2）混频过程也是一种频谱搬移的过程，它是将载波为高频的已调信号搬移一个频率量得到载波为中频的已调信号并保持其调制规律不变。其工作原理与调幅十分相近，也是由两个不同频率的信号相乘后通过滤波器选频获得。

常用的混频器电路有晶体三极管混频器（由 BJT 和 FET 组成）、二极管混频器、模拟相乘混频器等。晶体二极管混频器采用线性时变参量电路分析，混频时，将晶体管视为跨导随本振信号变化的线性参变元件。

（3）器件的非理想相乘特性会导致调幅和检波失真，混频输出会产生干扰。混频器的干扰种类很多，主要有组合频率干扰、副波道干扰、交叉调制、互相调制、阻塞干扰等，针对不同的干扰现象，可采用不同的抑制方法。

本章重点概念

检波　同步检波　包络检波　非线性失真　惰性失真　负峰切割失真　大信号包络检波　小信号检波　混频器

8 角度调制电路

本章重点内容

- 角度调制的功能和特点
- 调角波的波形和数学表达式
- 实现调角的基本原理和电路

8.1 概　述

角度调制，是用调制信号去控制载波信号角度（频率或相位）变化的一种信号变换方式。如果受控的是载波信号的频率，则称频率调制（frequency modulation），简称调频，以 FM 表示；若受控的是载波信号的相位，则称相位调制（phase modulation），简称调相，以 PM 表示。无论是 FM 还是 PM，载频信号的幅度都不受调制信号的影响。调频波的解调称为鉴频或频率检波，调相波的解调称为鉴相或相位检波。与调幅波的检波一样，鉴频和鉴相也是从已调信号中还原出原调制信号。

角度调制与解调和振幅调制与解调最大的区别在于频率变换前后频谱结构的变化不同。其频率变换前后频谱结构发生了变化，所以属于非线性频率变换。与振幅调制相比，角度调制的主要优点是抗干扰性强，因此 FM 广泛应用于广播、电视、通信以及遥测方面，PM 主要应用于数字通信。角度调制的主要缺点是占据频带宽，频带利用不经济。

8.2 调角波的性质

8.2.1 调频波和调相波的波形和数学表达式

8.2.1.1 瞬时频率、瞬时相位及波形

设未调高频载波为一简谐振荡，其数学表达式为：

$$v(t) = V\cos\theta(t) = V\cos(\omega_0 t + \theta_0) \tag{8-1}$$

式中，θ_0 为载波初相角；ω_0 为载波的角频率；$\theta(t)$ 为载波振荡的瞬时相位。当没有调制时，$v(t)$ 就是载波振荡电压，其角频率 ω_0 和初相角 θ_0 都是常数。调频时，在式（8-1）中，高频正弦载波的角频率不再是常数 ω_0，而是随调制信号变化的量。即调频波的瞬时角频率 $\omega(t)$ 为

$$\omega(t) = \omega_0 + K_f v_\Omega(t) = \omega_0 + \omega_\Delta(t) \tag{8-2}$$

式中，K_f 为比例常数，即单位调制信号电压引起的角频率变化，rad/(s·V)。此时调频波

的瞬时相角 $\theta(t)$ 为

$$\theta(t) = \int_0^t \omega(t)\,\mathrm{d}t + \theta_0 \tag{8-3}$$

图 8-1 为调频波瞬时频率、瞬时相位随调制信号（单音信号）变化的波形图以及调频波的波形图。图 8-1a 为调制信号 v_Ω；图 8-1b 为调频波，当 v_Ω 为波峰时，频率 $\omega_0 + \Delta\omega_\mathrm{m}$ 为最大，当 v_Ω 为波谷时，频率 $\omega_0 - \Delta\omega_\mathrm{m}$ 为最小。

图 8-1c 为瞬时频率的形式，是在载频的基础上叠加了随调制信号变化的部分。图 8-1d 为调频时引起的附加相位偏移的瞬时值，式（8-3）可知，$\theta\Delta(t)$ 与调制信号相差 90°。由图可知，调频波的瞬时频率随调制信号呈线性变化，而瞬时相位随调制信号的积分呈线性变化。

调相时，高频载波的瞬时相位 $\theta(t)$ 随 v_Ω 呈线性变化，

$$\theta(t) = \omega_0 t + \theta_0 + K_\mathrm{p} v_\Omega(t) \tag{8-4}$$

式中，K_p 为比例系数，表示单位调制信号电压引起的相位变化（单位为 rad/V）。此时调相波的瞬时频率为

$$\omega(t) = \frac{\mathrm{d}\theta(t)}{\mathrm{d}t} \tag{8-5}$$

式（8-3）和式（8-5）是角度调制的两个

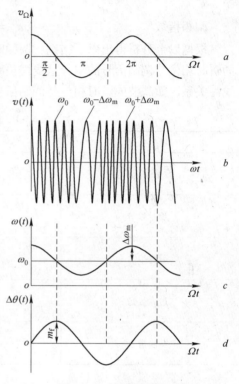

图 8-1　调频波波形图

基本关系式，说明了瞬时相位是瞬时角速度对时间的积分，同样，瞬时角频率为瞬时相位对时间的变化率。由于频率与相位之间存在着微积分关系，因此不论是调频还是调相，结果都使瞬时频率和瞬时相位发生变化。只是变化规律与调制信号的关系不同。

8.2.1.2　FM、PM 的数学表达式及频移和相移

根据式（8-2）、式（8-3），设 $\theta_0 = 0$，则

$$\theta(t) = \int_0^t \omega(t) \cdot \mathrm{d}t = \int_0^t \left[\omega_0 + K_\mathrm{f} v_\Omega(t) \right] \cdot \mathrm{d}t = \omega_0 t + K_\mathrm{f} \int_0^t v_\Omega(t)\,\mathrm{d}t \tag{8-6}$$

所以 FM 波的数学表达式为

$$a_\mathrm{f}(t) = V\cos\theta(t) = V\cos\left[\omega_0 t + K_\mathrm{f} \int_0^t v_\Omega(t)\,\mathrm{d}t \right] \tag{8-7}$$

同理，根据式（8-4），设 $\theta_0 = 0$，则

$$\theta(t) = \omega_0 t + K_\mathrm{p} v_\Omega(t) \tag{8-8}$$

所以 PM 波的数学表达式为

$$a_\mathrm{p}(t) = V\cos\theta(t) = V\cos\left[\omega_0 t + K_\mathrm{p} v_\Omega(t) \right] \tag{8-9}$$

瞬时频率偏移的最大值称为频偏，记为 $\Delta\omega_\mathrm{m} = \left| \Delta\omega(t) \right|_{\max}$；瞬时相位偏移的最大值称为调制指数，$m = \left| \Delta\theta(t) \right|_{\max}$，对调频而言：

频偏
$$\Delta\omega_\mathrm{m} = K_\mathrm{f} \left| v_\Omega(t) \right|_{\max} \tag{8-10}$$

调频指数

$$m_f = K_f t \left| \int_0^t v_\Omega(t) \, dt \right|_{\max} \tag{8-11}$$

对调相而言，频偏

$$\Delta\omega_m = K_p \left| \frac{dv_\Omega(t)}{dt} \right|_{\max} \tag{8-12}$$

调相指数

$$m_p = K_p |v_\Omega(t)|_{\max} \tag{8-13}$$

根据以上分析得出以下结论：调频时，载波的瞬时频率与调制信号呈线性关系，载波的瞬时相位与调制信号的积分呈线性关系；调相时，载波的瞬时频率与调制信号的微分呈线性关系，而载波的瞬时相位与调制信号呈线性关系。调频与调相的比较参见表 8-1。

表 8-1 FM 波和 PM 波的比较

项 目	FM 波	PM 波
数学表达式	$V_m \cos\left[\omega_0 t + K_f \int_0^t v_\Omega(t)\,dt \right]$	$V_m \cos\left[\omega_0 t + K_p v_\Omega(t) \right]$
瞬时频率	$\omega_0 + K_f v_\Omega(t)$	$\omega_0 + K_p \dfrac{dv_\Omega(t)}{dt}$
瞬时相位	$\omega_0 t + K_f \int_0^t v_\Omega(t)\,dt$	$\omega_0 t + K_p v_\Omega(t)$
最大频偏	$\Delta\omega_m = K_f \,\| v_\Omega(t) \|_{\max}$	$\Delta\omega_m = K_p \left\| \dfrac{dv_\Omega(t)}{dt} \right\|_{\max}$
调制指数	$m_f = K_f t \left\| \int_0^t v_\Omega(t)\,dt \right\|_{\max}$	$m_p = K_p \| v_\Omega(t) \|_{\max}$

下面分析当调制信号为 $v_\Omega(t) = V_\Omega \cos\Omega t$ 时，未调制的载波频率为 ω_0 时的调频波和调相波。根据式（8-9）可写出调频波的数学表达式：

$$a_f(t) = V_m \cos\left(\omega_0 t + \frac{K_f V_\Omega}{\Omega} \sin\Omega t \right) = V_m \cos(\omega_0 t + m_f \sin\Omega t) \tag{8-14}$$

根据式（8-9）可写出调相波的数学表达式：

$$a_p(t) = V_m \cos(\omega_0 t + K_p V_\Omega \cos\Omega t) = V_m \cos(\omega_0 t + m_p \cos\Omega t) \tag{8-15}$$

从以上两式可知，此时调频波的调制指数为：

$$m_f = \frac{K_f V_\Omega}{\Omega} \tag{8-16}$$

调相波的调制指数为：

$$m_p = K_p V_\Omega \tag{8-17}$$

根据式（8-10）可求出调频波的最大频移为：

$$\Delta\omega_f = K_f V_\Omega \tag{8-18}$$

根据式（8-12）可求出调相波的最大频移为：

$$\Delta\omega_p = K_p \Omega V_\Omega \tag{8-19}$$

由此可知，调频波的频偏与调制频率 Ω 无关，调频指数 m_f 则与 Ω 成反比；调相波的频偏 $\omega\Delta p$ 与 Ω 成正比，调相指数则与 Ω 无关。这是调频、调相两种调制方法的根本区别。它们之间的关系参见图 8-2。

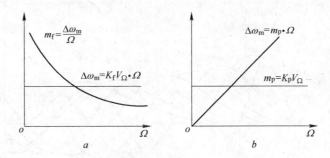

图 8-2　频偏和调制指数与调制频率的关系（当 V_Ω 恒定时）

a—调频波；b—调相波

对照式（8-16）~式（8-19）可以看出：无论调频还是调相，最大频移（频偏）与调制指数之间的关系都是相同的。若频偏都用 $\Delta\omega_m$ 表示，调制指数都用 m 表示，则 $\Delta\omega_m$ 与 m 之间满足以下关系：

$$\Delta\omega_m = m\Omega \quad 或 \quad \Delta f_m = mF \tag{8-20}$$

式中，$\Delta f_m = \dfrac{\Delta\omega}{2\pi}$，$F = \dfrac{\Omega}{2\pi}$。

需要说明的是，在振幅调制中，调幅度 $m_a \leqslant 1$，否则会产生过调制失真。而在角度调制中，无论调频还是调相，调制指数均可大于 1。

8.2.2　调角信号的频谱与有效频带宽度

由于调频波和调相波的方程式相似，因此要分析其中一种频谱，则另一种也完全适用。

8.2.2.1　调频波和调相波的频谱

前面已经提到，调频波的表示式为

$$a_f(t) = V_0\cos(\omega_0 t + m_f\sin\Omega t)，V_m = V_0 \tag{8-21}$$

利用三角函数关系，可将式（8-21）改写成

$$a_f(t) = V_0\cos(\omega_0 t + m_f\sin\Omega t)$$

$$= V_0[\cos(m_f\sin\Omega t)\cos\omega_0 t - \sin(m_f\sin\Omega t)\sin\omega_0 t] \tag{8-22}$$

函数 $\cos(m_f\sin\Omega t)$ 和 $\sin(m_f\sin\Omega t)$ 为特殊函数，采用贝塞尔函数分析，可分解为

$$\cos(m_f\sin\Omega t) = J_0(m_f) + 2\sum_{n=1}^{\infty} J_{2n}(m_f)\cos 2n\Omega t \tag{8-23}$$

$$\sin(m_f\sin\Omega t) = 2\sum_{n=0}^{\infty} J_{2n+1}(m_f)\sin(2n+1)\Omega t \tag{8-24}$$

式中，n 均取正整数；$J_n(m_f)$ 为以 m_f 为参数的 n 阶第一类贝塞尔函数，它可由第一类贝塞尔函数表求得。

图 8-3 所示为阶数 $n = 0 \sim 9$ 的 $J_n(m_f)$ 与 m_f 值的关系曲线。由图可知，阶数 n 或数值 m_f 越大，$J_n(m_f)$ 的变化范围越小；$J_n(m_f)$ 随 m_f 的增大作正负交替变化；m_f 在某些数值上，$J_n(m_f)$ 为零，$m_f = 2.40$、5.52、9.65、11.99、$\cdots$时，$J_0(m_f)$ 为零。

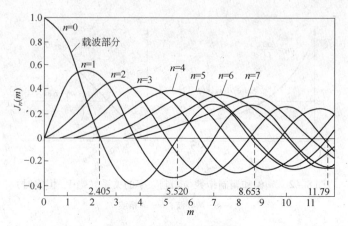

图 8 - 3   贝塞尔函数曲线

将式（8-23）和式（8-24）代入式（8-22）得

$$a_f(t) = V_0 J_0(m_f)\cos\omega_0 t - V_0 J_1(m_f)[\cos(\omega_0 - \Omega)t - \cos(\omega_0 + \Omega)t] +$$
$$V_0 J_2(m_f)[\cos(\omega_0 - 2\Omega)t + \cos(\omega_0 + 2\Omega)t] -$$
$$V_0 J_3 m_f[\cos(\omega_0 - 3\Omega)t - \cos(\omega_0 + 3\Omega)t] + \cdots$$

$$= V_0 \sum_{n=-\infty}^{\infty} J_n(m_f)\cos(\omega_0 \pm n\Omega)t \qquad (8-25)$$

可见，单频调制情况下，调频波和调相波可分解为载频和无穷多对上下边频分量之和，各频率分量之间的距离均等于调制频率，且奇数次的上下边频相位相反，包括载频分量在内的各频率分量的振幅均由贝塞尔函数 $J_n(m_f)$ 值决定。

图 8-4 所示的频谱图是根据式（8-25）和贝塞尔函数值画出的几个调频频率（即各频率分量的间隔距离）相等、调制系数 m_f 不等的调频波频谱图。为简化起见，图中各频率分量均取振幅的绝对值。

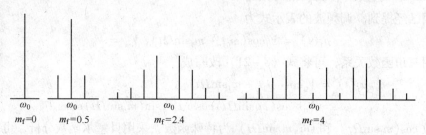

图 8 - 4   单频调制的调频波的频谱图

由图可知，不论 m_f 为何值，随着阶数 n 的增大，边频分量的振幅总的趋势都是减小的；m_f 越大，具有较大振幅的边频分量就越多；对于某些 m_f 值，载频或某些边频分量的振幅为零，利用这一现象，可以测量调频波和调相波的调制指数。

对于调制信号为包含多频率分量的多频调制情况，调频波和调相波的频谱结构将更加复杂，这时不但存在调制信号各频率分量的各阶与载频的组合，还存在调制信号各频率分量间相互组合后与载频之间产生的无穷多个组合形成的边频分量。

8.2.2.2   调频波和调相波的有效频带宽度

调频波和调相波的平均功率与调幅波一样，也为载频功率和各边频功率之和。单频调

制时，调频波和调相波的平均功率均可由式（8-25）求得，此处略去调制系数的下角标，即

$$P_{AV} = \frac{1}{2} \frac{V_0^2}{R_L} \{J_0^2(m) + 2[J_1^2(m) + J_2^2(m) + \cdots + J_n^2(m) + \cdots]\} \qquad (8-26)$$

根据第一类贝塞尔函数的性质，上式括弧中各项之和恒等于1，所以调频波和调相波的平均功率为

$$P_{AV} = \frac{1}{2} \frac{V_0^2}{R_L} \qquad (8-27)$$

由此可见，调频波和调相波的平均功率与调制前的等幅载波功率相等。这说明，调制的作用仅是将原来的载频功率重新分配到各个边频上，而总的功率不变。这一点与调幅波完全不同。

进一步分析表明，调制后尽管部分功率由载频向边频转换，但大部分能量还是集中在载频附近的若干个边频之中。由贝塞尔函数可以发现，当阶数 $n > m$ 时，$J_n(m)$ 值随 n 的增大迅速下降，而且当 $n > m+1$ 时，$J_n(m)$ 的绝对值小于 0.1 或相对功率值小于 0.01。

所以，通常将振幅小于载波振幅10%的边频分量忽略不计，有效的上下边频分量总数则为 $2(m+1)$ 个，即调频波和调相波的有效频带宽度定为

$$B_w = 2(m+1)F = 2(\Delta f + F) \qquad (8-28)$$

由此可见，调频波和调相波的有效频带宽度与它们的调制系数 m 有关，m 越大，有效频带越宽。但是，对于用同一个调制信号对载波进行调频和调相时，两者的频带宽度因 m_f 和 m_p 的不同而互不相同。

8.2.3 调频波与调相波的联系与区别

从调频波的数学表达式 $a_f(t) = V_0 \cos\left[\omega_0 t + K_f \int_0^t v_\Omega(t) dt\right]$ 和调相波的数学表达式 $a_p(t) = V \cos[\omega_0 t + K_p v_\Omega(t)]$ 可以看出，FM 与 PM 两者之间的关系，即调频波可以看成调制信号为 $\int_0^t v_\Omega(t) dt$ 的调相波，而调相波则可以看成调制信号为 $\frac{dv_\Omega(t)}{dt}$ 的调频波。这种关系为间接调频方法奠定了理论基础（下节将详细分析）。

根据前述分析可知，当调制信号频率 F 发生变化时，调频波的调制指数 m_f 与 F 成反比，其频宽宽度基本不变，故称恒带调制，其频谱宽度如图 8-5a 所示。而当调制信号频率 F 变化时，调相波的调制指数 m_p 与 F 无关，其频带宽度随调制频率 F 变化，其频谱图如图 8-5b 所示。

设 $F = 1kHz$，$m_f = m_p = 12$，这时，FM 与 PM 信号的谱宽相等，均为 26kHz。但是当调制信号幅度不变而频率增加到 2kHz 和 4kHz 时，对 FM 波来说，虽然调制频率提高了，但 m_f 减小，使有效边频数目减小，所以有效谱宽只增加到 29kHz 和 32kHz，即增加是有限的。对 PM 波来说，m_p 不变，故谱宽则随 F 成正比地增加到 52kHz 和 104kHz，因而占用的频带很宽，极不经济。

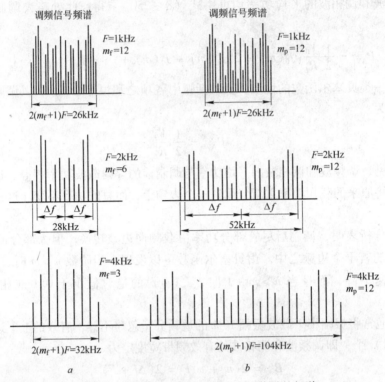

图 8 - 5　调制频率不同时 FM 及 PM 信号的频谱

8.3　调频方法及电路

8.3.1　实现调频的方法和基本原理

频率调制是对调制信号频谱进行非线性频率变换，而不是线性搬移，因而不能简单地用乘法器和滤波器来实现。实现调频的方法分为两大类：直接调频法和间接调频法。

8.3.1.1　直接调频法

用调制信号直接控制振荡器的瞬时频率变化的方法，称为直接调频法。如果受控振荡器是产生正弦波的 *LC* 振荡器，则振荡频率主要取决于谐振回路的电感和电容。将受到调制信号控制的可变电抗与谐振回路连接，就可以使振荡频率按调制信号的规律变化，实现直接调频。

可变电抗器的种类很多：其中应用最广的是变容二极管。变容二极管具有铁氧体磁芯的电感线圈，二是由电抗管组成的电路可以实现直接调频的功能。其优点是原理简单，频偏较大；其缺点是中心频率不易稳定。在正弦振荡器中，若使可控电抗器连接于晶体振荡器中，可以提高频率稳定度，但频偏减小。

8.3.1.2　间接调频法

先将调制信号进行积分处理，然后用它控制载波的瞬时相位变化，从而实现间接控制载波的瞬时频率变化的方法，称为间接调频法。间接调频法的优点是实现调相的电路独立于高频载波振荡器之外，所以这种调频波突出的优点是载波中心频率的稳定性可以做得较高。其缺点是可能得到的最大频偏较小。

间接调频实现的原理图如图 8-6 所示。无论是直接调频还是间接调频，其主要技术要求都是频偏尽量大，并且与调制信号保持良好的线性关系；中心频率的稳定性尽量高；寄生调幅尽量小；调制灵敏度尽量高。其中频偏增大与调制线性度之间是矛盾的。

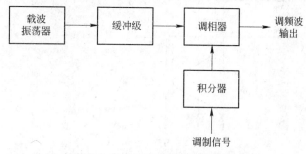

图 8-6 借助于调相器得到调频波

8.3.2 变容二极管直接调频电路

变容二极管调频电路是一种常用的直接调频电路，广泛应用于移动通信和自动频率微调系统。其优点是工作频率高，固有损耗小且线路简单，能获得较大的频偏；其缺点是中心频率稳定度较低。

8.3.2.1 基本工作原理和定量分析

变容二极管是利用半导体 PN 结的结电容随反向电压变化这一特性而制成的一种半导体二极管。它是一种电压控制可变电抗元件。

结电容 C_j（图 8-8）与反向电压 v_R 存在以下关系：

$$C_j = \frac{C_{j0}}{\left(1 + \dfrac{v_R}{V_D}\right)^\gamma} \tag{8-29}$$

加到变容管上的反向电压，包括直流偏压 V_0 和调制信号电压：

$$v_\Omega(t) = V_\Omega \cos\Omega t, \qquad v_R(t) = V_0 + V_\Omega \cos\Omega t \tag{8-30}$$

在图 8-7 中，虚线左边是典型的正弦波振荡器，右边是变容管电路。加到变容管上的反向偏压为

$$v_R = V_{CC} - V + V_\Omega(t) = V_0 + V_\Omega(t) \tag{8-31}$$

式中，$V_0 = V_{CC} - V$，是反向直流偏压。

图 8-8 中，C_c 是变容管与 $L_1 C_1$ 回路之间的耦合电容，同时起到隔直流的作用；C_ϕ 为对调制信号的旁路电容；L_2 是高频扼流圈，但让调制信号通过。

图 8-9 中，

$$\Delta C(t) = C' - C = \frac{C_c}{1 + \dfrac{C_c}{C_0}(1 + m\cos\Omega t)^\gamma} - \frac{C_c}{1 + \dfrac{C_c}{C_0}} \tag{8-32}$$

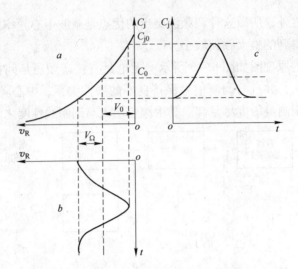

图 8-7   用调制信号控制变容二极管结电容

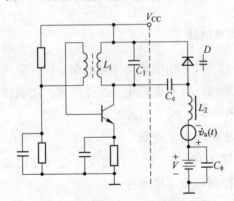

图 8-8   变容二极管调频电路

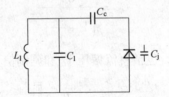

图 8-9   载波振荡器的振荡回路

经整理可得，

$$\Delta C(t) \approx -C_0\phi(m,\gamma) \tag{8-33}$$

式中，ϕ 为变容二极管与振荡回路之间的接入系数，$m = \dfrac{V_\Omega}{V_\Omega} + V_0$ 为调制深度。

根据频率稳定度的概念可知，当 $\Delta\omega \ll \omega_0$ 时，有

$$\frac{\Delta\omega}{\omega_0} = -\frac{1}{2}\left(\frac{\Delta C}{C} + \frac{\Delta L}{L}\right) \approx -\frac{1}{2}\frac{\Delta C}{C} \tag{8-34}$$

式中，ω_0 为未调制时载波角频率；C 为调制信号为零时的回路总电容。

将式（8-33）代入式（8-34）得

$$\Delta\omega(t) = K\omega_0\phi(m, \gamma) = K\omega_0(A_0 + A_1\cos\Omega t + A_2\cos2\Omega t + \cdots)$$

或 $\quad\Delta f(t) = Kf_0(A_0 + A_1\cos\Omega t + A_2\cos2\Omega t + \cdots) = \Delta f_0 + \Delta f_1 + \Delta f_2 + \Delta f_3 + \cdots \quad (8-35)$

该式说明，瞬时频率的变化中含有以下成分：

（1）与调制信号呈线性关系的成分 Δf_1

$$\Delta f_1 = KA_1 f_0 = \frac{1}{8}\gamma m[8 + (\gamma - 1)(\gamma - 2)]Kf_0 \qquad (8-36)$$

（2）与调制信号各次谐波呈线性关系的成分 Δf_2、Δf_3、$\cdots$

$$\Delta f_2 = KA_2 f_0 = \frac{1}{4}\gamma(\gamma - 1)m^2 Kf_0 \qquad (8-37)$$

$$\Delta f_3 = KA_3 f_0 = \frac{1}{24}\gamma(\gamma - 1)(\gamma - 2)m^3 Kf_0 \qquad (8-38)$$

（3）中心频率相对于未调制时的载波频率产生的偏移为

$$\Delta f_0 = KA_0 f_0 = \frac{1}{4}\gamma(\gamma - 1)m^2 Kf_0 \qquad (8-39)$$

式中，Δf_1 为调频时所需要的频偏；Δf_0 为引起中心频率不稳定的一种因素；Δf_2 和 Δf_3 为频率调制的非线性失真。

由以上各式可知，若选取 $\gamma = 1$，则二次、三次非线性失真以及中心频率偏移均可为零。也就是说，Δf 与 $v_\Omega(t)$ 呈线性关系。

需要强调指出，以上讨论的是 ΔC 相对于回路总电容 C 很小（即小频偏）的情况。如果 ΔC 比较大，则属于大频偏调频。

8.3.2.2 变容二极管调频实际电路分析

90MHz 变容管直接调频电路如图 8-10 所示。

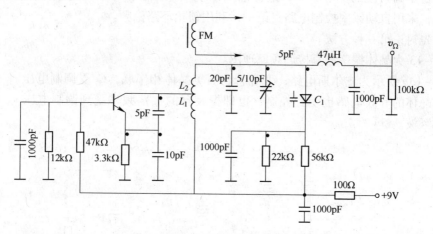

图 8-10 90MHz 变容管直接调频电路

由振荡器的等效电路可看出，这是电容三点式电路，变容管部分接入振荡回路，它的固定反偏电压由 +9V 电源经电阻 56kΩ 和 22kΩ 分压后取得，调制信号 v_Ω 经高频扼流圈 49μH 加至变容管起调频作用。图 8-11 中，各个 1000pF 电容对高频均起短路作用，振荡管接成共基极组态。

变容二极管调频电路的优点是电路简单，工作频率较高，容易获得较大的频偏，在频偏不需很大的情况下，非线性失真可以做得很小。

其缺点是变容管的一致性较差，大量生产时会给调试带来某些麻烦；另外，偏置电压的漂移、温度的变化会引起中心频率漂移，因此调频波的载波频率稳定度不高。

话筒直接调频的电路（图 8－12），振荡频率约为 20MHz。

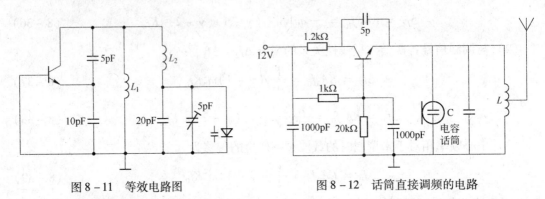

图 8－11　等效电路图   图 8－12　话筒直接调频的电路

8.3.3　晶体振荡器直接调频

上述直接调频的主要优点是可获得较大的频偏，但其中心频率稳定较差，影响了它的应用。

例如，99－109MHz 的调频广播中，各个调频台的中心频率对稳定度不可超过 ±2kHz，否则相邻电台就要发生相互干扰。若某台的中心频率为 100MHz，则该电台的振荡频率相对稳定度不应小于 2×10^{-5}。

如何稳定调频波的中心频率，通常采用以下三种方法：第一，用晶体振荡器直接调频；第二，采用自动频率控制电路；第三，利用锁相环路稳频。

这里先讨论第一种方法。

图 8－13 为晶体振荡器直接调频原理图。

图 8－13a 所示为皮尔斯电路，变容管与石英晶体相串联，C_j 受调制电压 v_Ω 的控制，因而石英晶体的等效电感也受到控制，也即振荡器的振荡频率受到调制电压 v_Ω 的控制，获得了调频波。

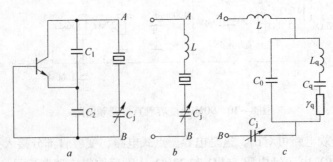

图 8－13　晶体振荡器直接调频原理图

本书第 3 章已介绍，石英晶体振荡器的频率稳定度很高，电压参数的变化对振荡频率的影响是微小的。也就是说，变容管 C_j 的变化所引起调频波的频偏是很小的。这个偏移值不会超出石英晶体串联、并联两个谐振频率差值的一半。一般来说，f_g 与 f_p 的差值只有几十至几百赫。

为了加大晶体振荡器直接调频电路的频偏，可在图 8–13a 中的 AB 支路内串联一个电感 L，如图 8–13b 所示。L 的串入可减少石英晶体静态电容 C_0 的影响，扩展石英晶体的感性区域，使 f_g 与 f_p 间的差值加大，从而增强了变容管控制频偏的作用，使频偏加大。

图 8–14a 所示为中心频率 4.0MHz 的晶体调频振荡器的实际电路，图 8–14b 所示为它的交流等效电路。

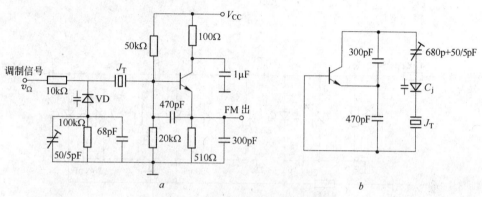

图 8–14　晶体振荡器直接调频电路图

8.3.4　间接调频方法

间接调频（PM—FM）的频稳度高，广泛应用于广播发射机和电视伴音发射机中。由前述间接调频的原理图可知，间接调频的关键在于如何实现调相。常用的主要调相方法有移相法调相和可变时延法调相（脉冲调相）。

8.3.4.1　移相法调相

将载频信号 $V\cos\omega_0 t$ 通过一个相移受调制信号 V_Ω 线性控制的移相网络，即可实现调相，其原理如图 8–15 所示。

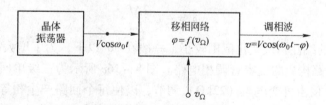

图 8–15　移相法调相方框图

图中，$\varphi = k_p v_\Omega = m_p \cos\Omega t$

$$V_0 = V\cos\omega_0 t \tag{8–40}$$

常用的移相网络有多种形式，如 RC 移相网络、LC 调谐回路移相网络等。图 8–16a 所示为用变容管对 LC 调谐回路作可变移相的一种调相电路，图 8–16b 所示为等效电路。由图可知，这是用调制电压 v_Ω 控制变容管电容 C_j 的变化，由 C_j 的变化实现调谐回路对输入载频 f_0 的相移。

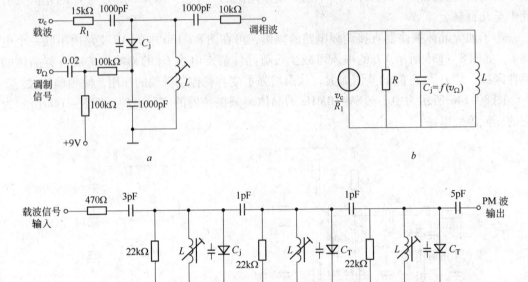

图 8 - 16   *LC* 回路变容管调相电路

根据 *LC* 调谐回路的分析，当 $v_\Omega = 0$ 时，回路谐振于载频 f_0，呈纯阻性，回路相移 $\Delta\varphi = 0$；当 $v_\Omega \neq 0$ 时，回路失谐，呈电感性或电容性，得相移 $\Delta\varphi > 0$ 或 $\Delta\varphi < 0$，数学关系式为

$$\Delta\varphi = -\tan^{-1}\left(Q\frac{2\Delta f}{f_0}\right) \tag{8-41}$$

在 $\Delta\varphi < 30°$ 时，上式可近似为

$$\Delta\varphi = -Q\frac{2\Delta f}{f_0} \tag{8-42}$$

单级 *LC* 回路的线性相位变化范围较小，一般在 30° 以下，为了增大调相系数 m_p，可以用多级单调谐回路构成的变容管调相电路。图 8 - 16c 所示为三级单回路构成的移相电路，每个回路的 Q 值由可变电阻（22kΩ）调节，以使每个回路产生相等的相移。为了减少各回路之间的相互影响，各回路之间均以小电容作弱耦合。这样，电路总相移近似等于 3 个回路的相移之和。这种电路可在 90° 范围内得到线性调相。如果各级回路之间的耦合电容过大，则该电路就不能看成是三个简单回路的串接，而变成三调谐回路的耦合电路了，这时，即使相移较小，也会产生较大的非线性失真。

8.3.4.2   可变时延法调相（脉冲调相）

周期信号在经过一个网络后，如果在时间轴上有所移动，则此信号的相角必然发生变化，时延法调相就是利用调制信号控制时延大小而实现调相的一种方法，其原理如图 8 - 17 所示。

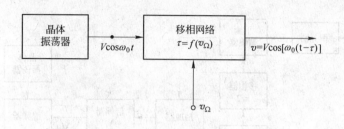

图 8 – 17 时延调相原理框图

图中:

$$\tau = k_p V_\Omega \cos\Omega t = m_p \cos\Omega t \tag{8-43}$$

$$v = V\cos[\omega_0(t-\tau)] = V\cos[\omega_0(t-\tau)] = V\cos[\omega_0 t - m_p\cos\Omega t] \tag{8-44}$$

可变时延法调相系统的最大优点是调制线性好,相位偏移大,最大相移可达 144°,被广泛应用在调频广播发射机及激光通信系统中。

8.3.4.3 矢量合成调相法(阿姆斯特朗法)

将调相波的一般数学表达式展开,并以 A_0 表示 V,即得

$$a_p(t) = V\cos\theta(t) = V\cos[\omega_0 t + A_p v_\Omega(t)]$$

$$a(t) = A_0\cos\omega_0 t\cos[A_p v_\Omega(t)] - A_0\sin[A_p v_\Omega(t)]\sin\omega_0 t$$

若最大相移很小,则上式可近似写为

$$a(t) = A_0\cos\omega_0 t - A_0 A_p v_\Omega(t)\sin\omega_0 t$$

调相波在调制指数小于 0.5rad 时,可以认为是由两个信号叠加而成:一个是载波振荡 $A_0\cos\omega_0 t$;另一个是载波被抑制的双边带调幅波 $A_0 A_p v_\Omega(t)\sin\omega_0 t$。两者的相位差为 $\dfrac{\pi}{2}$。

8.3.4.4 间接调频的实现

间接调频,即变调相波为调频波。调相法所获得频偏一般是不能满足需要的,例如,调频广播所要求的最大频移为 95kHz。为了使频偏加大到所需的数值,需采用倍频的方法。如果调频的频偏只有 50Hz,则需要的倍数次数为 $75 \times 10^3/50 = 1500$ 倍,可见所需的倍频次数是很高的。

如果倍数之前载波频率为 1MHz,则经 1500 次倍频后,中心频率增大为 1500MHz。这个数值又可能不符合对中心频率的要求。

例如,假定调频广播的中心频率要求 100MHz。为了最后得到这个数值,尚需采用混频的方法。对于此例,可用一个频率为 1400MHz(如用石英晶体振荡器再加上若干次倍频的方法来得到)的本地振荡电压与之混频。混频只起频谱搬移作用,不会改变最大频移。因此,最后获得中心频率为 100MHz、频偏为 95kHz 的调频波。

当然,倍频也可以分散进行,例如先倍频 N_1 次,之后进行混频,然后再倍频 N_2 次。如有必要,可以如此进行多次。

间接调频电路如图 8 – 18 所示。

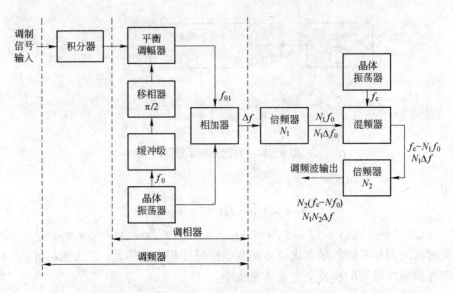

图 8-18　间接调频电路（阿姆斯特朗调频发射机）

--- 本章小结 ---

（1）角度调制是载波的总相角随调制信号变化，它分为调频和调相。调频的瞬时频率随调制信号呈线性变化，调相波的瞬时相位随调制信号呈线性变化。调角波的频谱不是调制信号频谱的线性搬移，而是产生了无数个组合频率分量，其频谱结构与调制指数 m 有关，这一点与调幅是不同的。

（2）角度调制信号包含的频谱虽然无限宽，但其能量集中在中心频率 f_0 附近的一个有限频段内。略去小于未调高频载波振幅10%以下的边频，可认为调角信号占据的有效带宽为

$$BW = 2(\Delta f_{\mathrm{m}} + F_{\max})$$

式中，Δf_{m} 为频偏；$F_{\max}$ 为调制信号最高频率。

（3）调角波的调制指数可表达为 $m = \dfrac{\Delta f}{F}$，但其中调频波的 m_{f} 与调制频率 F 成反比，而调相波的 m_{p} 则与调制频率 F 无关。调频波的频带宽度与调制信号频率无关，近似为恒带调制，调相波的频带宽度随调制信号的频率而变化。

（4）调角波的平均功率与调制前的等幅载波功率相等。调制的作用仅是将原来的载频功率重新分配到各个边频上，而总的功率不变。

（5）实现调频的方法有直接调频与间接调频两类。

直接调频是用调制信号去控制振荡器中的可变电抗元件（通常是变容二极管），使其振荡频率随调制信号呈线性变化；间接调频是将调制信号积分后，再对高频载波进行调相，获得调频信号。

直接调频可获得大的频偏，但中心频率的频率稳定度低；间接调频时中心频率的频率稳定度高，但难以获得大的频偏，需采用多次倍频、混频加大频偏。

本章重点概念

角度调制　调频波　调相波　直接调频　间接调频

9 调角信号的解调电路

本章重点内容
- 鉴频、鉴相的方法和主要技术指标
- 相位鉴频器的工作原理
- 比例鉴频器的工作原理
- 调制的抗干扰性能的分析

调频波的解调，称为频率检波，简称鉴频；调相波的解调，称为相位检波，简称鉴相。本节讨论的重点是鉴频。

对调频波而言，调制信息包含在已调信号瞬时频率的变化中，所以解调的任务就是把已调信号瞬时频率的变化不失真地转变成电压变化，即实现"频率－电压"转换，完成这一功能的电路，称为频率解调器，简称鉴频器。

9.1 鉴频方法概述和鉴频器的主要技术指标

9.1.1 实现鉴频的方法

实现鉴频的方法有很多种，但常用的方法有以下几种。

9.1.1.1 利用波形变换进行鉴频

将调频信号先通过一个线性变换网络，使调频波变换成调频调幅波，其幅度正比于瞬时频率的变化，经变换网络输出的调频调幅信号再做振幅检波即可恢复出原调制信号，斜率鉴频（即失谐回路鉴频）、相位鉴频等均属于此类。其方框图和波形图见图9-1。

9.1.1.2 相移乘法鉴频

这种鉴频的原理是：将调频波经过移相电路变成调频调相波，其相位的变化正好与调频波瞬时频率的变化呈线性关系；然后将此调频调相波与未相移的调频波（为参考信号）进行相位比较，即可得到鉴频电路的解调输出。由于相

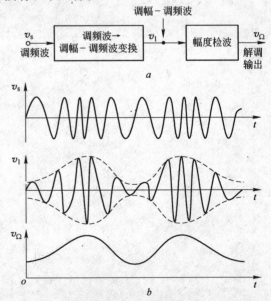

图9-1 利用波形变换鉴频的方框图（a）与波形图（b）

位比较器一般都选用乘法电路，所以此类鉴频电路就称为相移乘法电路。

其组成框图如图9-2所示。

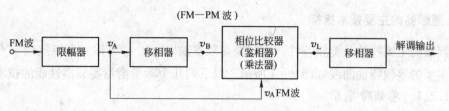

图9-2 相移乘法鉴频框图

这种鉴频电路在集成电路中被广泛应用，其主要特点是性能良好，片外电路十分简单，通常只有一个可调电感，调整非常方便。

9.1.1.3 脉冲计数式鉴频器

这是利用调频波单位时间内过零信息的不同来实现解调的一种鉴频器。因为调频波的频率是随调制信号变化的，当瞬时频率高时，过零的数目就多；当瞬时频率低时，过零点的数目就少。利用调频波的这个特点，就可以实现解调。其最大优点是线性良好。图9-3为这种鉴频的框图，其主要点的波形变化情况也在图中标出。

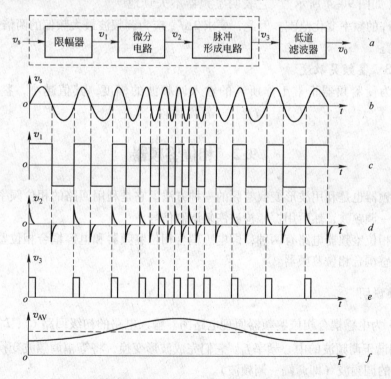

图9-3 脉冲计数式鉴频器实现解调的方框图和波形图

首先将输入调频波通过限幅器变为调频方波，然后微分变为尖脉冲序列，用其中正脉冲去触发脉冲形成电路，这样调频波就变换成脉宽相同而周期变化的脉冲序列，它的周期变化反映调频波瞬时频率的变化。将此信号进行低通滤波，取出其平均分量，就可得到原调制信号。

　　这种电路的突出优点是线性好，频带宽，便于集成，同时它能工作于一个相当宽的中心频率范围（1Hz～10MHz，如配合使用混频器，中心频率可扩展到100MHz）。

9.1.2　鉴频器的主要技术指标

　　鉴频器的主要特性是鉴频特性，也就是鉴频器输出电压v_0与输入调频波频率f之间的关系。典型的鉴频特性曲线如图9-4所示。以下列几个参量衡量鉴频器性能的技术指标。

9.1.2.1　鉴频跨导S

　　它是在中心频率附近，单位频偏所引起的输出电压的变化量，即

$$S = \frac{\Delta v_0}{\Delta f}\bigg|_{f=f_0}$$

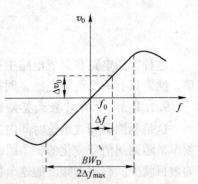

图9-4　鉴频特性曲线

　　显然，鉴频灵敏度越高，意味着鉴频特性曲线越陡峭，鉴频能力就越强。

9.1.2.2　线性范围

　　这是指鉴频特性曲线近似于直线段的频率范围，用$2\Delta f_{\max}$表示（如图9-4所示）。它表明鉴频器不失真地解调时所允许的频率变化范围。因此，要求$2\Delta f_{\max}$应为调频波最大频偏的两倍。$2\Delta f_{\max}$又称鉴频器的带宽。

9.1.2.3　鉴频灵敏度

　　这是指为使鉴频器正常工作所需的输入调频波的幅度，其值越小，鉴频器灵敏度越高。

9.2　相位鉴频器

　　相位鉴频器也是利用波形变换鉴频的一种方法。它是利用回路的相位频率特性将调频波变为调幅－调频波，然后用振幅检波恢复调制信号。

　　常用的相位鉴频器电路有两种，即电感耦合相位鉴频器和电容耦合相位鉴频器。本节主要讨论电感耦合相位鉴频器。

9.2.1　电路说明

　　图9-5为电感耦合相位鉴频器原理电路图。输入电路的初级回路C_1、L_1和次级回路C_2、L_2均调谐于调频波的中心频率f_0。它们完成波形变换，将等幅调频波变换成幅度随瞬时频率变化的调频波（即调幅－调频波）。

　　D_1、R_1、C_3和D_2、R_2、C_4组成上、下两个振幅检波器，且特性完全相同，将振幅的变化检测出来。

　　负载电阻R通常比旁路电容C_3的高频容抗大得多，而耦合电容C_4与旁路电容C_3的容抗则远小于高频扼流圈L_3的感抗。因此，初级回路上的信号电压几乎全部降落在扼流圈L_3上。

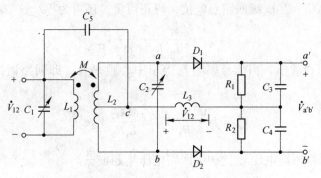

图9-5 相位鉴频器的原理电路

9.2.2 工作原理

由图9-5可以看出，初级回路电流经互感耦合，在次级回路两端感应产生次级回路电压。加在两个振幅检波器的输入信号分别为

$$\dot{V}_{D1} = \dot{V}_{ac} + \dot{V}_{12} = \frac{1}{2} \dot{V}_{ab} + \dot{V}_{12}$$

$$\dot{V}_{D2} = \dot{V}_{bc} + \dot{V}_{12} = -\frac{1}{2} \dot{V}_{ab} + \dot{V}_{12}$$

只要加在二极管上的电压为 FM - AM 波，后面就是振幅检波。关键是弄清楚 $\dot{V}_{ab}$ 与 $\dot{V}_{12}$ 间的相位关系。

为了使分析简单起见，先做两个合乎实际的假定：

（1）初、次级回路的品质因数均较高；

（2）初、次级回路之间的互感耦合比较弱。

这样，在估算初级回路电流时，就不必考虑初级回路自身的损耗电阻和从次级反射到初级的损耗电阻。

于是，可以近似地得到图9-6所示的等效电路，图中：

$$\dot{I}_1 = \frac{\dot{V}_{12}}{j\omega L_1} \qquad (9-1)$$

初级电流在次级回路中感应产生串联电动势

$$\dot{V}_s = \pm j\omega M \dot{I}_1 \qquad (9-2)$$

式中，正、负号取决于初次级线圈的绕向。

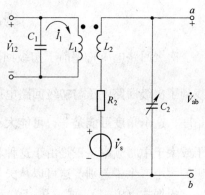

图9-6 等效电路

现在假设线圈的绕向使该式取负号。将式（9-1）代入式（9-2），得

$$\dot{V}_s = -\frac{M}{L_1} \dot{V}_{12} \qquad (9-3)$$

可以根据图9-6所示的等效电路求出

$$\dot{V}_{ab} = \dot{V}_s \frac{Z_{C2}}{Z_{C2} + Z_{L2} + R_2} = j\frac{M}{L_1}\frac{X_{C2}}{R_2 + jX_2}\dot{V}_{12} = \frac{-jX_{C2}\left(-\dot{V}_{12}\dfrac{M}{L_1}\right)}{R_2 + j(X_{L2} - X_{C2})} \qquad (9-4)$$

式中，$X_2 = XL_2 - XC_2$，是次级回路总电抗，可正可负，还可为零。这取决于信号频率。

$$V_{ab} = j\frac{M}{L_1}\frac{X_{C2}}{R_2 + jX_2}\dot{V}_{12}$$

（1）从上式可以看出，当信号率频 f_{in} 等于中心频率 f_0（即回路谐振频率）时，$X_2 = 0$，于是

$$\dot{V}_{ab} = j\frac{M}{L_1}\frac{X_{C2}}{R_2}\dot{V}_{12} = \frac{MX_{C2}}{L_1 R_2}\dot{V}_{12}e^{j\frac{\pi}{2}} \tag{9-5}$$

该式表明，次数回路电压 $\dot{V}_{ab}$ 比初级回路电压 $\dot{V}_{12}$ 超前 $\frac{\pi}{2}$。

（2）当信号频率 f_{in} 高于中心频率 f_0 时，$XL_2 > XC_2$，即 $X_2 > 0$。这时次级回路总阻抗为

$$Z_2 = R_2 + jX_2 = |Z_2|e^{j\theta}$$

式中，$|Z_2|$ 为 Z_2 的模，其值为 $|Z_2| = \sqrt{R_2^2 + X_2^2}$；$\theta$ 为 Z_2 的相角，其值为 $\theta = \arctan\frac{X_2}{R_2}$。

将 Z_2 的关系式代入式（9-4），得

$$\dot{V}_{ab} = \frac{MX_{C2}}{L_1|Z_2|}\dot{V}_{12}e^{j(\frac{\pi}{2}-\theta)}$$

该式表明，当信号频率高于中心频率时，次级回路电压 $\dot{V}_{ab}$ 超前于初级回路电压 $\dot{V}_{12}$ 一个小于 $\frac{\pi}{2}$ 的角度 $\frac{\pi}{2} - \theta$。

（3）当 $f_{in} < f_0$ 时，与（2）情况类似

$$\dot{V}_{ab} = \frac{MX_{C2}}{L_1|Z_2|}\dot{V}_{12}e^{j(\frac{\pi}{2}+\theta)}$$

次级回路电压 $\dot{V}_{ab}$ 超前于初级回路电压 $\dot{V}_{12}$ 一个大于 $\frac{\pi}{2}$ 的角度 $\frac{\pi}{2} + \theta$，通过上面的分析，找到了次级回路电压与初级回路电压之间的相位关系。归纳起来就是：$\dot{V}_{ab}$ 将超前于 $\dot{V}_{12}$ 一个角度。这个角度可能是 $\frac{\pi}{2}$，可能大于 $\frac{\pi}{2}$，也可能小于 $\frac{\pi}{2}$，主要取决于信号频率是等于、小于或大于中心频率。正是由于这种相位关系与信号频率有关，才导致两个检波器的输入电压的大小产生了差别。这可以从矢量图分析来说明。

根据式（9-4）、式（9-5）和上面的相位关系的分析，作出图9-7所示的矢量图。

由于鉴频器的输出电压等于两个检波器输出电压之差，而每个检波器的输出电压（峰值或平均值）正比于其输入电压的振幅 V_{D_1}（或 V_{D_2}），所以鉴频器输出电压（峰值或平均值）为

$$V_0 = V_{a'b'} = k_d(V_{D_1} - V_{D_2}) \tag{9-6}$$

式中，k_d 为检波器的电压传输系数。

将上式与图9-6的矢量图联系起来，可以看出：当 $f_{in} = f_0$ 时，因为 $V_{D_1} = V_{D_2}$，所以 $V_{a'b'} = 0$；当 $f_{in} > f_0$ 时，因为 $V_{D_1} > V_{D_2}$，所以 $V_{a'b'} > 0$；当 $f_{in} < f_0$ 时，因为 $V_{D_1} < V_{D_2}$，所以 $V_{a'b'} < 0$，因此，输出电压 $V_{a'b'}$ 反映了输入信号瞬时频率的偏移 Δf。而 Δf 与原调制信号 $v_\Omega(t)$ 成正比，即 $V_{a'b'}$ 与 $v_\Omega(t)$ 成正比。亦即实现了调频波的解调。

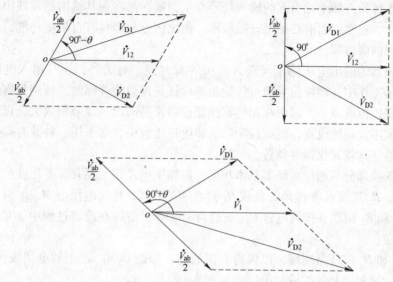

图9-7 相位鉴频器矢量图

若将 $V_{a'b'}$ 与频移 Δf 之间的关系作出曲线图，便得到如图9-8所示的S形鉴频特性曲线。图9-8a 所示为正极性鉴频曲线，鉴频跨导 $S>0$。若次级线圈的同名端相反，则为负极性鉴频，鉴频跨导 $S<0$，如图9-8b 所示。其矢量图读者可自行画出。

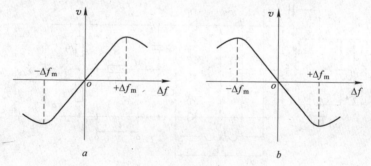

图9-8 S形鉴频特性曲线

a—正极性鉴频曲线；b—负极性鉴频曲线

在S形曲线的中间部分，输出电压与瞬时频移 Δf 之间近似地呈线性关系，Δf 越大，输出电压也越大；但当信号频率偏离中心频率越来越远，超过一定限度（$\Delta|f|>\Delta f_m$）时，鉴频器的输出电压又随着频移的加大而下降。其主要原因是，当频率超过一定范围时，已超出了输入电路的通频带，耦合回路的频率响应曲线的影响变得显著起来，这就导致了 $\dot V_{ab}$ 的大小也随着频移的加大而下降，所以最后反而使鉴频器的输出电压下降。因此，S形鉴频特性曲线的线性区间两边的边界应对应于耦合回路频率响应曲线通频带的两个半边界点，即半功率点。

9.3 比例鉴频器

前面介绍的相位鉴频器，当输入调频信号的振幅发生变化时，输出电压也会发生变化，因此由各种噪声和干扰引起的输入信号寄生调幅，都将在其输出端反映出来。为了抑制噪声及干扰，在鉴频器前必须增设限幅器。而比例鉴频器具有自限幅功能，因而采用它可以省去外加的限幅器。

相位鉴频器的输出电压除了与输入电压的瞬时频率有关外，还与输入电压的振幅有关。而在实际工作中，调频信号通过传输很难保证是理想的等幅波，特别是寄生调幅的干扰必须尽可能去掉或减小。因而在相位鉴频器前通常是需加一级限幅放大，以消除寄生调幅。对于要求不太高的设备，例如调频广播和电视接收中，常采用一种兼有抑制寄生调幅能力的鉴频器，这就是比例鉴频器。

其波形变换部分与相位鉴频器基本相同，电路上的差别主要有以下几点：

（1）R_1，R_2 连接点 N 接地，负载 R_L 接在 MN 之间，输出电压由 M、N 引出。

（2）R_1 和 R_2 两端并接大电容 C_6（一般为 10μF），使得在检波过程中 $a'b'$ 间的端电压基本保持不变。

（3）D_1 和 D_2 按环路顺接，以保持直流通路，因此 C_3 和 C_4 上的电压极性一致，$V_{a'b'}$ = VC_3 + VC_4。比例鉴频器的输出电压（见图 9-9）：

$$v_0 = \frac{1}{2}K_0(|V_{D_2}| - |V_{D_1}|) = \frac{1}{2}\left(V_{a'b'} - \frac{2V_{a'b'}}{1 + \dfrac{V_{D_1}}{V_{D_2}}}\right)$$

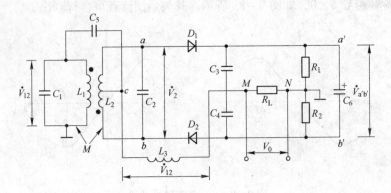

图 9-9 比例鉴频器的原理电路

自限幅特性分析：比例鉴频器不需要前置限幅器，它本身就具有抑制寄生调幅所产生的干扰的能力。在比例鉴频器中，由于 C_6 的电容量很大，因此电压 $V_{a'b'}$ 基本稳定不变，它只取决于调频波的载波振幅，而与其频偏及寄生调幅都无关。当输入信号振幅由于干扰突然变大时，由于电压 $V_{a'b'}$ 基本恒定，就使得检波管的电流明显加大，加重了对输入回路的负载，即回路 Q 值下降，可迫使信号振幅减小。反之亦然。因而它很好地起到了稳幅的作用。

9.4 调制的抗干扰（噪声）性能

关于各种调制方式的抗干扰性能分析属于后续课程"通信原理"的课程内容。但是，有些高频电路的组成（例如，调频收发信机中的预加重、去加重等特殊电路）与抗噪声性能的分析是密切相关的。本课程只能在讲清楚讨论条件后，直接引用有关结论。

抗干扰性是指在接收机解调器的输入端信噪比（SNR）相同时，哪种调制方式的接收机输出端信噪比高，则认为这种调制方式的抗干扰性能好。在本章的开头曾提到调频制的突出特点是它的抗干扰性能优于调幅制，其理由简述如下。

分析表明，对于单音调频波（假定干扰也是单频信号）而言，解调的输出电压信噪比为

$$(SNR)_{FM} = \frac{V_s}{V_n}\frac{\Delta f}{F} = m_f \frac{V_s}{V_n}$$

式中，$\frac{V_s}{V_n}$ 为接收机输入端信噪比；V_s 和 V_n 分别为信号与干扰电压的幅值；Δf 为频偏；F 为调制信号频率；m_f 为调频指数，一般宽带调频系数 m_f 总是大于 1 的，因而调频接收机信噪比与输入端相比是有所提高的。

对于调幅接收机而言，检波输出电压信噪比为

$$(SNR)_{AM} = m_a \frac{V_s}{V_n}$$

当 $m_a = 1$ 时，输出端信噪比与输入信噪比相等，这是调幅接收最好的情况。而 $m_a < 1$，则结果要差些。由于在调幅制中，调幅系数 m_a 不能大于 1，而在调频制中，调频系数 m_f 可以远大于 1，所以说调解制的抗干扰性能优于调幅制。以上分析表明，加大调制系数 m_f 可以使鉴频输出信噪比增大，但必须注意，加大 m_f 将增加信号带宽。因此，调频制抗干扰性能优于调幅制，是以牺牲带宽为代价的。

以上讨论仅指干扰为单频信号的简单情况，如果干扰信号非单频，而是白噪声，分析表明，只有在调频系数大于 0.6 时，调频制的抗干扰性能才优于调幅制。因此，常把 $m_f = 0.6$ 作为窄带调频与宽带调频的过渡点。在抗干扰性能方面，窄带调频并不优于调幅制，因为窄带调频信号和调幅信号的带宽并无差异。

从表面上看，增加带宽将使更多的噪声信号进入接收机，但是，为什么宽带的调频信号反而可以提高信噪比呢？这是因为调频信号的频谱是有规律地扩展的，各旁频分量是相关的，经解调后宽带信号可以凝聚为窄带的原始调制信号频谱。而噪声各频率是彼此独立的，不能凝聚，解调后仍分布在宽带内，大部分将被滤波器滤除，这就使输出信噪比得以提高。

从式 $(SNR)_{FM} = \frac{V_s}{V_n}\frac{\Delta f}{F} = m_f \frac{V_s}{V_n}$ 还可以看出，调频接收机中鉴频器输出端的噪声随调制信号频率的增加而增大，即鉴频器输出端噪声电压频谱呈三角形（其噪声功率谱呈抛物线形），如图 9-10 所示。而各种消息信号，如话音、音乐等，它们的能量都集中在低频端，因此在调制信号的高频端输出信噪比将明显下降，这对调频信号的接收是很不利的。

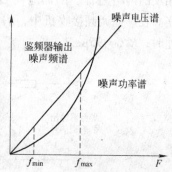

图 9-10 鉴频器输出噪声频谱

为了使调频接收机在整个频带内都具有较高的输出信噪比，可以在调频发射机的调制器之前，人为地加重高声频，使高声频电压提升，这被称为"预加重"技术，实现这一技术的电路称为预加重网络。但这样做的结果，改变了原调制信号各调制频率之间的比例

关系，将造成解调信号失真。因此，需要在调频接收机鉴频器输出端加入一个与预加重网络传输函数相反的去加重网络，把人为提升高声频电压振幅降下来，恢复原调制信号各频率之间的比例关系，使解调信号不失真。

9.4.1　预加重网络

调频噪声频谱呈三角形，即与调制信号频率 F 成正比。与此相对应，可将信号电压做类似处理，要求预加重网络的传输函数应满足 $|H(j2\pi F)| \propto 2\pi F$，这对应于一个微分电路。但考虑到对信号的低端不应加重，一般采用的预加重网络及其传输特性分别如图 9 - 11a、b 所示。

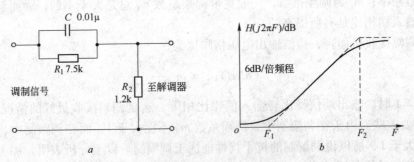

图 9 - 11　预加重网络
a—预加重网络原理图；b—预加重网络传输特性

$$F_1 = \frac{1}{2\pi R_1 C}, \quad F_2 = \frac{1}{2\pi RC}$$

式中，$R = R_1 // R_2$。

对于调频广播发射机中的预加重网络参数 C、R_1、R_2 的选择，常使 $F_1 = 2.1\text{kHz}$、$F_2 = 15\text{kHz}$，此时，$R_1 C = 95\mu\text{S}$。

9.4.2　去加重网络

去加重网络及其频响特性分别如图 9 - 12a、b 所示，去加重网络应具有与预加重网络相反的网络特征。因而应使 $|H(j2\pi F)| \propto 1/2\pi F$，可见，去加重网络相当于一个积分电路。在广播调频接收机中，去加重网络参数 R、C 的选择应使 $F_1 = 2.1\text{kHz}$、$F_2 = 15\text{kHz}$，此时，$R_1 C = 95\mu\text{s}$。

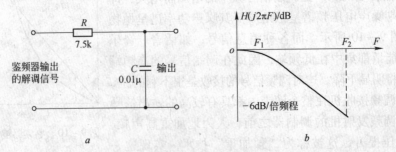

图 9 - 12　去加重网络

本 章 小 结

调频波的解调，称为鉴频或频率检波；调相波的解调，称为鉴相或相位检波。与调幅波的检波一样，鉴频和鉴相也是从已调信号中还原出原调制信号。鉴频的主要方法有斜率鉴频器、相位鉴频器、比例鉴频器、相移乘法鉴频器和脉冲计数式鉴频器。前三种鉴频器的基本原理都是由实现波形变换的线性网络和实现频率变换的非线性电路组成。相位鉴频器和比例鉴频器则是利用耦合电路的相频特性将调频波变成调幅调频波，然后再进行振幅检波。比例鉴频器具有自动限幅的功能，能够抑制寄生调幅干扰。

本章重要概念

鉴频　鉴相　相位鉴频器　比例鉴频器　抗干扰性能

10 反馈控制电路

本章重点内容
- 反馈控制系统的组成、工作过程和特点
- 反馈控制系统的传递函数及数学模型分析
- AGC 电路的组成、工作原理及性能分析
- AFC 电路基本特性的分析
- 锁相环电路的基本工作原理

反馈控制，是现代系统工程中的一种重要技术手段。在系统受到扰动的情况下，通过反馈控制作用，可使系统的某个参数达到所需的精度，或按照一定的规律变化。本章先从反馈控制系统的基本概念入手，介绍反馈控制系统组成、工作过程、特点及基本分析。根据控制对象参数不同，反馈控制电路在电子线路中可以分为自动增益控制（AGC）电路、自动频率控制（AFC）电路及自动相位控制（APC）电路三类。

10.1 反馈控制系统的概念

10.1.1 反馈控制系统的组成、工作过程和特点

反馈控制系统的方框图如图 10 – 1 所示。图中，比较器的作用是将外加的参考信号 $r(t)$ 和 $f(t)$ 进行比较，通常是取其差值，并输出比较后的差值信号 $e(t)$，起检测误差信号和产生控制信号的作用。可控特性设备是在输入信号 $s(t)$ 的作用下产生输出信号 $y(t)$，其输出与输入特性的关系受误差信号 $e(t)$ 的控制，起误差信号的校正作用。反馈环节的作用是将输出信号 $y(t)$ 按一定的规律反馈到输入端，这个规律因要求的不同而异，它对整个环路的性能起着重要的作用。

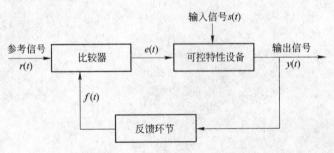

图 10 – 1　反馈控制系统的方框图

10.1.2 反馈控制系统的工作过程

假定系统已处于稳定状态，这时输入信号为 s_0，输出信号 y_0，参考信号为 r_0，比较器输出的误差信号为 e_0。

参考信号 r_0 保持不变，输出信号 y 发生了变化。y 发生变化的原因可以是输入信号 $s(t)$ 发生了变化，也可以是可控特性设备本身的特性发生了变化。y 的变化经过反馈环节将表现为反馈信号 f 的变化，使得输出信号 y 朝趋近于 y_0 的方向进一步变化。在反馈控制系统中，总是使输出信号 yy 进一步变化的方向与原来的变化方向相反，也就是要减小 y 的变化量。y 的变化减小将使得比较器输出的误差信号减小。适当的设计可以使系统再次达到稳定，误差信号 e 的变化很小，这就意味着输出信号 y 偏离稳态值 y_0 也很小，从而达到稳定输出 y_0 的目的。显然，整个调整过程是自动进行的。

参考信号 r_0 发生了变化。这时即使输入信号 $s(t)$ 和可控特性设备的特性没有变化，误差信号 e 也要发生变化。系统调整的结果使得误差信号 e 的变化很小，这只能是输出信号 y 与参考信号 r 同方向的变化，也就是输出信号将随着参考信号的变化而变化。总之，由于反馈控制作用，较大的参考信号变化和输出信号变化，只引起小的误差信号变化。

获得此结果，需满足以下两个条件：

一是反馈信号变化的方向与参考信号变化的方向要一致。因为比较器输出的误差信号 e 是参考信号 r 与反馈信号 f 之差，即 $e = r - f$，所以，只有反馈信号与参考信号变化方向一致，才能抵消参考信号的变化，从而减小误差信号的变化。

二是从误差信号到反馈信号的整个通路（含可控特性设备、反馈环节和比较器）的增益要高。从反馈控制系统的工作过程可以看出，整个调整过程就是反馈信号与参考信号之间的差值自动减小的过程，而反馈信号的变化是受误差信号的控制的。整个通路的增益愈高，同样的误差信号变化所引起的反馈信号变化就愈大。这样，对于相同的参考信号与反馈信号之间的起始偏差，在系统重新达到稳定后，通路增益高，误差信号变化就小，整个系统调整的质量就高。应该指出，提高通路增益只能减小误差信号变化，而不能将这个变化减小到零。这是因为补偿参考信号与反馈信号之间的起始偏差所需的反馈信号变化，只能由误差信号的变化产生。

10.1.3 反馈控制系统的特点

该系统具有以下特点：

（1）误差检测。控制信号产生和误差信号校正都是自动完成的。

（2）系统是根据误差信号的变化而进行调整的，而不管误差信号是由哪种原因产生的。

（3）系统的合理设计能够减小误差信号的变化，但不可能完全消除。以上对反馈控制系统的组成、工作过程及其基本特点进行了说明，下面对反馈控制系统做一些基本分析。

10.2 反馈控制系统的基本分析

10.2.1 反馈控制系统的传递函数及数学模型分析

反馈控制系统就是要找到参考信号与输出信号（又称被控信号）的关系，也就是要找到反馈控制系统的传输特性。与其他系统一样，反馈控制系统也可以分为线性系统与非线性系统。这里着重分析线性系统。

若参考信号 $r(t)$ 的拉氏变换为 $R(s)$，输出信号 $y(t)$ 的拉氏变换为 $Y(s)$，则反馈控制系统的传输特性表示为：

$$T(s) = \frac{Y(s)}{R(s)} \tag{10-1}$$

$T(s)$ 称为反馈控制系统的闭环传输函数。

下面来推导闭环传输函数 $T(s)$ 的表达式，并利用它分析反馈控制系统的特性。为此需先找出反馈控制系统各部件的传递函数及数学模型。

10.2.1.1　比较器

比较器的典型特性如图 10-2 所示，其输出的误差信号 e 通常与参考信号 r 和反馈信号 f 的差值成比例，即

$$e = A_{cp}(r - f) \tag{10-2}$$

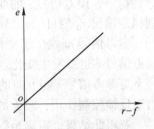

图 10-2　比较器的典型特性

式中，A_{cp} 为比例常数，它的量纲应满足不同系统能够的要求，如在下面将要分析的 AGC 系统中，r 为参考信号电平值，所以 A_{cp} 为一个无量纲的常数。而在 AFC 系统中，r 为参考信号的频率值，f 为反馈信号频率值，e 为反映这两个频率差的电平值，所以 A_{cp} 就不再是一个常数，这种情况可参阅有关文献，这里只讨论 A_{cp} 为常数的情况。

将式（10-2）写成拉氏变换式

$$E(s) = A_{cp}[R(s) - F(s)] \tag{10-3}$$

式中，$E(s)$ 为误差信号的拉氏变换；$R(s)$ 为参考信号的拉氏变换；$F(s)$ 为反馈信号的拉氏变换。

10.2.1.2　可控特性设备

在误差信号控制下产生相应输出信号的设备，称为可控特性设备。可控特性设备的典型特性如图 10-3 所示。如压控振荡器就是在误差电压的控制下产生相应的频率变化。与比较器一样，可控特性设备的变化关系并不一定是线性关系，为简化分析，假定它是线性关系：

$$y = A_c e \tag{10-4}$$

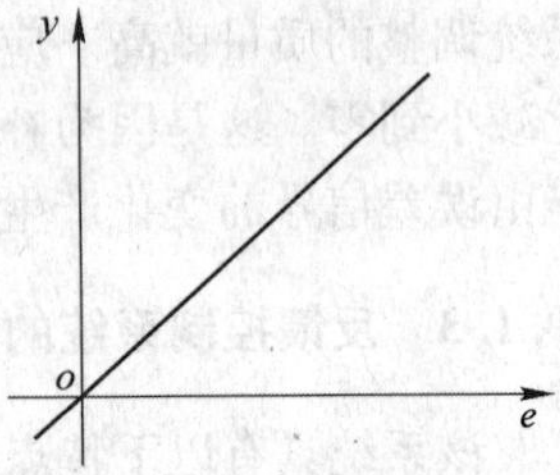

图 10-3　可控特性设备的典型特性

式中，A_c 为常数，其量纲应满足系统的要求，例如，压控振荡器的 A_c 的量纲就是 Hz/V。

将式（10-4）写成拉氏变换式

$$Y(s) = A_c E(s) \tag{10-5}$$

10.2.1.3　反馈环节

反馈环节的作用是将输出信号 y 的信号形式变换为比较器需要的信号形式。如输出信号是交流信号，而比较器需要用反映交变信号的平均值的直流信号进行比较，反馈环节应能完成这种变换。反馈环节的另一重要作用是按需要的规律传递输出信号。

通常，反馈环节是一个具有所需特性的线性无源网络。如在 PLL 中它是一个低通滤波

器。它的传递函数为

$$H(s) = \frac{F(s)}{Y(s)} \qquad (10-6)$$

$H(s)$ 称为反馈传递函数。

根据上面各基本部件的功能和数学模型，可以得到整个反馈控制系统的数学模型。如图 10 - 4 所示。

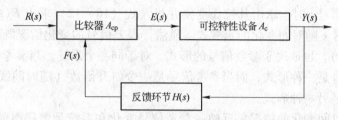

图 10 - 4 反馈控制系统的数学模型

利用这个模型，就可以导出整个系统的传递函数：

因为

$$Y(s) = A_c E(s) = A_c A_{cp} [R(s) - F(s)] = A_c A_{cp} [R(s) - H(s)Y(s)]$$
$$= A_c A_{cp} R(s) - A_c A_{cp} H(s)Y(s)$$

从而得到反馈控制的传递函数

$$T(s) = \frac{Y(s)}{R(s)} = \frac{A_c A_{cp}}{1 + A_c A_{cp} H(s)} \qquad (10-7)$$

式（10 - 7）称为反馈控制系统的闭环传递函数。利用该式就可以对反馈控制系统的特性进行分析。在分析反馈控制系统时，有时还用到开环传递函数 $T_{op}(s)$、正向传递函数 $T_f(s)$ 和误差传递函数 $T_e(s)$ 的表达式。

开环传递函数是指反馈信号 $F(s)$ 与误差信号 $E(s)$ 之比

$$T_{op}(s) = \frac{F(s)}{E(s)} = A_c H(s) \qquad (10-8)$$

正向传递函数是指输出信号 $Y(s)$ 与误差信号 $E(s)$ 之比

$$T_f(s) = \frac{Y(s)}{E(s)} = A_c \qquad (10-9)$$

误差传递函数是指误差信号 $E(s)$ 与参考信号 $R(s)$ 之比

$$T_e(s) = \frac{E(s)}{R(s)} = \frac{A_{cp}}{1 + A_c A_{cp} H(s)} \qquad (10-10)$$

10.2.2 反馈控制系统的基本特性的分析

10.2.2.1 反馈控制系统的瞬态与稳态响应

若反馈控制系统已经给定，即正向传递函数 A_c 和反馈传递函数 $H(s)$ 为已知，则在给定参考信号 $R(s)$ 后就可根据式（10 - 7）求得该系统的输出信号 $Y(s)$，因为

$$Y(s) = \frac{A_c A_{cp}}{1 + A_c A_{cp} H(s)} = R(s) \qquad (10-11)$$

在一般情况下，该式表示的是一个微分方程式，从线性系统分析可知，所求得的输出

信号的时间函数 $Y(t)$ 将包含有稳态部分和瞬态部分。这里主要讨论稳态情况。

10.2.2.2 反馈控制系统的跟踪特性

反馈控制系统的跟踪特性是指误差函数 e 与参考信号 r 的关系。它的复频域表达式是式（10-10）所示的误差传递函数，也可表示为

$$E(s) = \frac{A_{cp}}{1 + A_{cp}A_c H(s)} R(s) \qquad (10-12)$$

当给定参考信号 r 时，求出其拉氏变换并代入式（10-12）求出 $E(s)$，再进行逆变换就可得误差信号 e 随时间变化的函数式。显然，误差信号的变化情况既取决于系统的参数 A_{cp}、A_c 和 $H(s)$，也取决于参数信号的形式。对于同一个系统，当参考信号是一个阶约函数时，误差信号是一种形式，而当参考信号是一个斜升函数（随时间线性增加的函数）时，误差信号又是另一种形式。

误差信号随时间变化的情况，反映了参考信号变化和系统是怎样跟随变化的。例如，当参考信号是阶跃变化时，即由一个稳态值变化到另一个稳态值时，误差信号在开始时较大，而当控制过程结束系统达到稳态时，误差信号将变得很小，近似为零。但是，对于不同的系统变化的过程是不一样的，它可能是单调减小，也可能是振荡减小，如图 10-5 中曲线 Ⅰ 和 Ⅱ 所示。

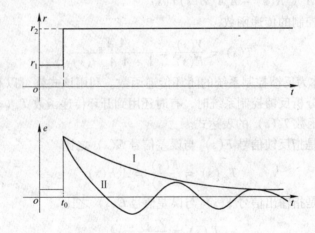

图 10-5   反馈控制系统的跟踪过程

当需要了解系统在跟踪过程中是否有起伏以及起伏的大小时，或者需要了解误差信号减小到某一规定值所需时间（即跟踪速度）时，就需要了解整个跟踪过程。从数学上来说，就是要求出在给定参考信号变化形式的情况下误差信号的时间函数。但是这种计算往往是比较复杂的。

在许多实际应用中，往往不需要了解信号的跟踪过程，而只需了解系统稳定后误差信号的大小，该误差称为稳态误差。利用拉氏变换的终值定理和误差传递函数的表达式就可求得稳态误差值 e_s

$$e_s = \lim_{t \to \infty} e(t) = \lim_{s \to 0} sE(s) = \lim_{s \to 0} \frac{sA_{cp}}{1 + A_{cp}A_c H(s)} R(s) \qquad (10-13)$$

e_s 愈小，说明系统的跟踪误差愈小，跟踪特性愈好。

10.2.2.3 反馈控制系统的频率响应

反馈控制系统在正弦信号作用下的稳态响应，称为频率响应，可以用 $j\omega$ 代替传递函数中的 s 来得到。这样系统的闭环频率响应为

$$T(j\omega) = \frac{Y(j\omega)}{R(j\omega)} = \frac{A_{cp}A_c}{1 + A_{cp}A_cH(j\omega)} \qquad (10-14)$$

这时，反馈控制系统等效为一个滤波器，$T(j\omega)$ 也可以用幅频特性和相频特性表示。若参考信号的频谱函数为 $R(j\omega)$，那么经过反馈控制系统后，它的不同频率分量的幅度和相位都将发生变化。

由式（10-14）可以看出，反馈环节的频率响应 $H(j\omega)$ 对反馈控制系统的频率响应起决定性的作用。可以利用改变 $H(j\omega)$ 的方法调整整个系统的频率响应。与闭环频率响应一样，用式（10-14）可求得误差频率响应

$$T_e(j\omega) = \frac{E(j\omega)}{R(j\omega)} = \frac{A_{cp}}{1 + A_{cp}A_cH(j\omega)} \qquad (10-15)$$

它表示误差信号的频谱函数与参考信号频谱函数的关系。

10.2.2.4 反馈控制系统的稳定性

反馈控制系统的稳定性是必须考虑的重要问题之一。其含义是，在外来扰动的作用下，环路脱离原来的稳定状态，经瞬变过程后能回到原来的稳定状态，则系统是稳定的，反之则是不稳定的。若一个线性电路的传递函数 $T(s)$ 的全部极点（亦即特征方程的根）位于复平面的左半平面内，则它的瞬态响应将按指数规律衰减（不论是振荡的还是非振荡的）。这时，环路是稳定的。反之，若其中一个或一个以上的极点处于复平面的右半平面或虚轴上，则环路的瞬态响应或为等幅振荡或为指数增长振荡。这时环路是不稳定的。

因此，根据环路的特征方程

$$1 + A_{cp}A_cH(s) = 0 \qquad (10-16)$$

由此得出全部特征根位于复平面的左半平面内是环路稳定工作的充要条件。

10.2.2.5 反馈控制系统的控制范围

前面的分析都是假定比较器和可控特性设备及反馈环节具有线性特性。这个假定只可能在一定的范围内任何一个实际的反馈控制系统都有一个能够正常工作的范围。

10.3 自动增益控制（AGC）电路

自动增益控制电路是某些电子设备，特别是接收设备的重要的辅助电路之一，其主要作用是使设备的输出电平保持为一定的数值。因此也称自动电平控制（ALC）电路。

接收机的输出电平取决于输入信号电平和接收机的增益。由于种种原因，接收机的输入信号变化范围往往很大，微弱时可以是一微伏或几十微伏，信号强时可达几百毫伏。也就是说，最强信号和最弱信号相差可达几十分贝。这种变化范围称为接收机的动态范围。

自动增益控制电路是输入信号电平变化时，用改变增益的方法维持输出信号电平基本不变的一种反馈控制系统。

对自动增益控制电路的要求主要是控制范围要宽，信号失真要小，要有适当的响应时间，同时，不影响接收机的噪声性能。

若用 $m_i = \dfrac{U_{imax}}{U_{imin}}$ 表示 AGC 电路输入信号电平的变化范围，则 $m_0 = \dfrac{U_{0max}}{U_{0min}}$ 表示 AGC 电路输出信号电平允许变化范围。

当给定 m_0 时，m_i 取 $n_g = \dfrac{m_i}{m_0}$。

n_g 称为增益控制倍数。显然，n_g 愈大，控制范围愈宽。

$$n_g = \frac{m_i}{m_0} = \frac{U_{imax}/U_{imin}}{U_{0max}/U_{0min}} = \frac{U_{0min}}{U_{imin}}\frac{U_{imax}}{U_{0max}} = \frac{A_{max}}{A_{min}}$$

式中，$A_{max} = U_{0min}/U_{imin}$ 表示 AGC 电路的最大增益；$A_{min} = U_{0max}/U_{imax}$ 表示 AGC 电路的最小增益。

由此可见，要想扩大 AGC 电路的控制范围，就要增大 AGC 电路的增益控制倍数，也就是要求 AGC 电路有较大的增益变化范围。同时要根据信号的性质和需要，设计适当的响应时间。

10.3.1   AGC 电路的组成、工作原理及性能分析

AGC 电路的组成如图 10-6 所示。它包含有可控增益电路、电平检测电路、滤波器、比较器和控制信号产生器。

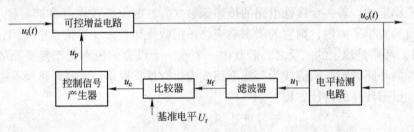

图 10-6   AGC 电路组成

10.3.1.1   电平检测电路

电平检测电路的功能是检测出输出信号的电平值。它的输入信号就是 AGC 电路的输出信号，可能是调幅波或调频波，也可能是声音信号或图像信号。这些信号的幅度也是随时间变化的，但变化频率较高，至少在几十赫以上。而其输出则是一个仅仅反映其输入信号电平的信号，如果其输入信号的电平不变，那么电平检测电路的输出信号就是一个脉动电流。一般情况下，电平信号的变化频率较低，如几赫左右。通常电平检测电路是由检测器担任，其输出与输入信号电平呈线性关系，即

$$u_1 = K_d u_y$$

其复频域表达式为

$$U_1(s) = K_d U_y(s)$$

10.3.1.2   滤波器

对于以不同频率变化的电平信号，滤波器将有不同的传输特性。以此可以控制 AGC 电路的响应时间。也就是决定当输入电平以不同的频率变化时输出电平将怎样变化。常用的是单节 RC 积分电路，如图 10-7 所示。它的传输特性为

$$H(s) = \frac{U_f(s)}{U_1(s)} = \frac{1}{1 + sRC}$$

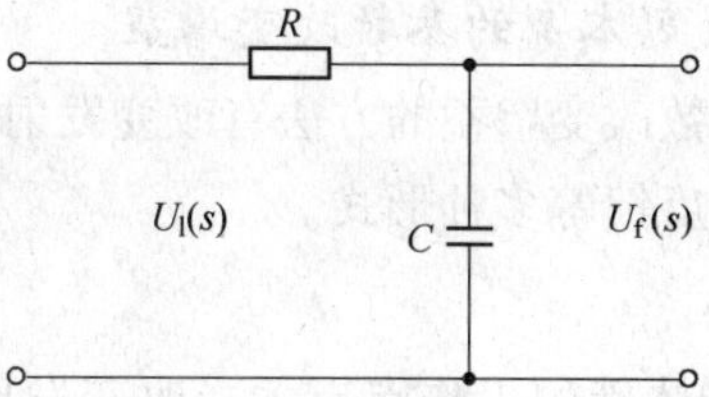

图 10 − 7　RC 积分电路

10.3.1.3　比较器

将给定的基准电平 U_r 与滤波器输出的 U_f 进行比较，输出误差信号为 U_e。通常 U_e 与 $U_r - U_f$ 成正比，所以，比较器特性的复频域表达式为

$$U_e(s) = A_{cp}[U_r(s) - U_f(s)]$$

式中，A_{cp} 为比例常数。

10.3.1.4　控制信号产生器

控制信号产生器的功能是将误差信号变换为适合于可变增益电路需要的控制信号。这种变换通常是幅度的放大或极性的变换。有的还设置一个初始值，以保证输入信号小于某一电平时，保持放大器的增益最大。因此，它的特性的复频表达式为

$$U_p(s) = A_p U_e(s)$$

式中，A_p 为比例常数。

10.3.1.5　可控增益电路

可控增益电路能在控制电压作用下改变增益。要求这个电路在增益变化时，不使信号产生线性或非线性失真。同时要求它的增益变化范围大，它将直接影响 AGC 系统的增益控制倍数 n_g。所以，可控增益电路的性能对整个 AGC 系统的技术指标影响是很大的。

可控增益电路的增益与控制电压的关系一般是非线性的。通常最关心的是 AGC 系统的稳定情况。为简化分析，假定它的特性是线性的，即

$$G = A_g u_p$$

其复频域表达式为

$$G(s) = A_g U_p(s)$$

$$U_o(s) = G(s)U_i(s) = A_g U_i(s)U_p(s) = K_g U_P(s)$$

式中，$K_g = A_g U_i$，表示 U_o 与 U_p 关系中的斜率。以上说明了 AGC 电路的组成及各部件的功能。但是，在实际 AGC 电路中并不一定都包含这些部分。

10.3.2　放大器的增益控制——可控增益电路

可控增益电路是在控制信号作用下改变增益，从而改变输出信号的电平，达到稳定输出电平的目的。这部分电路通常是与整个系统共用的，并不是单独属于 AGC 系统。例如接收机的高、中频放大器，它既是接收机的信号通道，又是 AGC 系统的可控增益电路。要求可控增益电路只改变增益而不致使信号失真。如果单级增益变化范围不能满足要求时，还可采用多级控制的方法。

可控增益电路通常是一个可变增益放大器。控制放大器增益的主要方法是控制放大器本身的某些参数和在放大器级间插入可控衰减器。

10.3.2.1   利用控制放大器本身的参数改变增益

利用控制放大器本身的参数改变增益的方法有改变发射极电流，改变放大器负载，改变差分电流分配比以及改变负反馈等多种形式。

A   改变发射极电流 I_e

正向传输导纳 $|Yf_e|$ 与晶体管的工作点有关，改变发射极（或集电极电流）就可以使 $|Yf_e|$ 随之改变，从而达到控制放大器增益的目的。

B   改变放大器的负载

放大器的增益与负载 YL 有关，调节 YL 也可以实现对放大器增益的控制。

C   改变电流分配比

利用电流分配法来控制放大器的增益，其优点是：放大器的增益受控时，只是改变了 VT_1 和 VT_2 的电流分配，对 VT_3 没有影响。

D   改变恒流源电流

改变恒流源电流的增益控制电路是平衡输入、单端输出的差分放大电路。该电路的小信号跨导为

$$g_m = \frac{aq}{4kT}I_o$$

由于 VT_2 的负载电阻为 R_c，则单端输出时的电压放大倍数为

$$A_u = g_m R_c = \frac{aq}{4kT}I_o R_c \approx 10I_o R_c$$

显然，改变 I_o 即可改变 A_u。对于输入信号 u_i 而言，改变 I_o 相当于改变了这个放大器的跨导，所以这种工作方式又称为可变跨导放大器。

10.3.2.2   利用在放大器级间插入可控衰减器改变增益

在放大器各级间插入由二极管和电阻网络构成的电控衰减器来控制增益，是增益控制的一种较好的方法。

简单的二极管电控衰减器如图 10-8 所示。电阻 R 和二极管 VD 的动态电阻 r_d 构成一个分压器。当控制电压 u_p 变化时，r_d 随着变化，从而改变分压器的分压比。

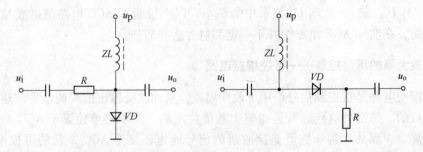

图 10-8   二极管电控衰减器

图 10 – 9 所示为一种改进电路。控制电压 u_p 通过三极管 VT 来控制 VD_1、VD_2 和 VD_3、VD_4 的动态电阻。当输入信号较弱时，控制电压 u_p 的值较小，晶体管 VT 的电流较大，流过 $VD_1 \sim VD_4$ 的电流也比较大，其动态电阻 r_d 小，因而信号 u_i 从 4 只二极管通过时的衰减很小。当输入信号增大时，u_p 的值增大，VT 和 $VD_1 \sim VD_4$ 的电流减小，r_d 增大，使信号受到较大的衰减。

图 10 – 10 所示为用 PIN 管作为增益控制器件的典型电路。图中，VT_1 为共发射极电路，它直接耦合到下一级的基极；VT_2 为射极跟随器，放大后的信号由发射极输出，同时有一部分由反馈电阻 R_f 反馈到 VT_1 的基极，反馈深度可通过 R_f 调整。因为反馈电压与输入电压并联，所以是电压并联负反馈。

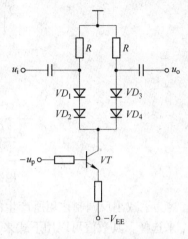

图 10 – 9 串联式二极管衰减器

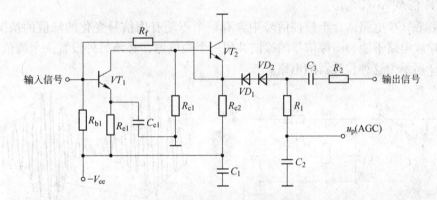

图 10 – 10 用 PIN 管作为电控衰减器的放大电路

10.3.2.3 AGC 控制电压的产生——电平检测电路

AGC 控制电压是由电平检测电路形成的，电平检测电路的功能是从系统输出信号中取出电平信息。通常要求其输出应与信号电平成比例。按照控制电压产生方法的不同，电压检测电路分为平均值型、峰值型和选通型三种。

A 平均值型 AGC 电路

平均值型 AGC 电路适合于被控信号中含一个不随有用信号变化的平均值的情况。调幅接收机的自动增益控制大都采用这种电路（图 10 – 11）。

图 10 – 11 所示为一种常用的等效电路，二极管 VD 和 R_1、R_2、C_1、C_2 构成一个检波器，中频输出信号 u_o 经检波后，除了得到声频信号外，还有一个平均直流分量 u_p，它的大小和中频载波电平成正比，与信号的调幅度无关，这个电压就可以用于 AGC 控制电压。R_p、C_p 组成一个低通滤波器。把检波后的声频分量滤掉，使控制电平 u_p 不受声频信号的影响。

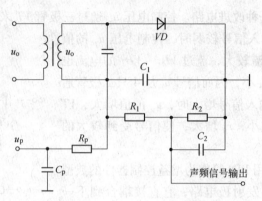

图 10 – 11   平均值型电平检测电路

为了减小反调制作用所产生的失真，时间常数 $\tau_p = R_p C_p$ 应根据调制信号的最低频率 F_1 来选择。其数值可以用下式来计算：

$$C_p = \frac{5 \sim 10}{2\pi F_1 R_p}$$

B   峰值型 AGC 电路

峰值型 AGC 电路适合于被控信号中含有一个不随有用信号变化的峰值的情况。峰值型 AGC 检波电路不能和图像信号的检波共用一个检波器，必须另外设置一个峰值检波器。图 10 – 12 所示为这种检波器的电路。

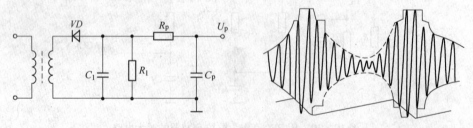

图 10 – 12   峰值型电平检测电路及其波形

峰值型 AGC 电路的优点是，它比平均值型 AGC 电路的输出电压要大得多，具有较好的抗干扰能力，幅度小于同步信号的干扰，对 AGC 电路的工作没有影响。但是如果干扰幅度大于同步信号，而且混入的时间较长，那么，它对 AGC 电路就会产生危害。因此，这种电路的抗干扰性能还不够理想。

C   选通型 AGC 电路

选通型 AGC 电路具有更强的抗干扰能力，一般用于高质量的电视接收机和某些雷达接收机。它的基本原理是只在反映信号电平的时间范围内对信号取样，然后利用这些取样值形成反应信号的电平。这样，出现在取样时间范围外的干扰都不会对电平值产生影响，从而大大提高了电路的抗干扰能力。采用这种方法的条件，首先是信号本身要周期性出现，在信号出现的时间内信号的幅度能反映信号的电平；其次是要提供与上述信号出现时间相对应的选通信号，这个选通信号可由 AGC 系统内部产生，也可由外部提供。

10.3.2.4   AGC 电路举例

图 10 – 13 所示为一种简单的延迟 AGC 电路。电路有两个检波器，一个是信号检波器

S，另一个是 AGC 的电平检测电路 A。它们的主要区别在于后者的检波二极管 VD_2 上加有延迟电压 V_d。这样，只有当输出电压 u_o 的幅度大于 V_d 时，VD_2 才开始检波，产生控制电压 u_p。

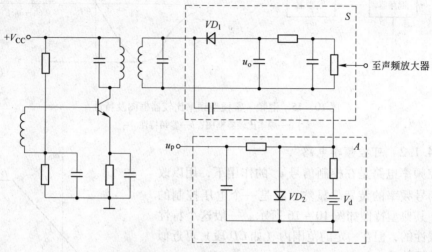

图 10 - 13　延迟 AGC 电路

与简单的 AGC 不同，延迟 AGC 的电平检测电路不能和信号检波器共用一个二极管。因为检波器加上延迟电压 V_d 后，对小于 U_{imin} 信号不能检测，而对大于 U_{imax} 的信号将产生较大的非线性失真。

10.4　自动频率控制（AFC）电路

10.4.1　概述

AFC 电路（图 10 - 14）也是一种反馈控制电路。它与 AGC 电路的区别在于控制对象不同，AGC 电路的控制对象是电平信号，而 AFC 电路的控制对象则是信号的频率。其主要作用是自动控制振荡器的振荡频率。

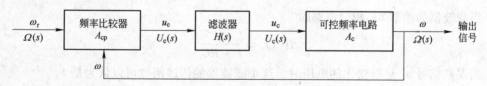

图 10 - 14　AFC 电路方框图

10.4.1.1　频率比较器

加到频率比较器的信号，一个是参考信号，另一个是反馈信号，它的输出电压 u_e 与这两个信号的频率差有关，而与这两个信号的幅度无关，u_e 称为误差信号。

$$u_e = A_{cp}(\omega_r - \omega_0)$$

式中，A_{cp} 在一定的频率范围内为常数，实际上是鉴频跨导。

混频 - 鉴频型频率比较器框图及特性如图 10 - 15 所示。

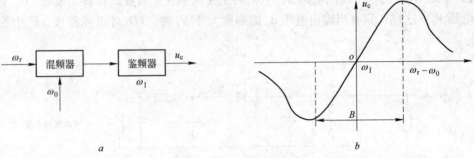

图 10 – 15   混频 – 鉴频型频率比较器框图及特性

a—频率比较器框图；b—鉴频特性

10.4.1.2   可控频率电路

可控频率电路是在控制信号 u_c 的作用下，用以改变输出信号频率的装置。显然，它是一个电压控制的振荡器，其典型特性如图 10 – 16 所示。一般这个特性也是非线性的，但在一定的范围内（如 CD 段）可近似表示为线性关系

$$\omega_y = A_c u_c + \omega_\infty$$

式中，A_c 为常数，实际是压控灵敏度。这一特性称为控制特性。

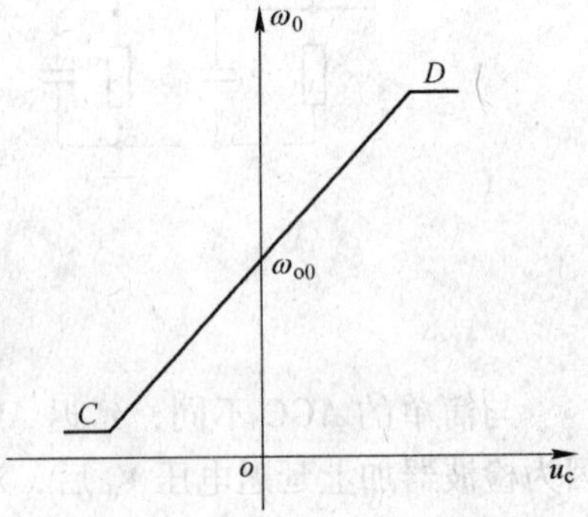

10.4.1.3   滤波器

这里所指滤波器也是一个低通滤波器。根据频率比较器的原理，误差信号 u_e 的大小与极性反映了 $\omega_r - \omega_0 = \Delta\omega$ 的大小与极性，而 u_e 的频率则反映了频率差 $\Delta\omega$ 随时间变化的快慢。

图 10 – 16   可控频率电路的控制特性

因此，滤波器的作用是限制反馈环路中流通的频率差的变化频率，只允许频率差较慢的变化信号通过实施反馈控制，而滤除频率差较快的变化信号使之不产生反馈控制作用。在图 10 – 14 中滤波器的传递函数为

$$H(s) = \frac{U_c(s)}{U_e(s)}$$

当滤波器为单节 RC 积分电路时

$$H(s) = \frac{1}{1 + RC_s}$$

当误差信号 u_e 是慢变化的电压时，这个滤波器的传递函数可以认为是 1。

另外，频率比较器和可控频率电路都是惯性器件，即误差信号的输出相对于频率信号的输入有一定的延时。这种延时的作用一并考虑在低通滤波器之中。

10.4.2   AFC 电路基本特性的分析

在了解各部件功能的基础上，就可分析 AFC 电路的基本特性了。可以用解析法，也可以用图解法，这里介绍用图解法进行分析。

因为这里是稳态情况，所以不讨论反馈控制过程，可认为滤波器的传递函数为 1。AFC 的方框图如图 10 – 17a 所示。

$$u_{\mathrm{c}} = u_{\mathrm{e}} , \ \omega_{\mathrm{r0}} = \omega_{\mathrm{y0}} , \ \Delta\omega = \omega_{\mathrm{r0}} - \omega_{\mathrm{y0}}$$

将图 $10-17b$ 所示的鉴频特性及图 $10-18$ 所示的控制特性换成 $\Delta\omega$ 的坐标，分别如图 $10-17b$、c 所示。在 AFC 电路处于平衡状态时，应是这两个部件特性方程的联立解。图解法则是将这两个特性曲线画在同一坐标轴上，找出两条曲线的交点，即为平衡点（如图 $10-17$ 所示）。和所有的反馈控制系统一样，系统稳定后所具有的状态与系统的初始状态有关。AFC 电路对应于不同的初始频差 $\Delta\omega$，将有不同的剩余频差 $\Delta\omega_{\mathrm{e}}$；当初始频差 $\Delta\omega$ 一定时，鉴频特性越陡（即 θ 角越趋近于 $90°$），或控制特性越平（即 φ 角越趋近于 $90°$），则平衡点 M 越趋近于坐标原点，剩余频差就越小。

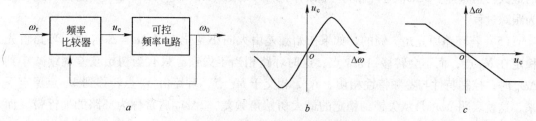

图 $10-17$　简化的 AFC 电路框图及特性

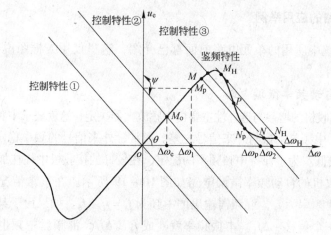

图 $10-18$　AFC 电路的工作特性

电路的工作特性分析：

（1）设初始频差 $\Delta\omega = 0$，即 $\omega_0 = \omega_{\infty} = \omega_{\mathrm{r0}}$，开始可控频率电路的输出频率就是标准频率。控制特性如图 $10-18$ 中①线所示，它与鉴频特性的交点就在坐标原点。初始频差为零，剩余频差也为零。

（2）初始频差 $\Delta\omega = \Delta\omega_1$，如图中②线所示，它表示可控频率电路未加控制电压，振荡角频率偏离 ω_{∞} 时的控制特性。它与鉴频特性的交点 M_0 就是稳定平衡点，对应的 $\Delta\omega_{\mathrm{e}}$ 就是剩余频差。因为在这个平衡点上，频率比较器由 $\Delta\omega_{\mathrm{e}}$ 产生的控制电压恰好使可控频率电路在这个控制电压作用下的振荡角频率误差由 $\Delta\omega_1$ 减小到 $\Delta\omega_{\mathrm{e}}$，显然 $\Delta\omega_{\mathrm{e}} < \Delta\omega_1$。鉴频特性越陡，控制特性越平，$\Delta\omega_{\mathrm{e}}$ 就越小。

（3）初始角频率由小增大时，控制电压相应地向右平移，平衡点所对应的剩余角频差也相应地由小增大。当初始角频差为 $\Delta\omega_2$ 时，鉴频特性与控制特性出现 3 个交点，分别用 M、P、N 表示。其中 M 和 N 是稳定点，而 P 点则是不稳定点。问题是在两个稳定平衡点中应稳定在哪个平衡点上。如果环路原先是锁定的，若工作在 M 点上，由于外因的影响，起始角频差增大到 $\Delta\omega_2$，在增大过程中环路来得及调整，则环路就稳定在 M 点上；如果环路原先是失锁的，那么必然先进入 N 点，并在 N 点稳定下来，而不再转移到 M 点。在 N 点上，剩余角频差接近于起始角频差，此时环路已失去了自动调节作用，因此 N 点对 AFC 电路已无实际意义。

（4）若环路原先是锁定的，当 $\Delta\omega$ 由小增大到 $\Delta\omega = \Delta\omega_H$ 时，控制特性与鉴频特性的外部相切于 M_H 点，$\Delta\omega$ 再继续增大，就不会有交点了。这表明 $\Delta\omega_H$ 是环路能够维持锁定的最大初始频差。$2\Delta\omega_H$ 通常称为环路的同步带或跟踪带，而将跟得上 $\Delta\omega$ 变化的过程称为跟踪过程。

（5）若环路原先是失锁的，如果初始频差由大向小变化，当 $\Delta\omega = \Delta\omega_H$ 时，环路首先稳定在 N_H 点，而不会转移到 M_H 点，这时环路相当于失锁。只有当初始频差继续减小到 $\Delta\omega_P$ 时，控制特性与鉴频特性相切于 N_P，相交于 M_P 点，环路由 N_P 点转移到 M_P 点稳定下来，这就表明 $\Delta\omega_P$ 是从失锁到稳定的最大初始角频差，$2\Delta\omega_P$ 通常称为环路的捕捉带，而将失锁到锁定的过程称为捕捉过程。显然，$\Delta\omega_P < \Delta\omega_H$。

10.4.3　AFC 电路的应用举例

由于 AFC 系统中所用的单元电路前面都已介绍，这里仅用方框图说明 AFC 电路在无线电技术中的应用。

10.4.3.1　自动频率微调电路

因为超外差接收机的增益与选择性主要由中频放大器决定，这就要求中频频率要很稳定。

在接收机中，中频是本振与外来信号之差。通常，外来信号的频率稳定度较高，而本地振荡器的稳定度较低。为了保持中频频率的稳定，在较好的接收机中往往加入 AFC 电路。

用于调幅接收机的自动频率微调电路如图 10 - 19 所示。在正常情况下，接收信号载波频率为 f_S，本地频率为 f_L，混频器输出的中频为 $f_I = f_L - f_S$。如果由于某种不稳定因素使本振频率发生了一个偏移 $+\Delta f_L$。本振频率就变成 $f_L + \Delta f_L$，混频后中频也发生了同样的偏移，变为 $f_I + \Delta f_L$，中放输出信号加到鉴频器，因为偏离鉴频器的中心频率 f_I，鉴频器就给出相应的输出电压，通过低通滤波器去控制压控振荡器，使压控振荡器的频率降低，从而使中频频率减小，达到了稳定中频的目的。

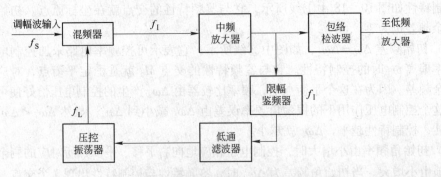

图 10 - 19　调幅接收机中 AFC 电路的组成方框图

由于调频接收机本身就具有鉴频器，因此采用自动频率微调系统（图 10 - 20）时，无须再外加鉴频器。但是，必须考虑到鉴频器输出不仅含有反映中频频率变化的信号电压，而且还含有调频解调信号的电压，前者变化较慢，后者变化较快。因此，在鉴频器和压控振荡器之间，必须加入低通滤波器，以取出反映中频频率变化的慢变化信号，去控制压控振荡器。

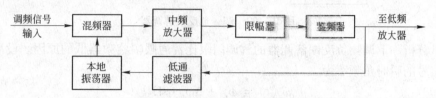

图 10 - 20　调频接收机采用自动频率微调系统

10.4.3.2　稳定调频发射机的中心频率

为使调频发射机既有大的频偏，又有稳定的中心频率，往往采用 AFC 电路。其方框图如图 10 - 21 所示。图中，参考信号 ω_r 由高稳定度的晶体振荡器产生，输出信号是调频振荡器的中心频率 ω_0，混频输出的额定中频为 $\omega_r - \omega_0$。由于 ω_r 的稳定度高，因此混频器输出端产生的频率误差 $\Delta\omega$ 主要是由 ω_r 不稳定所致。通过 AFC 电路的自动调节作用就能减少频率误差值，使 ω_0 趋于稳定。

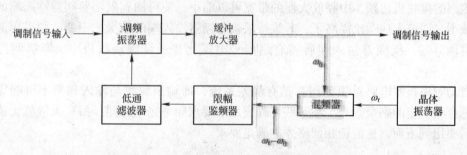

图 10 - 21　具有 AFC 电路的调频发射机方框图

必须注意，在这种 AFC 环境中，低通滤波器的带宽应足够窄，一般小于几十赫，要求能滤除调制频率分量，使加到调频振荡器的控制电压仅仅是反映调频信号中心频率漂移的缓变电压。

10.4.3.3　调频负反馈调解器

当存在噪声时，调频波解调器有一个解调门限值，当其输入端的信噪高于解调门限时，经调频波解调后的输出信噪比将有所提高，且其值与输入端的信噪比呈线性关系。而当输入信噪比低于解调门限时，调频波解调器输出端的信噪比随输入信噪比的减小而急剧下降。因此，要保证调频波解调器有较高的输出信噪比，其输入端的信噪比必须高于解调门限值。调频负反馈解调器的解调门限值比普通的限幅鉴频器低，用调频负反馈解调器降低解调门限值，这样，接收机的灵敏度就可提高。

调频负反馈解调器如图 10 - 22 所示。与普通调频接收机相比，区别在于低通滤波器取出的解调信号又反馈给压控振荡器，作为控制电压，使压控振荡器的振荡角频率按调制信号变化。这样就要求低通滤波器的带宽必须足够宽，以便不失真地通过调制信号。对低通滤波器带宽的要求正好与上述两种电路相反。

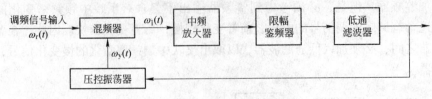

图 10-22 调频负反馈解调器

这里分析一下调频负反馈解调器的解调门限比普通限幅鉴频器低的原因。设混频器输入调频信号的瞬时角频率为

$$\omega_r(t) = \omega_{r0} + \Delta\omega_r \cos\Omega t$$

压控振荡器在控制信号的作用下，产生调频振荡的瞬时角频率为

$$\omega_y(t) = \omega_{y0} + \Delta\omega_y \cos\Omega t$$

则混频器输出中频信号的瞬时角频率为

$$\omega_1(t) = (\omega_{r0} - \omega_{y0}) + (\Delta\omega_r - \Delta\omega_y)\cos\Omega t$$

式中，$\omega_{I0} = \omega_{r0} - \omega_{y0}$ 为输出中频信号的载波角频率；$\Delta\omega_I = \Delta\omega_r - \Delta\omega_y$ 为输出中频信号的角频偏。

由此可见，中频信号仍为不失真的调频波，但其角频偏比输入调频波小，与采用普通限幅鉴频的接收机比较，中频放大器的带宽可以缩小，使得加到限幅鉴频器输入端的噪声功率减小，即输入信噪比提高了；若维持限幅鉴频器输入端的信噪比不变，则采用调频负反馈解调器时，混频器输入端所需有用信号电压比普通调频接收机小，即解调门限值降低。

自动频率控制电路对频率而言是有静差系统，即输出频率与输入频率不可能完全相等，总存在一定的剩余频差。在某些工程应用中要求频率完全相同，AFC 系统就无能为力了，需要用到下面讨论的锁相回路才能满足要求。

10.5 自动相位控制（APC）电路（锁相环路 PLL）

锁相环路（PLL）和 AGC、AFC 电路一样，也是一种反馈控制电路。它是一个相位误差控制系统，是将参考信号与输出信号之间的相位进行比较，产生相位误差电压来调整输出信号的相位，以达到与参考信号同频的目的。在达到同频的状态下，两个信号之间的稳定相差亦可做得很小。

锁相环路可分为模拟锁相环与数字锁相环。模拟锁相环的显著特征是相位比较器（鉴相器）输出的误差信号是连续的，对环路输出信号的相位调节是连续的，而不是离散的。数字锁相环则与此相反。本节只讨论模拟锁相环。

10.5.1 锁相环电路的基本工作原理

10.5.1.1 锁相环路的组成与模型

基本的锁相环路是由鉴相器（PD）、环路滤波器（LF）和压控振荡器（VCO）组成的自动相位调节系统，如图 10-23 所示。

图 10 – 23　锁相环路的基本原理

A　鉴相器

任何一个理想的模拟乘法器都可以用作鉴相器。当参考信号为

$$u_r(t) = U_{rm}\sin[\omega_r t + \psi_r(t)]$$

压控振荡器的输出信号为

$$u_r(t) = U_{om}\cos[\omega_0 t + \psi_o(t)]$$

式中，$\psi_r(t)$ 为以 $\omega_r(t)$ 为参考相位的瞬时相位；$\psi_o(t)$ 为以 $\omega_0 t$ 为参考相位的瞬时相位。

考虑一般情况，ω_0 不一定等于 ω_r，为便于比较两者之间的相位差，这里统一以输出信号的 $\omega_0 t$ 为参考相位。这样，$u_r(t)$ 的瞬时相位为

$$\omega_r t + \psi_r(t) = \omega_0 t + (\omega_r - \omega_0)t + \psi_r(t) = \omega_0 t + \psi_1(t)$$

式中，$\psi_1(t) = (\omega_r - \omega_0)t + \psi_r(t) = \Delta\omega_0 t + \psi_r(t) = \Delta\omega_0 t + \psi_r(t)$。

$\Delta\omega_0 = \omega_r - \omega_0$ 为参考信号角频率与压控振荡器振荡信号角频率之差，称为固有频差。

令 $\psi_r(t) = \psi_2(t)$，则有：

$$u_r(t) = U_{rm}\sin[\omega_r t + \psi_r(t)] = U_{rm}\sin[\omega_0 t + \psi_1(t)]$$

$$u_o(t) = U_{om}\cos[\omega_0 t + \psi_o(t)] = U_{om}\cos[\omega_0 t + \psi_2(t)]$$

将上式所示信号作为模拟乘法器的两个输入，设乘法器的相乘系数 $A_M = 1$，则其输出为

$$u_r(t)u_o(t) = \frac{1}{2}U_{rm}U_{om}\{\sin[2\omega_0 t + \psi_1(t) + \psi_2(t)] + \sin[\psi_1(t) - \psi_2(t)]\}$$

该式第一项为高频分量，可通过环路滤波器滤除。这样，鉴相器的输出为

$$u_e(t) = \frac{1}{2}U_{rm}U_{om}\sin[\psi_1(t) - \psi_2(t)] = U_{em}\sin\psi_e(t) = A_{cp}\sin\psi_e(t)$$

式中，$\varphi_e(t) = \psi_1(t) - \psi_2(t)$。

其数学模型如图 10 – 24 所示。它所表示的正弦特性就是鉴相特性，如图 10 – 25 所示。它表示鉴相器输出误差电压与现相位差之间的关系。

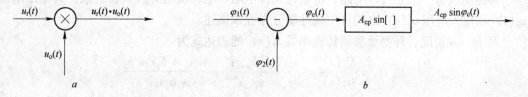

图 10 – 24　鉴相器的数学模型
a—信号模拟乘法器；*b*—鉴相器的正弦特性

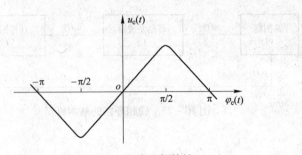

图 10 - 25 正弦鉴频特性

B 压控振荡器

压控振荡器的振荡角频率 $\omega_0(t)$ 受控制电压 $u_c(t)$ 的控制。不管振荡器的形式如何，其总特性总可以用瞬时角频率 ω_0 与控制电压之间关系曲线来表示，如图 10 - 26 所示。当 $u_c = 0$，而仅有固有偏置时，振荡角频率 ω_{o0} 称为固有角频率。ω_0 以 ω_{o0} 为中心而变化。在一定的范围内，ω_0 与 u_c 呈线性关系

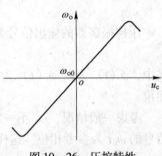

图 10 - 26 压控特性

在线性范围内，控制特性可表示为

$$\omega_0(t) = \omega_{o0}(t) + A_c u_c(t)$$

式中，A_c 为特性斜率，$rad/(s \cdot V)$，称为压控灵敏度，或压控增益。因为压控振荡器的输出对鉴相器起作用的不是瞬时频率，而是它的瞬时相位。

该瞬时相位可对上式积分求得

$$\int_0^t \omega_0(t')dt' = \omega_{o0}t + A_c\int_0^t u_c(t')dt'$$

故

$$\psi_2(t) = A_c\int_0^t u_c(t')dt'$$

由此可见，压控振荡器在环路中起了一次理想积分的作用，因此压控振荡器是一个固有积分环节。如用微分算子 p 表示，则上式可表示为

$$\psi_2(t) = \frac{A_c}{p}u_c(t)$$

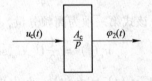

由此可得压控振荡器的数学模型，如图 10 - 27 所示。   图 10 - 27 压控振荡器的数学模型

C 环路滤波器

环路滤波器一般是线性电路，由线性元件电阻、电容及运算放大器组成。其输出电压 $u_c(t)$ 和输入电压 $u_e(t)$ 之间可用线性微分方程来描述。

对于一般情况，环路滤波器传递函数 $H(s)$ 的表达式为

$$H(s) = \frac{U_c(s)}{U_e(s)} = \frac{b_m s^m + b_{m-1}s^{m-1} + \cdots + b_1 s + b_0}{s_n + a_{n-1}s^{n-1} + \cdots + a_1 s + a_0}$$

如果将上式中 $H(s)$ 的 s 用微分算子 P 替换，就可以写出环路滤波器的微分方程

$$u_c(t) = H(p)u_e(t)$$

若系统的冲击响应为 $h(t)$，即传递函数 $H(s)$ 的拉氏反变换，则环路滤波器的输出、

输入关系的表达式又可以写成

$$u_c(t) = \int_0^t h(t-\tau)u_e(\tau)\mathrm{d}\tau$$

可以看出，$u_c(t)$ 是冲激响应与 $u_e(t)$ 的卷积。

第三个部件按照图 10-22 的组成关系连接起来，就构成了锁相环的相位模型，如图 10-28 所示。可以看出，给定值是参考信号的相位 $\psi_1(t)$，被控量是压控振荡器输出信号的相位 $\psi_2(t)$。因此，它是一个自动相位控制（APC）系统。

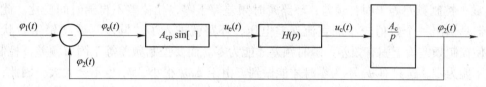

图 10-28 锁相环的相位模型

由图可知：

$$\psi_e(t) = \psi_1(t) - \frac{A_L}{p}H(p)\sin\psi_e(t)$$

$$p\psi_e(t) = p\psi_1(t) - A_L H(p)\sin\psi_e(t)$$

$$\frac{\mathrm{d}\psi_e(t)}{\mathrm{d}t} = \frac{\mathrm{d}\psi_1(t)}{\mathrm{d}t} - A_L\int_0^t h(t-\tau)\left[\sin\psi_e(\tau)\right]\mathrm{d}\tau$$

式中，$A_L = A_{cp}A_c$，称为环路增益，量纲为 rad/s。

这三个式子虽然写法不同，但实质相同，都是无噪声时环路的基本方程。代表了锁相环路的数学模型，隐含着环路整个相位调节的动态过程，即描述了参考信号和输出信号之间的相位差随时间变化的情况。

10.5.1.2 锁相环路的工作过程和工作状态

加到锁相环路的参考信号一般可以分为两类：一类是频率和相位固定不变的信号，另一类是频率和相位按某种规律变化的信号。这里从最简单的情况出发，考察环路在第一类信号输入时的工作过程。

因为

$$u_r(t) = U_{rm}(t)\sin\left[\omega_r t + \psi_r(t)\right]$$

当 ω 和 ψ 均为常数时，由式 $\psi_r(t) = (\omega_r - \omega_0)t + \psi_r$

则有

$$\frac{\mathrm{d}\psi_1(t)}{\mathrm{d}t} = \Delta\omega_0$$

可得

$$\frac{\mathrm{d}\psi_e(t)}{\mathrm{d}t} = A_L\int_0^t h(t-\tau)\left[\sin\psi_e(\tau)\right]\mathrm{d}\tau = \Delta\omega_0$$

或

$$p\psi_e(t) + A_L H(p)\sin\psi_e(t) = \Delta\omega_0$$

下面分几种状态来说明环路的动态过程。

A 失锁与锁定状态

通常，在环路开始动作时，鉴相器输出的是一个差拍频率为 $\Delta\omega$ 的差拍电压波 A_{cp}

$\sin\Delta\omega_0 t$。若固有频差值 $\Delta\omega_0$ 很大，则差拍信号的拍频也很高，不容易通过环路滤波器而形成控制电压 $u_e(t)$。因此，控制频差建立不起来，环路的瞬时频差始终等于固有频差。鉴相器输出仍然是一个上下对称的正弦差拍波，环路未起控制作用。环路处于"失锁"状态。

反之，假定固有频差 $\Delta\omega_0$ 很小，则差拍信号的拍频就很低，差拍信号容易通过环路滤波器加到压控振荡器上，使压控振荡器的瞬时频率 ω_0 围绕着 ω_{00} 在一定范围内来回摆动。也就是说，环路在差拍电压作用下，产生了控制频差。由于 $\Delta\omega_0$ 很小，ω_r 接近于 ω_0，所以有可能使 ω_0 摆动到 ω_1 上，当满足一定条件时就会在这个频率上稳定下来。稳定后 ω_0 等于 ω_r，控制频差等于固有频差，环路瞬时频差等于零，相位差不再随时间变化。此时，鉴相器只输出一个数值较小的直流误差电压，环路就进入了"同步"或"锁定"状态。只有使控制频差等于固有频差，瞬时频差才能为零。而要控制频差等于固有频差，控制频差便不能为零，这只有 ψ_e 不为零时才能做到。由于 $\Delta\omega_0$ 很小，ψ_e 也不会太大。因此，在环路处于锁定状态时，虽然参考信号和输出信号之间的频率相等，但是它们之间的相位差却不会为零，以便产生环路锁定所必需的控制信号电压（即直流误差电压）。因此，对频率而言，锁相环是无静差系统。

B　牵引捕捉状态

虽然还存在一种 $\Delta\omega_0$ 值介于两者之间的情况，即参考信号频率 ω_r 比较接近于 ω_0，但是其差拍信号的拍频还比较高，经环路滤波器时有一定的衰减（既非完全抑制，也非完全通过），加到压控振荡器上使压控振荡器的频率围绕 ω_{00} 的摆动范围较小，有可能摆不到 ω_r 上，因而鉴相器电压也不会马上变为直流，仍是一个差拍频率，所以鉴相器输出是一个正弦波（频率为 ω_r 的参考信号）和一个调频波的差拍。这时鉴相器输出的电压波形不再是一个正弦差拍波了，而是一个上下不对称的差拍电压波形，如图 10－29 所示。

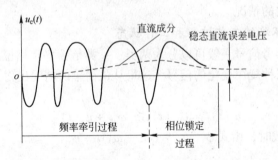

图 10－29　在 $\omega_r > \omega_0$ 的情况下，牵引捕获过程 $u(t)$ 波形

鉴相器输出的上下不对称的差拍电压波含有直流、基波与谐波成分，经环路滤波器滤波以后，可以近似认为只有直流与基波加到压控振荡器上。直流使压控振荡器的中心频率产生偏移（设由 ω_{00} 变为 $\overline{\omega}_0$），基波使压控振荡器调频。其结果使压控振荡器的频率 $\omega_0(t)$ 变成一个围绕着 $\overline{\omega}_0$ 平均频率变化的正弦波。

非正弦差拍波的直流分量对于锁相环是非常重要的。正是这个直流分量通过环路的平均频率 $\overline{\omega}_0$ 偏离固有振荡频率。ω_{00} 而向 ω_r 靠近，使得两个信号的频差减小。这样将使检相器输出差拍波的拍频变得愈来愈低，波形的不对称也愈来愈高，相应的直流分量更大，直流控制电压累积的速度更快，将驱动压控频率以更快的速度移向 ω_r。上述过程以极快的速度进行着，直至可能发生这样的变化：压控瞬时频率 ω_0 变化到 ω_r，且环路在这个频率上稳定下来，这时鉴相器输出也由差拍波变成直流电压，环路进入锁定状态。显然，这种锁定状态是环路通过频率的逐步牵引而进入的，这个过程称为捕获。图 10 - 29 所示为牵引捕获过程中鉴相器输出电压变化的波形，它可从长余辉慢扫示波器看到。

当然，若 $\Delta\omega_0$ 值太大，环路通过频率牵引也可能始终进不了锁定状态，则环路仍处于失锁状态。

C　跟踪状态

当环路已处于锁定状态时，如果参考信号的频率和相位稍有变化，立即会在两个信号的相位差 $\psi_e(t)$ 上反映出来，鉴相器输出也随之改变，并驱动压控振荡器的频率和相位发生相应的变化。如果参考信号的频率和相位也会以一定的规律跟着变化，只要相位变化不超过一定的范围，压控振荡器的频率和相位也会以同样规律跟着变化，这种状态就是环路的跟踪状态。如果说锁定状态是相对静止的同步状态，则跟踪状态就是相对运动的同步状态。

从环路的工作过程已经定性地看出，环路的捕获和锁定都是受到环路参数制约的。从环路开始动作到锁定，必须经由频率牵引作用的捕捉过程，频率牵引作用是使控制频差逐渐加大到等于固有频差，这时环路的瞬时频差将等于零，即

$$\lim_{t\to\infty}\frac{\mathrm{d}\psi_e(t)}{\mathrm{d}t}=0$$

显然，瞬时相位差 $\psi_e(t)$ 此时趋向一个固定的值，且一直保持下去。这意味着压控振荡器的输出信号与参考信号之间，在固定的 $\frac{\pi}{2}$ 相位差上只叠加一个固定的稳态相位差，而没有频差，即 $\Delta\omega=\omega_r-\omega_0$，故 $\omega_r=\omega_0$。这是锁相环的一个重要特性。

当 $\lim_{t\to\infty}\dfrac{\mathrm{d}\psi_e(t)}{\mathrm{d}t}=0$ 时，$\psi_e(t)$ 为固定值，$\dfrac{\mathrm{d}\psi_e(t)}{\mathrm{d}t}=0$，鉴相器输出电压 $u_e(t)=A_{cp}\sin\psi_e(t)$ 是一个直流电压，于是

$$A_L H(0)\sin\psi_e(\infty)=\Delta\omega_0$$

式中，$\psi_e(\infty)$ 为在时间趋于无穷大时的稳态相位差。

因此

$$\psi_e(\infty)=\arcsin\frac{\Delta\omega_0}{A_L H(0)}=\arcsin\frac{\Delta\omega_0}{A_L(0)}$$

式中，$A_L(0)=A_L H(0)$ 为环路的直流增益，量纲为 rad/s。

$\psi_e(\infty)$ 的作用是使环路在锁定时仍能维持鉴相器有一个固定的误差电压 $A_{cp}\sin\psi_e(\infty)$ 输出，此电压通过环路滤波器加到压控振荡器上，控制电压 $A_{cp}\sin\psi_e(\infty)$ 将其振荡频率调整到与参考信号频率同步。稳态相差的大小反映了环路的同步精度，通过环路设计可以使 $\psi_e(\infty)$ 很小。

因为 $$|\sin\psi_e(\infty)|_{max}=1$$

所以 $$|\Delta\omega_0|\leqslant A_L H(0)$$

这意味着初始频差 $|\Delta\omega_0|$ 的值不能超过环路的直流增益，否则环路不能锁定。

假定环路已处于锁定状态，然后缓慢地改变参考信号频率 ω_r，使固有频率指向两侧逐

步增大（即正向或负向增大 $\Delta\omega_0$ 的值）。由于 $|\pm\Delta\omega_0|$ 值是缓慢改变的，因而当 $\psi_e(t)$ 值处于一定变化范围内时，环路有维持锁定的能力。通常，将环路可维持锁定或同步的最大固有频差 $|\Delta\omega_{0m}|$ 的 2 倍称为环路的同步带 $2\Delta\omega_H$，如图 10 - 30 所示。

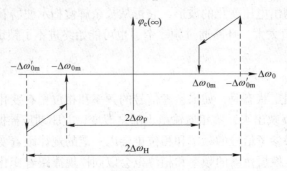

图 10 - 30　环路捕获与同步过程动特性

因此，所讨论的基本环路的同步带是 $A_L(0)$，即 $\Delta\omega_H = A_L(0)$。

因为

$$A_L(0) = 0.5 U_{rm} U_{om} A_M A_C H(0)$$

所以，两个信号的幅度、乘法器的相乘系数和环路滤波器的直流特性 $H(0)$ 等都对同步带有影响。使 $A_L(0) \gg |\Delta\omega_0|$，可将 $\psi_e(\infty)$ 缩小到所需的程度。因此，锁相环可以得到一个与参考信号频率完全相同而相位很接近的输出信号。

假定环路最初处于失锁状态，然后改变参考信号频率 ω_r，使固有频差 $\Delta\omega_0$ 从两侧缓慢地减小，环路有获得牵引锁定的最大固有频差值 $|\pm\Delta\omega_{0m}|$ 存在，这个可获得牵引锁定的最大固有频差 $|\pm\Delta\omega_{0m}|$ 值的 2 倍，称为环路的捕捉带 $2\Delta\omega_P$，如图 10 - 30 所示。这与 AFC 电路的同步带和捕捉带类似。

10.5.2　锁相环路的跟踪性能——锁相环路的线性分析

当环路处于跟踪状态时，只要 $|\psi_e(t)|$ 小于等于 $\dfrac{\pi}{6}$，就可认为环路处于线性跟踪状态。此时，$\sin\psi_e(t) \approx \psi_e(t)$，即将环路线性化。

将式 $p\psi_e(t) = p\psi_1(t) - A_L H(p)\sin\psi_e(t)$ 取拉氏变换，可得

$$s\Phi_e(s) + A_L H(s)\Phi_e(s) = s\Phi_1(s)$$

由此式可得环路线性化相位模型（如图 10 - 31 所示）。

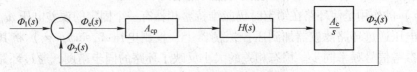

图 10 - 31　环路线性相位函数

从而可得环路的开环传递函数、闭环传递函数和误差传递函数。

10.5.2.1　开环传递函数

$$T_{op}(s) = \frac{\Phi_2(s)}{\Phi_1(s)} = \frac{A_L H(s)}{s}$$

式中，$A_L = A_{cp}A_c$。

上式表示在反馈支路断开时，输出信号相位的拉氏变换同相位差的拉氏变换之比。

10.5.2.2 闭环传递函数

$$T(s) = \frac{\Phi_2(s)}{\Phi_1(s)}$$

$\because \quad \Phi_2(s) = T_{op}(s)\Phi_e(s) = T_{op}(s)[\Phi_1(s) - \Phi_2(s)]$

$\therefore \quad T(s) = \frac{T_{op}(s)}{1 + T_{op}(s)} = \frac{A_L H(s)}{s + A_L H(s)}$

它表示在闭环条件下，输出相位的拉氏变换与参考信号相位的拉氏变换之比。

10.5.2.3 误差传递函数

$$T_e(s) = \frac{\Phi_e(s)}{\Phi_1(s)} = \frac{\Phi_1(s) - \Phi_2(s)}{\Phi_1(s)} = 1 - T(s) = \frac{1}{1 + T_{op}(s)} = \frac{s}{s + A_L H(s)}$$

它表示在闭环条件下，相位误差的拉氏变换与参考信号相位的拉氏变换之比。

本 章 小 结

反馈控制是现代系统工程中的一种重要技术手段。在系统受到扰动的情况下，通过反馈控制作用，可使系统某个参数达到所需的精度，或按照一定的规律变化。电子线路中也常常应用反馈控制技术。根据控制对象参数不同，反馈控制电路可以分为以下三类：

（1）自动增益控制（AGC）电路，它主要用在无线电收发系统中，以维持整机输出恒定。

（2）自动频率控制（AFC）电路，它用来维持电子设备中工作频率的稳定。

（3）自动相位控制（APC）电路，又称锁相环（PLL），它主要用于锁定相位，能够实现多种功能，是应用最多的一种反馈控制电路。反馈控制电路一般由比较器、控制信号发生器、可控器件及反馈网络四部分组成。

本章重点概念

反馈控制系统　自动增益控制（AGC）电路　自动频率控制（AFC）电路　自动相位控制（APC）电路　闭环传输函数

11　非线性电路分析的基础理论

本章重点内容
- 非线性电路的特性和作用
- 非线性电路的幂级数分析法和折线分析法
- 非线性电路的实际应用

现代通信及各种电子设备中，广泛采用了频率变换电路和功率变换电路，如调制、解调、变频、倍频、振荡、谐振功放等，还可以利用电路的非线性特性实现系统的反馈控制，如自动增益控制（AGC）、自动频率控制（AFC）、自动相位控制（APC）等。

本章主要分析非线性电路的特性、作用及其与线性电路的区别，非线性电路的几种分析方法。对实现频率变换的基本组件模拟乘法器的特性、实现方法及应用做了较详尽的分析。

11.1　非线性电路的基本概念与非线性元件

11.1.1　非线性电路的基本概念

常用的无线电元件有三类：线性元件、非线性元件和时变参量元件。

线性元件的主要特点是元件参数与通过元件的电流或施于其上的电压无关。例如，通常大量应用的电阻、电容和空心电感都是线性元件。

非线性元件的参数与通过它的电流或施于其上的电压有关。例如，通过二极管的电流大小不同，二极管的内阻值便不同；晶体管的放大系数与工作点有关；带磁芯的电感线圈的电感量随通过线圈的电流而变化。

时变参量元件与线性和非线性元件有所不同，它的参数不是恒定的，而是按照一定规律随时间变化的，但是这样变化与通过元件的电流或元件上的电压没有关系。可以认为时变参量元件是参数按照某一方式随时间变化的线性元件。例如，混频时，可以把晶体管看成一个变跨导的线性元件。

常用电路是若干无源元件或和有源元件的有序联结体。它可以分为线性与非线性两大类。

线性电路是由线性元件构成的电路。它的输出输入关系用线性代数方程或线性微分方程表示。线性电路的主要特征是具有叠加性和均匀性。若 $v_{i1}(t)$ 和 $v_{i2}(t)$ 分别表示两个输入信号，$v_{o1}(t)$ 和 $v_{o2}(t)$ 分别表示相应的输出信号，即 $v_{o1}(t) = f[v_{i1}(t)]$，$v_{o2}(t) = f[v_{i2}(t)]$，式中 f 表示函数关系。

若满足 $a_{vo1}(t) = f[v_{i1}(t) + v_{i2}(t)]$，则称为具有叠加性。若满足 $a_{vo2}(t) = f[a_{vil}(t)]$、$a_{vo2}(t) = f[a_{vi2}(t)]$，则称为具有均匀性，式中 a 为常数。若同时具有叠加性和均匀性，即 $a_1 \times f[v_{i1}(t)] + a_2 \times f[v_{i2}(t)] = f[a_1 \times v_{i1}(t) + a_2 \times v_{i2}(t)]$，则函数关系 f 所描述的系统称为线性系统。

非线性电路中至少包含一个非线性元件，它的输出输入关系用非线性函数方程或非线性微分方程表示。图 11 – 1 所示为一个线性电阻与二极管组成的非线性电路。

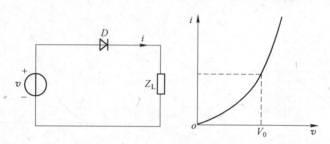

图 11 – 1　二极管电路及其伏安特性

图 11 – 1 中，二极管是非线性器件，Z_L 为负载，v 与所加信号，幅度不大。设非线性元件的函数关系为 $i = f(v)$，若工作点选在 V_0 处，则电流 i 与输入电压 v 的关系为 $i = a_0 + a_1(v - V_0) + a_2(v - V_0)^2 + a_3(v - V_0)^3 + \cdots$，这是一个非线性函数方程。

非线性电路不具有叠加性与均匀性。这是它与线性电路的主要区别。

由于非线性电路的输出输入关系是非线性函数关系，当信号通过非线性电路时，在输出信号中将会产生输入信号所没有的频率成分，也可能不再出现输入信号中的某些频率成分。这是非线性电路的重要特性。

11.1.2　非线性元器件的特性

一个器件究竟是线性还是非线性，是相对的。线性和非线性的划分，很大程度上取决于器件静态工作点及动态工作范围。当器件在某一特定条件下工作，若其响应中的非线性效应小到可以忽略的程度时，则可认为此器件是线性的。但是，当动态范围变大，以至于非线性效应占主导地位时，此器件就应视为非线性的。例如，当输入信号为小信号时，晶体管可以看成是线性器件，因而允许用线性四端网络等效之，用一般线性系统分析方法分析其性能；但是，当输入信号逐渐增大，以至于使其动态工作点延伸至饱和区或截止区时，晶体管就表现出与其在小信号状态下极不相同的性质，这时就应把晶体管看作非线性器件。

广义地说，器件的非线性是绝对的，而其线性是相对的。线性状态只是非线性状态的一种近似或一种特例而已。

非线性器件种类很多，归纳起来，可分为非线性电阻（NR）、非线性电容（NC）和非线性电感（NL）三类。如隧道二极管、变容二极管及铁芯线圈等。

这里以非线性电阻为例，讨论非线性元件的特性。其特点是工作特性的非线性、不满足叠加原理，具有频率变换能力。所得结论也适用于其他非线性元件。

11.1.2.1　非线性元件的工作特性

线性元件的工作特性符合直线性关系，例如，线性电阻的特性符合欧姆定律，即它的伏安特性是一条直线，如图 11 – 2 所示。

与线性电阻不同，非线性电阻的伏安特性曲线不是直线。例如，半导体二极管是一非线性电阻元件，加在其上的电压 v 与通过其中的电流 i 不成正比（即不满足欧姆定律）。它的伏安特性曲线如图 11 – 3 所示，其正向工作特性按指数规律变化，反向工作特性与横轴非常近。

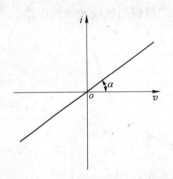

图 11 – 2 线性电阻的伏安特性曲线   图 11 – 3 半导体二极管的伏安特性曲线

在实际应用中的非线性电阻元件，除上面所说的半导体二极管外，还有许多别的器件，如晶体管、场效应管等。在一定的工作范围内，它们均属于非线性电阻元件。

11.1.2.2 非线性元件的频率变换作用

半导体二极管的伏安特性曲线如图 11 – 4 所示。当某一频率的正弦电压作用于该二极管时，根据 $v(t)$ 的波形和二极管的伏安特性曲线，即可用作图法求出通过二极管的电流 $i(t)$ 的波形。

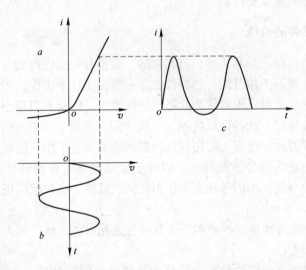

图 11 – 4 正弦电压作用于半导体二极管产生非正弦周期电流

显然，它已不是正弦波形（但它仍然是一个周期性函数）。所以非线性元件上的电压和电流的波形是不同的。

$$v = V_{\mathrm{m}}\sin\omega t \qquad\qquad (11 – 1)$$

如果将电流 $i(t)$ 用傅里叶级数展开，可以发现，它的频谱中除包含电压 $v(t)$ 的频率

成分 ω（即基波）外，还新产生了 ω 的各次谐波及直流成分。也就是说，半导体二极管具有频率变换的能力。

若设非线性电阻的伏安特性曲线具有抛物线形状，即

$$i = Kv^2 \tag{11-2}$$

式中，K 为常数。

当该元件上加有两个正弦电压 $v_1 = v_{1m}\sin\omega_1 t$ 和 $v_2 = v_{2m}\sin\omega_2 t$ 时，即

$$v = v_1 + v_2 = v_{1m}\sin\omega_1 t + V_{2m}\sin\omega_2 t \tag{11-3}$$

将式（11-3）代入式（11-2），即可得通过元件的电流为

$$i = KV_{1m}^2\sin^2\omega_1 t + KV_{2m}^2\sin^2\omega_2 t + 2KV_{1m}V_{2m}\sin\omega_1 t\sin\omega_2 t \tag{11-4}$$

用三角恒等式将上式展开并整理，得

$$i = \frac{K}{2}(V_{1m}^2 + V_{2m}^2) - KV_{1m}V_{2m}\cos(\omega_1 + \omega_2)t + KV_{1m}V_{2m}\cos(\omega_1 - \omega_2)t - $$

$$\frac{K}{2}V_{1m}^2\cos2\omega_1 t - \frac{K}{2}V_{2m}^2\cos2\omega_2 t \tag{11-5}$$

上式说明，电流中不仅出现了输入电压频率的二次谐波 $2\omega_1$ 和 $2\omega_2$，而且还出现了由 ω_1 和 ω_2 组成的和频 $\omega_1 + \omega_2$ 与差频 $\omega_1 - \omega_2$ 以及直流成分 $\frac{K}{2}(V_{1m}^2 + V_{2m}^2)$，这些都是输入电压 v 中所没有包含的。

一般来说，非线性元件的输出信号比输入信号具有更为丰富的频率成分。在通信、广播电路中，正是利用非线性元件的这种频率变换作用来实现调制、解调、混频等功能的。

11.1.2.3 非线性电路不满足叠加原理

对于非线性电路来说，叠加原理不再适用了。例如，将式（11-3）所表征的电压作用于式（11-2）伏安特性所表示的非线性元件时，得到如式（11-4）所表征的电流。如果根据叠加原理，电流 i 应该是 v_1 和 v_2 分别单独作用时所产生的电流之和，即

$$i = Kv_1^2 + Kv = KV_{1m}^2\sin^2\omega_1 t + KV_{2m}^2\sin^2\omega_2 t \tag{11-6}$$

比较式（11-4）与式（11-6），显然是大不相同的。这个简单的例子说明，非线性电路不能应用叠加原理。这是一个很重要的概念。

11.2 非线性电路的分析方法

与线性电路相比，非线性电路的分析与计算要复杂得多。在线性电路中，由于信号幅度小，各元器件的参数均为常量，所以可用等效电路法借助于公式较精确地将电路指标算出来。而在非线性电路中，信号的幅度较大，元器件呈非线性状态，在整个信号的动态范围内，这些元器件的参数不再是常数而是变量，因此就无法再用简单的公式来计算。

在分析非线性电路时，常常要用到幂级数分析法、指数函数分析法、折线分析法、时变参量分析法、开关函数分析法等。下面将介绍这些分析方法。

11.2.1 幂级数分析法

各种非线性元件非线性特性的数学表达式有着不同形式，例如晶体管特性是指数函

数，场效应管特性是二次函数等。把输入信号直接代入
非线性特性的数学表达式中，就可求得输出信号。

　　下面以图 11 - 5 为例，对幂级数分析法作一介绍。
图中，二极管是非线性器件，Z_L 为负载，v 为所加小信
号电压源

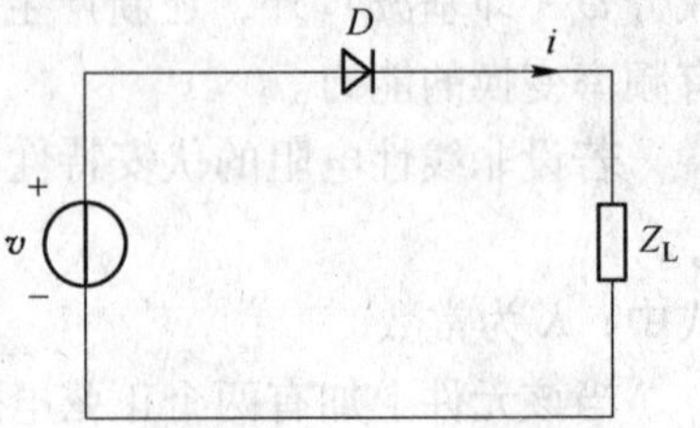

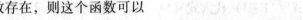

图 11 - 5　二极管电路

　　设非线性元件的函数关系为

$$i = f(v) \qquad (11-7)$$

　　如果该函数 $f(v)$ 的各阶导数存在，则这个函数可以
展开成幂级数表达式，即

$$i = a_0 + a_1 v + a_2 v^2 + a_3 v^3 + \cdots \qquad (11-8)$$

　　该级数的各系数与函数 $i = f(v)$ 的各阶导数有关。若函数 $i = f(v)$ 在静态工作点 V_0 附
近的各阶导数都存在，也可在静态工作点 V_0 附近展开为幂级数。这样得到的幂级数即泰
勒级数。

$$i = f(v) = f(V_0) + f'(V_0)(v - v_0) + \frac{f''(V_0)}{2!}(v - V_0)^2 + \frac{f'''(V_0)}{3!}(v - v_0) + \cdots$$

$$= a_0 + a_1(v - V_0) + a_2(v - V_0)^2 + a_3(v - V_0)^3 + \cdots \qquad (11-9)$$

　　由数学分析可知，上述幂级数展开式是一收敛函数，幂次愈高的项其系数就愈小，这
一特点为近似分析提供依据。幂级数到底应该取多少项，应由近似条件来决定。如果要求
近似的准确性愈高，或要求近似表达式的曲线范围愈宽，则所取的次数就愈多。

$$i = a_0 + a_1(v - V_0) + a_2(v - V_0)^2 + a_3(v - V_0)^3 \qquad (11-10)$$

若外加两个频率的信号电压

$$v = V_0 + V_1 \cos\omega_1 t + V_2 \cos\omega_2 t$$

代入式 (11 - 10)，取前四项，得

$$i = a_0 + \frac{1}{2}a_2 V_1^2 + \frac{1}{2}a_2 V_2^2 + \left(a_1 V_1 + \frac{3}{4}a_3 V_1^3 + \frac{3}{2}a_3 V_1^2 V_2^2\right)\cos\omega_1 t +$$

$$\left(a_1 V_2 + \frac{3}{4}a_3 V_2^3 + \frac{3}{2}a_3 V_1^2 V_3\right)\cos\omega_2 t + \frac{1}{2}a_2(V_1^2\cos2\omega_1 t + V_2^2\cos2\omega_2 t) +$$

$$a_2 V_1 V_2[\cos(\omega_1 + \omega_2)t + \cos(\omega_1 - \omega_2)t] + \frac{1}{4}a_3(V_1^3\cos3\omega_1 t + V_2^3\cos3\omega_2 t) +$$

$$\frac{3}{4}a_3 V_1^2 V_2[\cos(2\omega_1 + \omega_2)t + \cos(2\omega_1 - \omega_2)t] +$$

$$\frac{3}{4}a_3 V_1 V_2^2[\cos(\omega_1 + 2\omega_2)t + \cos(\omega_1 - 2\omega_2)t]$$

根据以上分析，可得出以下几点结论：

（1）由于元器件的非线性作用，输出电流中产生了输入电压中不曾有的新频率成分，
如输入频率的谐波 $2\omega_1$ 和 $2\omega_2$、$3\omega_1$ 和 $2\omega_2$；输入频率及其谐波所形成的各种组合频率
$\omega_1 + \omega_2$、$\omega_1 - \omega_2$、$\omega_1 + 2\omega_2$、$\omega_1 - 2\omega_2$、$2\omega_1 + \omega_2$、$2\omega_1 - \omega_2$。

（2）各倍频分量和各组合频率分量的振幅与幂级数展开式中同次幂项的系数有关，例
如，$2\omega_1$、$2\omega_2$、$\omega_1 + \omega_2$、$\omega_1 - \omega_2$ 等分量的振幅与 a_2 有关，而 $3\omega_1$、$3\omega_2$、$2\omega_1 + \omega_2$、$2\omega_1 -$
ω_2、$\omega_1 + 2\omega_2$、$\omega_1 - 2\omega_2$ 等分量的振幅与 a_3 有关，即高次谐波项的振幅与高次幂项的系数

a 有关。

（3）电流中的直流分量与输入信号的振幅平方成正比，偶次谐波以及系数之和 $p+q$ 为偶数的各种组合频率成分，其振幅均只与幂级数的偶次项系数（包括常数项）有关，而与奇次项系数无关；类似地，奇次谐波以及系数之和为奇数的各种组合频率成分，其振幅均只与非线性特性表达式中的奇次项系数有关，而与偶次项系数无关。

（4）一般情况下，设幂多项式最高次数等于 n，则电流中最高谐波次数都不超过 n；若组合频率表示为 $p\omega_1+q\omega_2$ 和 $p\omega_1-q\omega_2$，则有 $p+q\leqslant n$。

（5）因为幂级数展开式中含有两个信号的相乘项，起到乘法器的作用，因此，所有组合频率分量都是成对出现的，如有 $\omega_1+\omega_2$，就一定 $\omega_1-\omega_2$；有 $2\omega_1-\omega_2$，就一定有 $2\omega_1+\omega_2$，等等。

最后需要指出，实际工作中非线性元件总是要与一定性能的线性网络相互配合起来使用的。非线性元件的主要作用在于进行频率变换，线性网络的主要作用在于选频或者滤波。为了完成一定的功能，常常用具有选频作用的某种线性网络作为非线性元件的负载，以便从非线性元件的输出电流中取出所需要的频率成分，同时滤掉不需要的各种干扰频率成分。

11.2.2　折线分析法

当输入信号足够大时，若用幂级数分析，就必须选取比较多的项，这将使分析计算变得复杂。在这种情况下，折线分析法是一种比较好的分析方法。

折线分析法就是根据需要和可能，将非线性器件的实际特性曲线用一条或多条直线段来近似它，然后再依据折线参数，分析输出信号与输入信号之间的关系。

信号较大时，所有实际的非线性元件，几乎都会进入饱和或截止状态。此时，元件的非线性特性的突出表现是截止、导通、饱和等几种不同状态之间的转换。在大信号条件下，忽略 $i_c - v_B$ 非线性特性曲线尾部的弯曲，用由 AB、BC 两个直线段所组成的折线来近似代替实际的特性曲线，而不会造成多大的误差，如图 11 – 6 所示。

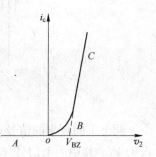

图 11 – 6　晶体三极管的转移特性曲线用折线近似

由于折线的数学表达式比较简单，所以折线近似后使分析大大简化。当然，如果作用于非线性元件的信号很小，而且运用范围又正处在所忽略的特性曲线的弯曲部分，这时若采用折线法进行分析，就必然产生很大的误差。所以折线法只适用于大信号情况，例如功率放大器和大信号检波器的分析都可以采用折线法。

当晶体三极管的转移特性曲线在其运用范围很大时，例如运用于图 11 – 6 的 AOC 整个范围时，可以用 AB 和 BC 两条直线段所构成的折线来近似。折线的数学表达式为

$$\left.\begin{array}{ll} i_c = 0 & (v_B < v_{BZ}) \\ i_c = g_c(v_B - V_{BZ}) & (v_B > v_{BZ}) \end{array}\right\} \tag{11 – 11}$$

式中，V_{BZ} 为晶体管特性曲线折线化后的截止电压；g_c 为跨导，即直线 BC 的斜率。

图 11 – 6 中，实线表示非线性器件的实际特性曲线，虚线表示近似的折线线段，两种特性的最大误差发生在折线转折点附近，即 B 点附近至电压 v 较小的区域，而在 B 点之右

的大信号区段，实际特性和折线段是很接近的。

折线法的具体应用，已在本书第 4 章讨论过。

11.2.3　线性时变参量电路分析法

变参量元件是参数按照某一方式随时间变化的线性元件。例如，有大、小两个信号同时作用于晶体管的基极，此时由于大信号的控制作用，晶体管的静态工作点随之发生变动，这就使晶体管的跨导也随时间不断变化。这样，对小信号来说，可以把晶体管看成一个变跨导的线性元件，跨导的变化主要取决于大信号，基本上与小信号无关。变频器中的晶体管就是这种时变参量元件。

由时变参量元件所组成的电路，称为参变电路，有时也称时变线性电路。非线性器件的线性时变工作状态示意图如图 11－7 所示。

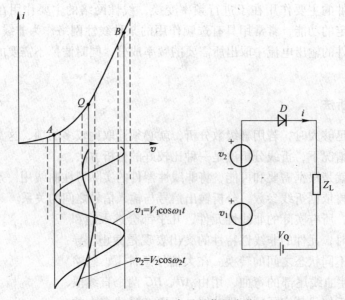

图 11－7　时变参量的信号变化

两个不同频率的信号 v_1、v_2 同时作用于伏安特性为 $i = f(v)$ 的非线性器件，静态工作点为 V_Q。其中一个信号（如 v_1）的幅值较大，其变化范围涉及器件特性曲线中较大范围的非线性部分（但使器件导通），器件的特性参量主要由 $V_Q + v_1$ 控制，即可把大信号近似看作是非线性器件的一附加偏置，此信号把器件的工作点周期性地在特性曲线上移来移去，由于非线性特性曲线各点处的参量是不同的，所以器件的参量是受大幅度信号控制的，也是周期性变化着的，时变参量的名称即由此而来。

另一个信号 v_2 远小于 v_1，可以近似认为对器件的工作状态变化没有影响。此时流过器件的电流为

$$i(t) = f(v) = f(V_Q + v_1 + v_2) \tag{11-12}$$

可将 $V_Q + v_1$ 看成器件的交变工作点，则 $i(t)$ 可在其工作点 $V_Q + v_1$ 处展开为泰勒级数

$$i(t) = f(V_Q + v_1) + f'(V_Q + v_1)v_2 + \frac{1}{2!}f''(V_Q + v_1)v_2^2 + \cdots +$$

$$\frac{1}{n!}f^{(n)}(V_Q + v_1)v_2^2 + \cdots$$

由于 v_2 的值很小，二次方及其以上各项可以忽略不计，则 $i(t)$ 近似为

$$i(t) \approx f(V_Q + v_1) + f'(V_Q + v_1)v_2 \qquad (11-13)$$

式中，$f(V_Q + v_1)$ 为 $v_2 = 0$ 时仅随 v_1 变化的电流，称为时变静态电流；$f'(V_Q + v_1)f$ 随 $V_Q + v_1$ 而变化，称为时变电导 $g(t)$。

式（11-14）可以写为

$$i(t) \approx I_0(t) + g(t)v_2(t) \qquad (11-14)$$

将 $V_Q + v_1 = V_Q + V_{1m}\cos\omega_1 t$、$v_2 = V_{2m}\cos\omega_2 t$ 代入式（11-14）展开并整理，得

$$i_c \approx (I_{c0} + I_{cm1}\cos\omega_1 t + I_{cm2}\cos2\omega_1 t + \cdots) + (g_0 + g_1\cos\omega_1 t + g_2\cos2\omega_1 t + \cdots)V_{2m}\cos\omega_2 t$$

$$= I_0(t) + \left(g_0 + \sum_{n=1}^{\infty} g_n\cos n\omega_1 t\right)V_{2m}\cos\omega_2 t \qquad (11-15)$$

式中，

$$g_n\cos n\omega_1 t \cdot V_{2m}\cos\omega_2 t = \frac{1}{2}g_n V_{2m}\cos(n\omega_1 + \omega_2)t + \frac{1}{2}g_n V_{2m}\cos(n\omega_1 - \omega_2)t \qquad (11-16)$$

由此可以看出，受 v_1 控制的晶体管跨导的基波分量和谐波分量与信号电压 $V_{2m}\cos\omega_2 t$ 的乘积将产生和频与差频所组成的新的频率分量，即起到频率变换的作用。

上述分析说明，当两个信号同时作用于一个非线性器件，其中一个振幅很小，处于线性工作状态，另一个为大信号工作状态时，可以使这一非线性系统等效为线性时变系统。

以上分析了非线性电路中常用的几种分析方法。实际上，非线性电路分析是一个比较复杂的问题，分析方法较多。其中幂级数分析法、折线分析法、线性时变参量分析法仅是结合本书讨论内容的几种分析方法，对这些方法，本书中也只做了较浅显的分析介绍。读者如有需要，请参阅有关参考文献。

11.3 非线性电路的应用

在电子电路系统中，非线性电路的应用十分广泛。本书中涉及的应用可归纳为以下几方面。

11.3.1 实现信号频谱的线性变换（频谱搬移）

线性频率变换，即在频率变换前后，信号频谱结构不变，只是将信号频谱在频率轴上无失真地搬移，如图 11-8 所示。调幅、检波和混频电路即为线性频率变换电路。

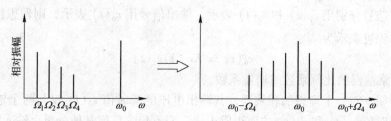

图 11-8 线性频率变换图

11.3.2 实现信号频谱的非线性变换

非线性频率变换，即频率变换前后，信号的频谱结构发生变换，不是简单的频谱搬谱过程（如图 11 - 9 所示），如角度调制与解调过程。

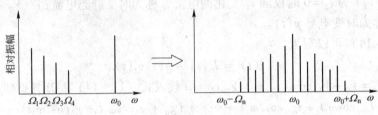

图 11 - 9 非线性频率变换图

11.4 模拟相乘器及其频率变换作用

模拟相乘器是一种时变参量电路。在高频电路中，相乘器是实现频率变换的基本组件，与一般非线性器件相比，相乘器可进一步减少某些无用的组合频率分量，使输出信号频谱得以净化。

在通信系统及高频电子技术中应用最广泛的乘法器有两种：一种是二极管平衡相乘器；另一种是由双极型或 MOS 器件构成的四象限模拟相乘器。随着集成电路的发展，这些相乘器还具有工作频带宽、温度稳定性好等优点，广泛应用于调制、解调及混频电路中。

四象限模拟乘法器又大致分为两种：

一种是在集成高频电路中经常用到的乘法器，它们大多属于非理想乘法电路，是为了完成某种功能而制成的一种专用集成电路，如电视接收机中的视频信号同步检波电路、相位检波电路以及调频立体声接收机中的立体声解码电路等。这种乘法电路均采用差动电路结构。

另一种是较为理想的模拟乘法器，属于通用的乘法电路，用户可用这种乘法器按需要设计，完成其功能。常用的集成化模拟乘法器的产品有 BG314、MC1494L/MC1594L、MC1495L/MC1595L、XR - 2208/XR2208M、AD530、AD532、AD533、AD534、AD632、BB4213、BB4214 等。

11.4.1 相乘器的基本特性及实现方法

若输入信号分别用 $v_1(t)$ 和 $v_2(t)$ 表示，输出信号用 $v_0(t)$ 表示，则理想模拟乘法器的传输特性方程可表示为

$$v_0(t) = Kv_1(t)v_2(t) \qquad (11-17)$$

式中，K 为乘法器的比例系数或增益系数。

该式表明，对一个理想的相乘器，其输出电压的瞬时值 $v_0(t)$ 仅与两个输入电压在同一时刻的瞬时值 $v_1(t)$ 和 $v_2(t)$ 的乘积成正比，而不包含任何其他分量。输入电压 $v_1(t)$ 和 $v_2(t)$ 可以是任意的，即其波形、幅度、极性和频率（包括直流）均不受限制。

模拟相乘器的符号如图 11-10 所示。

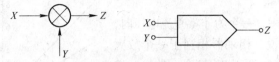

图 11-10 模拟相乘器的符号

根据乘法运算的代数性质，相乘器有四个工作区域，它们是由相乘器的两个输入电压的极性确定的，并可用 $X-Y$ 平面中的四个象限表示，如图 11-11 所示。

相乘器根据适应输入信号极性的不同，可分为单象限相乘器、二象限相乘器和四象限相乘器。

（1）单象限相乘器：对两个输入电压都只能适应一种极性。

（2）二象限相乘器：只对一个输入电压能适应正、负极性，而对另一个输入电压只能适应一种极性。

（3）四象限相乘器：能够适应两个输入电压四种极性组合的相乘器，即允许两个输入信号的极性任意取定。目前采用的模拟相乘器，大多数为四象限相乘器。

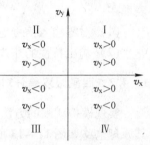

图 11-11 四象限工作区

因为相乘器有两个独立的输入信号，不同于一般放大器只有一个输入信号，所以，相乘器的特性经常是以一个输入信号为参变量，确定另一输入信号与输出信号之间的特性。因此，模拟乘法器电路也是一种时变参量电路，它具有以下几个主要特性。

11.4.1.1 线性与非线性特性

相乘器本质是一个非线性电路。例如，若相乘器两输入端电压分别为

$$v_1(t) = V_{1m}\cos\omega_1 t$$
$$v_2(t) = V_{2m}\cos\omega_2 t$$

相乘器的输出电压为

$$v_0(t) = KV_{1m}V_{2m}\cos\omega_1 t \cdot \cos\omega_2 t = KV_{1m}V_{2m}[\cos(\omega_1+\omega_2)t + \cos(\omega_1-\omega_2)t] \quad (11-18)$$

式中，既无 ω_1 分量，也无 ω_2 分量，而出现了两个新的频率分量 $\omega_1 \pm \omega_2$，即实现了非线性电路的频率变换作用，表现了它的非线性特性。

但是，在特定情况下，例如，当相乘器的一个输入电压为某一恒定值，$v_1(t) = V_1$，另一个输入电压为交流信号 $v_2(t)$ 时，其输出电压为

$$v_0(t) = KV_1 v_2(t)$$

这时，相乘器相当于一个增益为 KV_1 的线性交流放大器。这个例子说明，在特定情况下，即两个输入电压中有一个是直流信号时，相乘器可以看成是一个线性电路，表现了它的线性特性。

11.4.1.2 四象限输出特性

以相乘器的一个输入电压作为参变量，可以得到另一个输入电压与输出电压的关系，称为四象限输出特性。理想的相乘器的四象限输出特性如图11-12所示。

从图中可以看出：

（1）相乘器的输入、输出电压对应的极性满足数学运算规则。

（2）只要输入信号中有一个电压为零，则相乘器的输出电压恒为零。

（3）若输入信号中，一个为非零直流电压时，对另一个输入信号来说，相乘器相当于一个放大器。放大器的增益与该直流电压有关。图 11 – 12 所示曲线的斜率反映了放大器的增益。

需要注意的是，在实际相乘器中，由于各种原因，其实际特性往往与理想特性有区别。主要表现在：

（1）对零输入信号电压的输出不为零。

（2）输出特性的非线性。

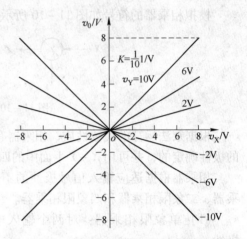

图 11 – 12　理想的相乘器的四象限输出特性

11.4.2　四象限双差分对模拟相乘器原理

实现模拟相乘的方法很多，这里只介绍应用最广泛的四象限双差分对模拟相乘电路，其原理电路如图 11 – 13 所示。

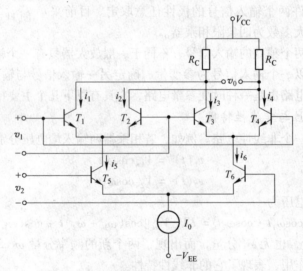

图 11 – 13　双差分对模拟相乘器原理图

由图可见，T_1 与 T_2、T_3 与 T_4 组成两对差分电路，作为上述两对差分电路的恒流源 T_5 与 T_6 也是一对差分电路，其恒流源为 L_0。两个输入信号 v_x 和 v_y 分别加到 $T_1 \sim T_4$ 和 $T_5 \sim T_6$ 管的基极，可以平衡输入，也可以将其中任意一端接地，变成单端输入。T_1 与 T_3 集电极接在一起，作为一个输出端，T_2 与 T_4 集电极接在一起，作为另一个输出端，可以平衡输出，也可以将其中任意一端接地，变成单端输出。

可以证明，双差分对模拟相乘器在 v_1、v_2 较小时可近似实现两信号的相乘，即

$$v_0 \approx -\frac{R_c I_0}{4 V_T^2} v_1 v_2 = K v_1 v_2$$

式中，$V_T \approx 26\text{mV}$。

如果设 $v_1 = V_{1m} \cos \omega_1 t$，$v_2 = V_{2m} \cos \omega_2 t$，则

$$v_0 \approx K(V_{1m}\cos\omega_1 t) \cdot (V_{2m}\cos\omega_2 t)$$

$$= \frac{1}{2}KV_{1m}V_{2m}\cos(\omega_1 + \omega_2)t + \frac{1}{2}KV_{1m}V_{2m}\cos(\omega_1 - \omega_2)t \qquad (11-19)$$

式（11-19）表明，双差分对模拟相乘器的输出端存在两输入信号的和、差频分量，可实现频率变换功能。同时也说明相乘器输出端的频率分量相对非线性器件频率变换后的频率分量少得多，即输出频谱得以净化，这是相乘器实现频率变换的主要优点。

为此，对图11-14所示的电路进行了改进，这里不作详细分析。需要指出两点：一是在 T_1、T_5 管的发射极接入负反馈电阻，可以扩大理想相乘运算的输入电压 v_2 的动态范围；二是在双差分对的输入端加一个非线性补偿网络，以扩大输入信号 v_1 的动态范围，它是利用电流–电压转换电路所具有的反双曲正切函数特性来补偿双差分对管的双曲正切函数特性，使其总的合成输出与输入之间呈线性关系，从而制造出理想的乘法器。

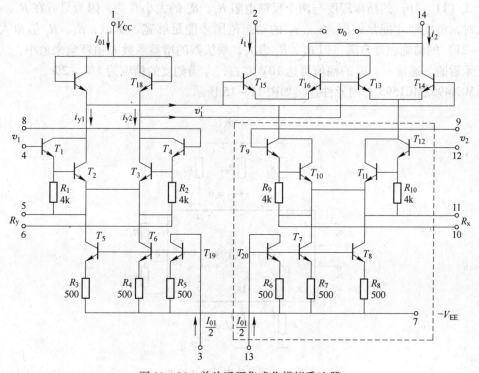

图11-14　单片通用集成化模拟乘法器

下面介绍一种常用的单片通用集成化模拟乘法器，国内的代表产品是BG314，国外同类产品是MC1495L或MC1595L，其基本电路如图11-14所示。这里简单说明如下：

（1）输入级信号 v_1 由4、8端输入，$T_1 \sim T_4$ 组成复合管差动输入级，以提高输入阻抗，其阻抗可达 $20 \sim 35M\Omega$；v_2 输入端的差动结构与 v_1 输入端相同。

（2）镜像恒流源 T_5、T_6 和 T_{19} 组成镜像恒流源，分别供给 T_2、T_3 的电流为 $0.5I_{01}$；同样，T_7、T_8 和 T_{20} 也组成镜像恒流源，供给 T_{10}、T_{11} 的恒流为 $0.5I_{02}$。

（3）预失真电路 $T_1 \sim T_6$ 和 T_{17}、T_{18} 组成预失真电路，实现反双曲正切函数的变换。图中 R_y 是外接的，用户可按需要接入不同的电阻值。

（4）电压→电流线性变换电路，$T_7 \sim T_{12}$ 和 T_{20} 组成电压→电流线性变换电路，在外接

电阻 R_x 较大时，T_{13}、T_{14} 和 T_{15}、T_{16} 两差动对管发射极电流将与 v_2 呈线性关系。这样就扩展了输入信号 v_2 的动态范围，所以不必采用反双曲正切变换。

（5）差动输出电压 v_0，根据上述分析和简单的数学推导，可求得双差动模拟乘法电路输出电压 v_0

$$v_0 = \frac{4R_c}{I_{01}R_xR_y}v_1v_2 = Kv_1v_2 \qquad (11-20)$$

（6）几点归纳：

第一，由式（11-20）可知，该乘法器的输出电压 v_0 与两输入电压 v_1、v_2 的乘积成正比，而与 V_T 无关，因而与温度 T 无关，这是单差动乘法电路无法解决的。

$$v_0 = \frac{4R_c}{I_{01}R_xR_y}v_1v_2 = Kv_1v_2 \qquad (11-21)$$

式（11-21）的精确程度与两个反馈电阻 R_x、R_y 的大小有关，因为只有在 R_x、R_y 足够大时，负反馈才能足够深，v_1、v_2 的动态范围才能足够宽。所以，R_x、R_y 值愈大，式（11-21）的精确程度愈高，但 R_x、R_y 愈大，乘法器的增益系数 K 值就愈来愈小，二者是相互矛盾的。通常 v_1、v_2 的幅值可达 10V 左右，v_0 满刻度的精度为 1% ~ 2%。

MC1495/MC1595 外围元件连接如图 11-15 所示。

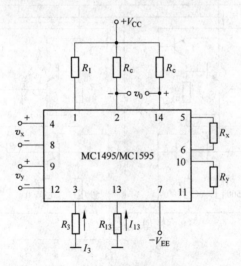

图 11-15　外围元件连接图

若要求 v_x、v_y 的动态范围均为 ±10V 时，元件参数可按以下步骤计算：

1）偏置电阻 R_3 和 R_{13}、R_3、R_{13} 分别为 3 脚和 13 脚的外接电阻，通常选择电流 $I_3 = I_{ox} = 1\text{mA}$；$I_{13} = I_{oy} = 1\text{mA}$，当 $-V_{EE} = -15\text{V}$ 时，

$$R_3 = R_{13} = \frac{|-V_{EE}| - 0.7}{I_3 - 500} = \frac{15 - 0.7}{1 \times 10^{-3} - 500} = 13.8(\text{k}\Omega)$$

2）负反馈电阻 R_x 和 R_y：根据电源流 $I_3 = I_{13} = 1\text{mA}$，应使 i_x、i_y 的最大值满足

$$(i_x)_{max} = \frac{V_{xmax}}{R_x} \leq I_3, \text{即 } R_x \geq \frac{v_{xmax}}{I_3} = 10(\text{k}\Omega)$$

$$(i_y)_{max} = \frac{V_{ymax}}{R_y} \leq I_{13}, \text{即 } R_y \geq \frac{v_{ymax}}{I_{13}} = 10(\text{k}\Omega)$$

3）负载电阻 R_c：L_3，R_x，R_y 确定后，增益系数 K 仅与 R_c 有关，当 $K = \dfrac{1}{10(\text{V})}$ 时，由式（11–20）可得

$$R_c = \frac{1}{2}kI_3R_xR_y = \frac{1}{2} \times \left(\frac{1}{10}\right) \times (10^{-3}) \times (10 \times 10^3)^2 = 5(\text{K}\Omega)$$

4）电阻 R_1 的选择：R_1 为 V_{CC} 与 1 脚之间的电阻，当 $V_{CC} = +15\text{V}$ 时，通常 1 脚对地的电压至少为 $+7\text{V}$，这里取 $V_1 = +9\text{V}$，则 R_1 为

$$R_1 = \frac{V_{CC} - V_1}{2I_3} = \frac{15 - 9}{2 \times 10^{-3}} = 3(\text{k}\Omega)$$

第二，使用注意事项：模拟乘法器的实用电路如图 11–16 所示。

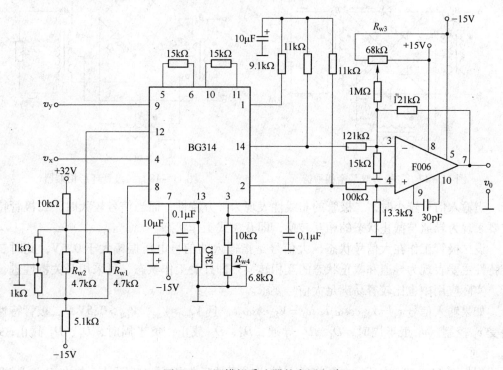

图 11–16 模拟乘法器的实用电路

图中，运放接成单位增益放大器，将乘法器双端输入电压转换成单端输出电压。乘法器电路由于工艺技术、元器件特性不一致，将会产生乘积误差。

图中，电位器 R_{w1}、R_{w2}、R_{w3} 用来调整失调误差，尽可能实现零输入时零输出。具体调整步骤如下：

1）$v_x = v_y = 0$，调节电位器 R_{w_3}，使 $v_0 = 0$；

2）令 $v_x = 5\text{V}$，$v_y = 0\text{V}$，调节电位器 R_{w2}，使 $v_0 = 0$；

3）令 $v_x = 0\text{V}$，$v_y = 5\text{V}$，调节电位器 R_{w1}，使 $v_0 = 0$；重复上述步骤，使 $v_0 = 0$；

4）令 $v_x = v_y = 5\text{V}$，调节电位器 R_{w4}，使 $v_0 = 5\text{V}$，即调整增益系数 $K = \dfrac{1}{10(\text{V})}$；令 $v_x = v_y = -5\text{V}$，校准 $v_0 = 2.5\text{V}$。

如有偏差，可重复上述步骤。

11.5　二极管平衡相乘器

利用二极管的非线性特性也可以构成相乘器，并且多采用平衡、对称的电路形式，以保证调幅及其他频率变换的性能要求。这类相乘器主要用于高频范围。

图 11 – 17 所示的二极管平衡相乘器的原理性电路（也可将四只二极管画成环形，称为环形相乘器。它由图 11 – 18 所示的两个平衡相乘器组成）。图中，要求各二极管特性完全一致，电路也完全对称，分析时变压器的损耗可忽略不计。

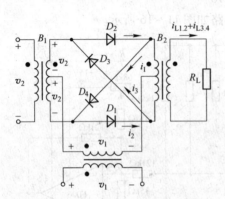　　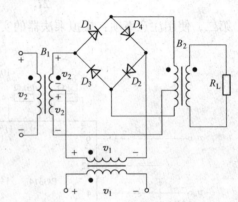

图 11 – 17　二极管双平衡相乘器　　　　　图 11 – 18　二极管环形相乘器

当输入信号较小时，二极管的非线性表现为平方特性；而当信号较大时，二极管特性主要表现为导通与截止状态的相互转换，即开关式工作状态。

设二极管工作在大信号状态，大信号是指输入的信号电压振幅大于 0.5V，此时二极管特性主要表现为导通和截止状态的互相转换，即开关工作状态，可采用开关特性进行分析。实际应用中也比较容易满足大信号要求。

如果输入信号 $v_1 = V_{1m}\cos\omega_1 t$，$v_2 = V_{2m}\cos\omega_2 t$，且 $V_{1m} \gg V_{2m}$，$V_{1m} > 0.5V$，二极管特性主要受 v_1 控制。v_1 正半周时，D_1、D_2 导通，D_3、D_4 截止；负半周时，D_1、D_2 截止，D_3、D_4 导通。

根据图 11 – 19a 中所示电压极性，输出电压的反作用可忽略不计。加在 D_1、D_2 两管上的电压可写为

$$v_{D1} = v_1 + v_2$$
$$v_{D2} = v_1 - v_2$$

流过的电流为

$$i_1 = g_D v_{D1} S_1(\omega_1 t) = g_D(v_1 + v_2) S_1(\omega_1 t)$$
$$i_2 = g_D v_{D2} S_1(\omega_2 t) = g_D(v_1 - v_2) S_1(\omega_1 t) \tag{11 – 22}$$

i_1、i_2 以相反方向流过输出端变压器初级，使变压器次级负载电流 $i_{L1,2} = i_1 - i_2$，可得

$$i_{L1,2} = 2g_D v_2 S_1(\omega_1 t) \tag{11 – 23}$$

对于图 11 – 19b 进行同样的分析，由于 D_3、D_4 在 v_1 的负半周导通，故描述二极管的开关函数相位相差 π，写为 $S_1(\omega_1 t - \pi)$。

所以　　　　　　　　$$i_{L3,4} = -2g_D v_2 S_1(\omega_1 t - \pi) \tag{11 – 24}$$

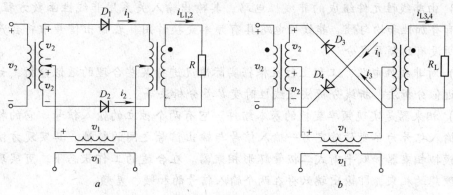

图 11-19　由 D_1、D_2 和 D_3、D_4 分别组成的电路

图 11-17 中，流过负载的总电流为

$$i_L = i_{L1,2} + i_{L3,4} + 2g_D v_2 [S_1(\omega_1 t) - S_1(\omega_1 t - \pi)] \tag{11-25}$$

式中，$[S_1(\omega_1 t) - S_1(\omega_1 t - \pi)]$ 称为双向开关函数，其波形如图 11-20 所示。其傅里叶级数展开式为

$$S(\omega_1 t) = \frac{4}{\pi}\left(\cos\omega_1 t - \frac{1}{3}\cos 3\omega_1 t + \frac{1}{5}\cos 5\omega_1 t + \cdots\right)$$

$$= \sum_{n=1}^{\infty} (-1)^{n-1} \frac{4}{(2n-1)\pi}\cos(2n-1)\omega_1 t \tag{11-26}$$

将式 (11-26) 代入式 (11-25)，得

$$i_L = 2g_D V_{2m}\cos\omega_2 t\left(\frac{4}{\pi}\cos\omega_1 t - \frac{4\pi}{3}\cos 3\omega_1 t + \frac{4\pi}{5}\cos 5\omega_1 t + \cdots\right) \tag{11-27}$$

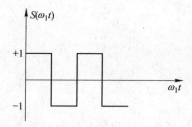

图 11-20　双向开关函数波形图

可见，输出电流中仅含有 ω_1 的各奇次谐波与 ω_2 的组合频率分量 $(2n+1)\omega_1 \pm \omega_2$（$n = 0, 1, 2, \cdots$）。若 ω_1 较高，则 $3\omega_1 \pm \omega_2$、$5\omega_1 \pm \omega_2$ 等组合频率分量很容易被滤除，故环形电路的性能更接近理想的相乘器。在平衡相乘器的输出端接上不同的带通滤波器或低通滤波器，即可以完成不同功能的频率变换，如调幅、检波、混频等。

本 章 小 结

本章所讨论的以下内容是学习非线性电路的重要基础：

（1）非线线元器件是广义概念，其元件参数与通过它的电流或施于其上的电压有关。它可以是非线性电阻、非线性电抗（电容或电感），也可以是二极管、三极管，或者是由以上元件组成的完成特定功能的电子电路。

（2）由非线性元件组成的非线性电路，其输出输入关系用非线性函数方程表示，它不具有叠加性和均匀性。非线性电路具有频率变换作用。在输出信号中将会产生输入信号所没有的频率成分。

（3）对非线性电路，工程上往往根据实际情况进行某些合理的近似分析，如采用幂级数近似分析法、折线分析法及线性时变参量分析法等。

（4）相乘器是实现频率变换的基本组件。它有两个独立的输入信号。它的特性是以一个输入信号为参变量确定另一输入信号与输出信号之间的特性。其实现方法主要有集成模拟相乘器和双平衡式二极管环形相乘器。在合适的工作状态下，可实现两个信号的理想的相乘，即输出端只存在两个输入信号的和频、差频。

本章重要概念

线性元件　非线性元件　时变参量元件　幂级数分析法　折线分析法　模拟相乘器　二极管平衡相乘器

参 考 文 献

[1] 严国萍. 通信电子线路 [M]. 北京：科学出版社，2013.

[2] 张肃文. 高频电子线路 [M]. 5 版. 北京：高等教育出版社，2009.

[3] 阳昌汉. 高频电子线路 [M]. 北京：高等教育出版社，2005.

[4] 高吉祥. 高频电子线路 [M]. 北京：电子工业出版社，2011.

[5] 曾兴雯. 高频电路原理与分析 [M]. 5 版. 西安：西安电子科技大学，2013.

[6] 童诗白，华成英. 模拟电子技术基础 [M]. 3 版. 北京：高等教育出版社，2010.

[7] 阎石. 数字电子技术基础 [M]. 4 版. 北京：高等教育出版社，2011.

[8] 李翰荪. 简明电路分析基础 [M]. 北京：高等教育出版社，2004.

[9] [美] 路德维格，波格丹诺夫. 射频电路设计——理论与应用 [M]. 2 版. 王子宇，王心悦等译. 北京：电子工业出版社，2013.

[10] 樊昌信. 通信原理 [M]. 7 版. 北京：国防工业出版社，2012.

冶金工业出版社部分图书推荐

书　名	作　者	定价（元）
电力电子技术（第2版）（本科教材）	杨卫国	39.00
电气传动控制技术（本科教材）	钱晓龙	28.00
近代交流调速（第2版）（本科教材）	佟纯厚	25.00
电工与电子技术（第2版）（本科教材）	荣西林	49.00
电机及拖运基础学习指导（本科教材）	杨玉杰	15.00
电路分析基础简明教程（本科教材）	刘志刚	29.00
CAXA 2007 机械设计绘图实例教程（本科教材）	殷　宏	32.00
电力电子技术（本科教材）	杨卫国	36.00
电气控制及 PLC 原理与应用（本科教材）	吴红霞	32.00
电路理论（第2版）（本科教材）	王安娜	36.00
电力系统微机保护（第2版）（本科教材）	张明君	33.00
工业企业供电（第2版）	周　瀛	28.00
电力电子交流技术（本科教材）	曲永印	28.00
电机拖动基础（本科教材）	严欣平	25.00
电工与电子技术学习指导（本科教材）	张　石	29.00
电力拖动（本科教材）	周绍英	21.00
电子信息材料（本科教材）	常永勤	19.00
数字电子技术基础教程（本科教材）	刘志刚	23.00
电子技术实验（本科教材）	郝国法	30.00
电子技术实验实习教程（本科教材）	杨立功	29.00
无线供电技术	邓亚峰	32.00
变频器基础及应用（第2版）	原　魁 等	29.00
电源管理芯片设计教程	廖永波	24.00
运动对象检测及其在视频压缩与处理中的应用	姚春莲	19.00
微电子机械加工系统（MEMS）技术基础	孙以材	26.00
物联网应用技术系列教材——高频 RFID 技术高级教程	无线龙	45.00
物联网应用技术系列教材——CC430 与无线传感网	无线龙	38.00
物联网应用技术系列教材——ZigBee 无线网络原理	无线龙	49.00
物联网应用技术系列教材——现代无线传感网概论	无线龙	40.00
物联网应用技术系列教材——物联网应用基础	彭　力	29.00
物联网应用技术系列教材——无线传感器网络技术	彭　力	22.00